U0183114

受限空间气体爆炸特性
及其抑制机理

王志荣　曹兴岩　著

科学出版社

北京

内 容 简 介

本书以受限空间可燃气体爆炸特性及其防护为研究对象,论述受限空间内部可燃气体爆炸特性及其防护理论。书中介绍了受限空间内部可燃气体爆炸特性,详尽阐述了尺寸、结构变化对受限空间气体爆炸特性及爆燃转爆轰过程的影响规律,还介绍了受限空间内部气体爆炸火焰淬熄特性、抑爆特性及抑制机理。

本书可作为高等院校安全工程及相关工程类专业本科生和研究生的教材,可供安全科学与工程及相关学科领域的科研工作人员参考,还可供安全技术及管理人员参考。

图书在版编目(CIP)数据

受限空间气体爆炸特性及其抑制机理 / 王志荣,曹兴岩著. —北京:科学出版社,2023.6
ISBN 978-7-03-075800-2

Ⅰ. ①受… Ⅱ. ①王… ②曹… Ⅲ. ①气体爆炸—研究 Ⅳ. ①O38

中国国家版本馆 CIP 数据核字(2023)第 103678 号

责任编辑:梁广平 / 责任校对:崔向琳
责任印制:吴兆东 / 封面设计:图阅社

科 学 出 版 社 出版
北京东黄城根北街 16 号
邮政编码:100717
http://www.sciencep.com
北京建宏印刷有限公司 印刷
科学出版社发行 各地新华书店经销

*

2023 年 6 月第 一 版 开本:720×1000 1/16
2023 年 6 月第一次印刷 印张:18 3/4
字数:350 000
定价:150.00 元
(如有印装质量问题,我社负责调换)

前　言

随着工业的快速高效发展，石油天然气在生产和生活中使用的比重不断增大。石油天然气多采用密闭容器或管道储存和运输，本身存在较大的危险性，在生产、使用、储存和运输的过程中，人-机-环境-管理不协调等原因导致的燃爆事故时有发生，给人民生命财产安全带来了巨大的损失。受限空间气体爆炸具有破坏性大和复杂性强等特点，爆炸事故所带来的严重后果和环境与社会问题远远超过事故本身，尤其对生态环境的破坏往往是不可逆的。深入开展受限空间尺寸和结构变化对气体爆炸特性的影响规律及机理、爆燃转爆轰特性以及淬熄与抑爆机理等方面的研究，明确气体爆炸防护抑制机理，对科学预防工业可燃气体爆炸灾害的发生、减小爆炸事故带来的损失、指导应急救灾具有重要的理论价值和现实意义。

本书对石油天然气行业受限空间内部化工过程易燃易爆气体火灾爆炸特性及其影响因素和可燃气体爆炸防护机理进行了全面、系统的介绍，内容翔实，展示了作者多年来的科学研究成果，并充分吸纳了安全科学技术领域最新研究成果，为石化企业受限空间可燃气体爆炸防护提供了有效手段。

本书在撰写过程中得到了南京工业大学、大连理工大学、中国矿业大学、东北大学、华东理工大学、中国石油大学、中南大学、北京理工大学、郑州大学、西安科技大学、中国安全生产科学研究院、中国石油化工股份有限公司青岛安全工程研究院等单位有关专家的大力支持，在此表示衷心感谢。林晨迪和李泳俊博士在文字与绘图方面做了大量工作，在此表示衷心感谢。

由于水平有限，不足之处在所难免，恳请读者批评指正。

目　　录

第1章 绪 论

随着工业的快速高效发展,石油天然气在人类的生产和生活中使用的比重越来越大。石油天然气多采用密闭容器或管道来储存和运输,本身存在较大的危险性,在生产、使用、储存和运输的过程中,人-机-环境-管理导致的燃爆事故时有发生。例如,2010年伊朗发生天然气管道爆炸事故,造成50多人受伤;2010年兰州石化公司石油化工厂发生罐体泄漏爆炸事故,造成6人死亡;2000年,山东三力工业集团有限公司濮阳分公司发生天然气管线爆炸事故,造成15人死亡,56人受伤,直接经济损失342.6万元。据统计,在石油化工、塑料、橡胶合成等行业,可燃气体爆炸事故在事故总数中所占比例分别高达46%、42%、60%[1-3]。由于受限空间工业气体爆炸具有破坏性大和复杂性强等特点,世界各国对此进行了深入广泛的研究,并取得了丰硕的研究成果。

在受限空间气体爆炸特性研究方面,国内外学者对可燃气体爆炸火焰传播过程开展了研究[4]。郭文军等[5]利用特征线方法对一维密闭容器中气体爆炸进行了模拟研究,得到了压力和密度等特征参数随时间的变化规律。毕明树等[6,7]采用均匀能量释放模型对管道内气体爆炸进行了数值模拟计算,获得了受限空间内气体爆炸压力和压力上升速率随时间的变化规律。费国云[8]利用实验巷道进行了瓦斯爆炸传播实验和瓦斯爆炸引爆沉积煤尘实验,研究了瓦斯爆炸沿巷道传播的规律和瓦斯爆炸引起煤尘爆炸的机理。Fairweather等[9]通过数值模拟研究了障碍物作用下管道内气体爆炸火焰传播特性,发现障碍物产生的湍流燃烧是爆炸超压增大的主要原因。林柏泉等[10,11]也研究了障碍物对爆炸火焰、压力波传播的影响,发现当存在障碍物时,随着障碍物的长径比的增大,爆炸火焰的传播速度显著加快,但当长径比增大至临界值20时,爆炸火焰的传播速度开始减慢且不断衰减。韩启祥等[12]利用激波管研究了障碍物对气体爆燃转爆轰(deflagration-to-detonation transition,DDT)过程的影响,实验结果表明,障碍物加快了DDT过程。同时,Oh等[13]开展了障碍物作用下天然气-空气的爆炸和泄爆实验,发现在泄爆过程中障碍物对爆炸火焰传播起减速作用。在连通容器研究方面,Singh[14]基于容积为70L的连通容器进行实验,实验发现,在容积比和连接管道直径不变的情况下,增大起爆容器的容积会提高峰值压力,且当两个容器容积比达到某一定值时爆炸强度达到最大值。Phylaktou等[15]通过开展连通容器内气体爆炸实验研究,指出点火位置对气体爆炸强度有较大的影响,且在容器底部中心点火比在容器中心点火爆炸更剧烈；当气体浓度较低时，气体爆炸上升速率比较接近于单个密闭容器内气体爆炸上升速率，而起爆容器内压力上升速率高于另外一个容器。张锏等[16]针对连通容器中氢气-空气预混气体爆炸开展了点火位置、初始压力和尺寸等影响因素的实验研究，发现点火位置的改变对大球容器内的爆炸过程影响较小，但对小球容器内的爆炸过程影响非常显著。在大球和小球容器内的最大爆炸压力均随着初始压力的增加而增大。当在大球中点火时，小球中最大爆炸压力随管长增加的程度要比大球中大得多。当在小球中点火时，大球中最大爆炸压力随管长的增加而增大，小球中则先增加后减小。钱承锦等[17]研究了初始压力对连通容器甲烷-空气混合物爆炸压力的影响，发现在相同条件下，球形容器接管后甲烷最大爆炸压力与初始压力呈近似的线性关系。连通容器甲烷爆炸时起爆容器压力始终低于传爆容器压力，两个容器内最大爆炸压力差均随着初始压力的增加逐渐增大。

基于受限空间气体爆炸特性研究，许多学者还对气体爆炸结构效应与尺寸效应进行了相关研究。Phylaktou 等[18]研究了挡板作用下管道内甲烷爆炸传播规律，发现随着挡板面积的增大，挡板后爆炸压力和火焰速度均增大。Barknecht[19]对管道内火焰速度进行了实验研究，结果表明，弯管会使得火焰加速传播。Moen等[20]指出，与管道内不存在障碍物的工况相比，存在障碍物会加速火焰在管道内的传播，从而导致爆炸压力上升，且火焰在螺旋形通道中的传播速度将大幅增加。同时，王淑兰等[21]研究了 524L 和 14L 的球形容器内液化石油气与空气混合物的爆炸特性，发现可燃气体爆炸产生的最大爆炸压力、气体摩尔数与初始温度和压力有关，且最大爆炸压力随着初始温度的升高有所下降，而压力上升速率随之增大。林柏泉等[22]研究了甲烷气体在带有多个拐弯角的管道中爆炸传播的规律，发现气体爆炸强度、火焰传播速度和最大爆炸压力均随着拐弯数量的增加而增大，表明拐角结构在气体爆炸过程中具有增强作用。郑有山等[23]研究了在不同圆形管道横截面情况下甲烷-空气混合物爆炸时火焰和压力波的传播特性，发现爆炸气流和火焰传播到管道横截面位置时传播速度会增大，从而提高了爆炸压力强度，并且当火焰传播至传爆管道结构时，在管道壁面反射和高速湍流的气流综合影响下发生二次爆炸。王志荣等[24]通过改变圆柱形容器容积和管道的长度和直径，研究了密闭容器甲烷-空气混合物爆炸压力变化特性，发现最大爆炸压力上升速率随着容器容积的增大而减小；随着管道内径的增加，管道末端的最大爆炸压力和最大爆炸压力上升速率均下降；随着管道长度的增加，管道末端最大爆炸压力和最大爆炸压力上升速率均增加，并建立了最大爆炸压力及最大压力上升速率的无量纲预测模型。

在连通容器方面，崔益清[25]基于两球形容器和三段直管道研究发现，不同结构的连通容器内气体爆炸会表现出不同的特征，并证实了气体爆炸的结构效应。左青青[26]利用数值模拟，从单个容器、单个容器连接管道、连通容器等三个方面研究了容器结构对气体爆炸的影响，发现单个容器的结构效应较为明显，且在各向同性的球形容器中，单个容器的最大压力上升速率和最大爆炸压力均大于圆柱形容器。Maremonti 等[27]利用数值模拟对连通容器内气体爆炸特性进行了研究，发现传爆容器的最大爆炸压力随着初始压力的增大而增大，但当初始压力达到某个值时，最大爆炸压力会急剧下降至某个值后线性增大。Bartknecht 等[28]发现当使用相同容积容器时，连接管道的长度对爆炸强度的影响不大，而管道的直径对爆炸强度的影响较大。同时，由于压力振荡，起爆容器中压力上升速率的峰值可达到单个容器中压力上升速率的 4 倍，而传爆容器中压力上升速率的峰值可达到单个容器中压力上升速率峰值的 3～10 倍。此外，对于不同容积容器，连接的管道直径越大，压力增加效应越明显。当起爆容器的容积较大时，传播容器内爆炸强度将会得到极大的增加。刘明翰等[29]对容器与管道内甲烷-空气预混气体爆炸的尺寸效应进行了数值模拟，发现随着管道内径的增大，球形容器内最大爆炸压力逐渐增大，管道末端最大爆炸压力变化无明显规律；而随着管道长度的增加，球形容器内最大爆炸压力逐渐减小；当改变管道内径时，较大球形容器内的最大爆炸压力均大于较小球形容器内的最大爆炸压力。

　　受连通容器结构和尺寸的影响，容器内部极易产生 DDT 现象，针对这一现象众多学者也开展了相关研究。在气体爆炸方面，Mogi 等[30]对二甲基乙醚-空气混合物（浓度为 5.5%～9.0%）DDT 进行了相关研究，并观察到了 DDT 现象。Veyssiere 等[31, 32]选取氢气-空气混合物、铝粉-氢气-空气混合物进行实验，均发现了 DDT 现象，且爆炸压力曲线均具有双波峰特性。胡栋等[33]对不同浓度的氢氧预混气体进行了实验研究，发现当氢氧预混气体浓度接近爆炸上限时（体积比为 72%）出现 DDT 现象，随后阶段区域处于稳定爆轰状态。胡浩等[34]研究了氢气-氧气-氩气混合物爆炸火焰传播过程，研究发现，管道内形成的激波加速了爆炸火焰的传播。Lee 等[35]研究了氢气-空气、乙炔-空气、乙烯-空气和甲烷-空气四种可燃气体的爆炸过程，发现在高阻塞率条件下火焰在经过障碍物加速一段时间后衰弱甚至熄灭。同时，当障碍物内径（d）与爆轰胞格之比小于 13 时，火焰传播速度完全不受障碍物阻塞率的影响，此时火焰速度接近 C-J（Chapman-Jouguet）爆轰速度。在粉尘爆炸方面，Liu 等[36]研究了硝基甲烷-空气混合物云团、铝粉-空气混合物、硝基甲烷-铝粉-空气混合物三种可燃混合物 DDT 的过程，研究发现，三种可燃混合物均出现了稳定爆轰传播。Borisov 等[37]以铝粉-空气混合物为研究对象，在不同尺寸（管长、管径）管道结构下进行 DDT 实验，实验中观察到了螺旋爆轰现象。在此基础上，相关学者开展了气-液-固三相物质爆炸过程的研究。蒋丽等[38]研究了甲烷-铝粉-空气多相混合物、硝酸异丙酯-铝粉-空气多相混合物和乙醚-铝粉-空气多相混合物的爆炸过程，发现多相混合物 DDT 宏观上分为压缩、过渡、反应冲击和爆轰四个过程，且多相混合物质量浓度与稳定状态下的爆轰波速度成反比。陈默等[39]针对单圆形管道研究了液-气两相混合物（环氧丙烷-空气混合物）、液-固-气三相混合物（环氧丙烷-铝粉-空气混合物）的 DDT 过程，发现在特定浓度混合状态下可燃混合物出现 DDT 现象，且随后能够发展为稳定爆轰状态。

针对连通容器内爆炸的危险性，一些学者对爆炸火焰淬熄与抑制开展了相应的防护研究。在实验研究方面，郭长铭等[40, 41]通过一系列实验证实多孔钢板等吸收材料既有吸收横波、削弱爆轰波的作用，又能够加强湍流、恢复爆轰波。Robert[42]研究了聚合泡沫和铝合金丝网的抑爆效果，发现多孔材料的壁面对爆炸压力波能够起到一定的削弱作用。周凯元等[43-45]通过长期实验研究建立了爆轰波与声学吸收壁的简化模型，并根据模型绘制了爆轰波衰减的长度随初始压力变化的实验曲线。聂百胜等[46, 47]研究了 Al_2O_3 和 SiC 两种泡沫陶瓷材料对火焰在管道内传播的影响，并基于泡沫陶瓷的多孔性，从器壁效应、热理论和对横波的吸收三个方面论述了泡沫陶瓷对管道内火焰传播的多重抑制作用。何学秋等[48]采用纹影技术与高速摄影相结合的方法，并辅以数值模拟手段，研究了网状障碍物对管道内瓦斯爆炸火焰的加速机理和火焰细微结构的影响。喻健良等[49, 50]研究了多层丝网结构对混合气体燃烧爆炸的抑制作用，得出了临界淬熄速度、临界淬熄超压等特征参数与多层丝网抑爆结构几何参数之间的关系，并得出了该关系的经验公式。Lu 等[51]研究了金属丝网与泄爆装置作用下容器内气体爆炸强度变化，发现随着丝网的网格数量和层数的增加，泄放火焰逐渐减小，但容器内的最大爆炸压力明显增大，且丝网层数对爆炸强度的影响作用要明显高于网格数量。Lin 等[52]开展了波纹管道阻火器对容器内气体爆炸强度的影响实验研究，发现随着阻火单元厚度和孔隙率的增大，阻火器对气体爆炸火焰的淬熄效果也逐渐增强，且孔隙率对火焰淬熄效果的影响程度要大于阻火单元厚度，并提出了多因素影响下的阻火预测模型。同时，张伟等[53]研究了连通容器中甲烷-空气混合气体泄爆过程，发现对于连通结构装置内的爆炸，泄爆装置可有效保护容器装置；当采用单口泄爆时，连通容器内会出现压力振荡现象；当采用双口泄爆时，容积较小容器的压力曲线会出现双波峰现象；在相同泄压比情况下，随着泄爆面积的增大，连通容器内压力会显著降低。

许多学者基于数值模拟技术开展了相关研究。温小萍等[54]基于单步不可逆化学反应和 EBU-Arrhenius 燃烧模型，通过改变火焰初始速度和狭缝间距，模拟了瓦斯爆燃火焰的淬熄过程。结果表明，火焰初始速度和狭缝间距均对火焰淬熄过程产生了影响，且淬熄距离随着火焰初始速度和狭缝间距的减小而减小。Kim 等[55]通过模拟技术研究了热边界条件和流场对火焰传播的影响，发现在绝热壁的情况下壁面摩擦力对火焰结构有明显的影响，而在等温墙的情况下壁面局部的淬熄效应能够在一定程度上影响火焰的形状和传播过程。Senecal[56]以 6 种惰性气体及其混合物为对象在玻璃杯燃烧器内进行实验,通过测量和对比分析得出每种类型的最佳淬熄浓度,并基于 6 种惰性气体比热容和燃料的理化参数建立了火焰淬熄模型。

此外,由于超细水雾具有优异的抑爆性能,众多学者对其开展了研究工作。Fuss 等[57]通过实验和模拟研究了细水雾对甲烷-空气预混火焰燃烧速率的影响,对比了水蒸气、氮气、四氟化碳和溴三氟甲烷对火焰燃烧速率的降低程度,并对细水雾所发挥的物理和化学抑制作用进行对比,指出细水雾对火焰燃烧速率的物理抑制作用优于溴三氟甲烷对火焰燃烧速率的化学抑制作用,且抑制效果是氮气和四氟化碳抑制效果的 3.5 倍,是水蒸气抑制效果的 2 倍。同时,Thomas 等[58]通过实验研究了喷雾产生的湍流对火焰传播速度的影响,指出喷嘴雾化产生的湍流能够使预混气体火焰燃烧速率提高 1.79~2.57 倍,并认为喷雾过程产生两种湍流源,即液滴产生的小尺度湍流和体积流产生的大尺度湍流。在此基础上,Jones 等[59]对水雾与池火、射流火焰、瓦斯爆炸火焰之间的相互作用进行了综述研究,初步提出水雾通过吸附、冷却以及汽化后的稀释作用实现爆炸抑制,并认为喷雾促进燃料和空气的混合能够加剧爆炸反应,与火焰作用时来不及汽化的水雾作为障碍物引起火焰的湍流也会导致爆炸反应加剧。在影响因素方面,李润之等[60]开展了水幕抑爆效果的有效性验证,指出喷嘴的安装位置、喷雾压力、喷雾强度和水幕长度能够明显影响细水雾对爆炸的抑制效果,且细水雾的加入对煤矿发生的二次爆炸或多次爆炸有较好的抑制效果。樊小涛等[61]通过实验指出,细水雾能有效阻隔火焰的传播,并衰减爆炸冲击波的强度,给出了细水雾发挥抑制作用的最少喷雾环组数和最短水幕带长度,以及最小喷雾强度。van Wingerden 等[62]利用容积 1.5m³ 的矩形容器研究了喷嘴产生的湍流效应对火焰传播的影响,指出喷雾产生的湍流效应(液滴对火焰面产生的湍流和喷雾使体积流场产生的扰动)能够加速火焰传播。相比于喷出后受曳力和重力作用易达到平衡的小液滴,大液滴对流场的湍流作用更大,对火焰传播速度的影响也更显著,且喷洒的水雾使火焰变得更加明亮。此外,林滢等[63]对超细水雾抑制瓦斯爆炸的可行性进行了研究,指出水雾主要通过冷却吸热作用削弱爆炸强度,并指出化学抑制剂的加入能够提高细水雾对火焰传播的抑制能力。Battersby 等[64]也通过实验研究了超细水雾(粒径为 5~6μm)的冷却吸热和氮气稀释对氢-空气爆燃火焰潜在熄灭的影响,通过爆炸压力分析了水雾和氮气稀释对爆炸的影响,指出超细水雾和氮气的联合作用能够有效抑制氢气-空气的爆炸强度,且相比于单一抑制作用更加显著。Cao 等[65, 66]研究了超细水雾对密闭容器内气体爆炸的抑制作用,加入细水雾后气体容器内的爆炸压力和火焰传播速度降低,表明超细水雾的吸热效应是抑制爆炸的重要因素。

在数值模拟研究方面,Lentati 等[67, 68]建立了细水雾作用下甲烷-空气对冲层流火焰二维数值模型，通过数值计算得出粒径为 20～30μm 的水雾能够较好的发挥灭火效果，并且当水雾粒径为 30μm 时抑制效果最佳，超过此粒径范围的水雾随着粒径的增加或减小，抑制作用明显降低。Ramagopal 等[69]建立了水雾与气云爆炸作用过程的多相数值模型，并对气-液两相作用过程的动力学特性进行了研究，指出靠近阵面的水雾出现明显堆积且汽化速率提高了 100 倍，水雾能够显著吸收爆炸能量。Holborn 等[70, 71]利用 FLACS 程序并采用 $k\text{-}\varepsilon$ 湍流模型研究了超细水雾和氮气对氢-空气爆炸的抑制作用，通过实验验证了模型的准确性。结果表明，随着水雾浓度的提高，爆炸压力和压力上升速率明显降低；氮气稀释和水雾吸热的共同作用使火焰传播速率明显降低，爆炸极限明显缩小。Hiroshi 等[72]建立了细水雾与甲烷-空气燃烧火焰相互作用的数值模型，使用欧拉方程对细水雾进行计算求解，采用 N-S 方程（Navier-Stokes equations）求解气相流动过程。数值计算过程中考虑了气相与水雾之间的动量和能量交换与传递，并通过实验验证了数值模型的准确性，结果表明水雾能够有效抑制火焰的传播。在机理研究方面，丛北华等[73]基于热辐射传递方程，并根据 Mie 散射理论建立了细水雾阻隔、衰减火焰热辐射强度的两通量模型，考虑细水雾对热辐射的散射和吸收特性的影响，指出两通量细水雾衰减热辐射模型能够预测细水雾对火焰热辐射的阻隔与衰减作用，且对短波谱的影响最为显著。黄咸家[74]采用涡耗散模型和离散相模型对细水雾与射流火焰作用过程进行数值模拟研究，通过理论分析得到了一氧化碳生成速率控制模式转变的水蒸气含量临界范围。Gieras[75]通过实验和数值模拟相结合的方式对水雾影响预混气体火焰传播过程进行研究，分析了水雾促使火焰加速传播的机理，并通过对比中性沙粒作用下的火焰加速传播过程，指出运动液滴产生的空气动力学效应能使混合气体和火焰阵面发生湍流，促使火焰结构发生较大的改变，并提高火焰表面积和火焰厚度。Parra 等[76]建立了一维受限空间预混火焰传播过程的数值模型，研究了细水雾与火焰间的相互作用过程，并指出水雾作用下火焰反应区厚度增大的原因为反应速率减慢导致反应组分梯度减小。Tseng 等[77]对热辐射吸收作用导致水雾的蒸发过程进行了数值模拟研究，并建立了非稳态液滴蒸发过程的数值模型。结果表明，火焰的抑制作用与水雾吸收热辐射后的蒸发有关，水雾通过对热辐射的吸收作用降低周围环境的温度，并起到冷却火焰的作用。Collin 等[78]通过有限体积法和 SIMPLE 算法对喷嘴喷洒水雾衰减火焰热辐射的过程进行了研究。结果表明，喷洒的水雾能够衰减辐射强度，且随着水雾浓度的提高，衰减作用不断增强。Schwer 等[79]采用多维数值模型模拟方法对非受限空间内细水雾削弱 TNT（三硝基甲苯）爆炸冲击波过程进行了研究。结果表明，受爆炸冲击波的作用水雾不易穿过火焰阵面进入已燃区，而更容易渗入到冲击波内部并通过蒸发吸热和动量吸收作用削弱冲击波强度，并指出水雾通过动量吸收对爆炸冲击波的削弱作用占主要地位。

　　综上分析发现，当前国内外在受限空间爆炸特性研究方面的发展趋势为：重视爆炸动力学演化机理和规律的研究，建立准确描述爆炸过程的理论数学模型，利用流体动力学软件或自行研制开发的软件模拟爆炸过程，揭示爆炸过程的基本规律，并将其研究成果应用于事故后果分析和工业装置防爆抑爆的安全设计中。鉴于此，作者依托应急管理部化工过程安全生产重点实验室，对受限空间气相爆炸开展了系统的研究，并结合目前国内外在该领域研究的主要进展整理成本书。本书尽可能全面概括受限空间气相爆炸的主要理论方法与基本成果，使读者对受限空间气相爆炸及其防护技术有比较系统、全面而深入的了解，并为进一步的研究提供依据。

　　本书较为系统地论述了受限空间气相爆炸的研究基础及现象、不同因素的影响规律与计算模型和相关防护技术等方面的内容，全书共9章。

　　第1章为绪论，概述受限空间气相爆炸的研究历史和最新进展。

　　第2章主要介绍受限空间气体爆炸特性，以及不同影响因素的作用规律，并为后续研究提供依据。

　　第3章主要介绍受限空间气体爆炸结构效应，分析管道结构（管道弯曲角度、管道弯曲位置和分叉管道）、容器结构及连接形式（容器结构、容器附属管件和容器连接形式）和连通容器连接形式（L形管道、分叉管道和多管件连接系统）对受限空间气体爆炸特性的影响。

　　第4章主要介绍受限空间气体爆炸尺寸效应，揭示容器容积、管道长度和导管内径对受限空间气体爆炸尺寸效应的影响规律，并建立不同尺寸下单个密闭容器和连通装置内气体爆炸强度的预测模型。

　　第5章主要介绍受限空间气体爆燃转爆轰特性，分析不同管道长度、管道内径、障碍物数量、障碍物位置、障碍物阻塞率对受限空间气体爆燃转爆轰特性的影响，并开展相应的抑爆工作。

　　第6章主要介绍受限空间气体爆炸火焰淬熄特性，分析狭缝装置、连通容器尺寸和连通容器结构等因素对连通容器内火焰淬熄的影响，并为受限空间气体爆炸抑制研究提供理论基础。

　　第7章主要介绍受限空间气体爆炸抑爆特性，分析连通容器丝网抑爆与泄爆联合作用机制与规律，揭示多孔材料、金属丝网以及泄爆技术对受限空间气体爆炸的抑制作用机制。

　　第8章主要介绍受限空间超细水雾抑制气体爆炸特性，分析雾化方式、添加剂浓度和种类对受限空间气体爆炸抑制作用，并为受限空间超细水雾抑制气体爆炸机理研究提供依据。

　　第9章主要介绍受限空间超细水雾抑制气体爆炸机理，分析超细水雾与爆炸流场之间的相互作用机理，以及水雾参数对气-液两相间的热量传递、气体浓度稀释和火焰阵面湍流强度的影响，揭示超细水雾对受限空间气体爆炸过程的影响规律，并提出超细水雾增强与抑制爆炸的判别条件。

参 考 文 献

[1] 毕明树. 开敞空间可燃气云爆炸的压力场研究. 大连：大连理工大学，2001.

[2] 王志荣，蒋军成，王三明. 典型化工过程灾害性事故的模拟分析系统. 天然气工业，2004，24（5）：123-126.

[3] 王志荣，蒋军成. 受限空间工业气体爆炸研究进展. 工业安全与环保，2005，31（3）：43-46.

[4] 邵卫，毕明树，丁信伟，等. 可燃气云爆炸火焰加速机制的探讨. 化工机械，2002，29（2）：113-115.

[5] 郭文军，崔京浩，雷全立. 密闭空间燃气爆炸升压计算. 煤气与热力，1999，19（2）：42-44.

[6] 毕明树，尹旺华，丁信伟. 密闭容器非理想爆源爆炸过程的数值模拟. 化学工业与工程技术，2003，24（3）：1-3.

[7] 毕明树，尹旺华，丁信伟，等. 管道内可燃气体爆燃的一维数值模拟. 天然气工业，2003，23（4）：89-92.

[8] 费国云. 瓦斯爆炸沿巷道传播特性探讨. 煤矿安全，1996，2（2）：32-34

[9] Fairweather M，Hargrave G K，Ibrahim S S，et al. Studies of premixed flame propagation in explosion tubes. Combustion and Flame，1999，116（4）：504-518.

[10] 林柏泉，桂晓宏. 瓦斯爆炸过程中火焰传播规律的模拟研究. 中国矿业大学学报，2001，31（1）：6-9.

[11] 林柏泉，桂晓宏. 瓦斯爆炸过程中火焰厚度测定及其温度场数值模拟分析. 实验力学，2002，17（2）：227-233.

[12] 韩启祥，王家骅，王波. 预混气爆震管中爆燃到爆震转捩距离的研究. 推进技术，2003，（1）：63-66.

[13] Oh K H，Kim H，Kim J B，et al. A study on the obstacle-induced variation of the gas explosion characteristics. Journal of Loss Prevention in the Process Industries，2001，14（6）：597-602.

[14] Singh J. Gas explosions in inter-connected-vessels：Pressure piling. Process Safty and Environmental Protection，1994，72（4）：220-228.

[15] Phylaktou H，Andrews G E. Gas explosions in linked vessels. Journal of Loss Prevention in the Process Industries，1993，6（1）：15-19.

[16] 张锎，王志荣，刘明翰. 连通容器 H_2-空气预混气体爆炸的影响因素. 燃烧科学与技术，2017，23（6）：537-541.

[17] 钱承锦，王志荣，郑杨艳，等. 初始压力对连通容器甲烷-空气混合物爆炸压力的影响. 南京工业大学学报：自然科学版，2017，39（2）：51-56.

[18] Phylaktou H，Andrews G E. The acceleration of flame propagation in a tube by an obstacle. Combustion and Flame，1991，85：363-365.

[19] Bartknecht W. Explosion Course Prevention Protection. Berlin：Springer，1981.

[20] Moen I O，Lee J H S. Pressure development due to turbulent flame propagation in large-scale methane-air explosions. Combustion and Flame，1982，47：31-52.

[21] 王淑兰，丁信伟，贺匡国. 液化石油气燃爆特性的实验研究. 石油化工设备，1991，20（5）：41-43.

[22] 林柏泉，朱传杰. 煤矿井下巷道拐角效应及其对瓦斯爆炸传播的影响作用. 中国职业安全健康协会 2009 年学术年会，厦门，2009.

[23] 郑有山，王成. 变截面管道对瓦斯爆炸特性影响的数值模拟. 北京理工大学学报，2009，（11）：947-949.

[24] 王志荣，孙培培，唐振华，等. 密闭容器甲烷-空气混合物爆炸的尺寸效应. 中国安全科学学报，2021，31（1）：60-66.

[25] 崔益清. 结构和尺寸对容器与管道甲烷-空气预混气体爆炸的影响研究. 南京：南京工业大学，2013.

[26] 左青青. 结构对容器与管道气体爆炸影响的数值模拟研究. 南京：南京工业大学，2016.

[27] Maremonti M，Russo G，Salzano E，et al. Numerical simulation of gas explosions in linked vessels. Journal of Loss Prevention in the Process Industries，1999，12（3）：189-194.

[28] Bartknecht W，Zwahlen G. Dust Explosion：Course，Prevention，Protection. New York：Springer，1989.

[29] 刘明翰，王志荣，甄亚亚，等. 球接管容器气体爆炸尺寸效应的试验研究与数值分析. 安全与环境学报，2017，17（4）：1334-1338.

[30] Mogi T，Horiguchia S. Explosion and detonation characteristics of dimethyl ether. Journal of Hazardous Materials，2009，114：170-185.

[31] Veyssiere B. Structure of the detonations in gaseous mixtures containing aluminium particles in suspension. Progress in Astronautics and Aeronautics，1986，106：522-544.

[32] Peraldi O，Veyssiere B. Experimental study of the detonations in starch particles suspensions with O_2/N_2，H_2/O_2 and C_2H_4/O_2 mixtures. Progress in Astronautics and Aeronautics，1986，106：490-504.

[33] 胡栋，龙属川，吴传谦，等. 可爆性气体爆炸极限和爆燃转变成爆轰的研究. 爆炸与冲击，1989，10（4）：266-274.

[34] 胡浩，庞士磊，况青松. 可燃气体爆燃转爆轰问题的研究. 合肥工业大学学报，2005，28（3）：1-2.

[35] Lee J H S, Knystautas R, Chan C K. Turbulent flame propagation in obstacle-filled tubes. Symposium (International) on Combustion, 1985, 20 (1): 1663-1672.

[36] Liu Q M, Bai C H, Jung L, et al. Deflagration-to-detonation transition in nitromethane mist/aluminum dust/air mixtures. Combust and Flame, 2010, 157 (1): 106-117.

[37] Borisov A A, Khasainov B A, Veyssiere B. On the detonation of aluminum dust in air and oxygen. Soviet Journal of Chemical Physics, 1992, 10 (2): 369-402.

[38] 蒋丽, 白春华, 刘庆明. 气/固/液三相混合物燃烧转爆轰实验过程研究. 爆炸与冲击, 2010, 30 (2): 588-592.

[39] 陈默, 白春华, 刘庆明. 大型水平管道中环氧丙烷-铝粉-空气混合物爆燃转爆轰的实验研究. 高压物理学报, 2011, 25 (4): 359-364.

[40] 郭长铭, 陈志刚. 多孔钢板对气象爆轰波传播影响的实验研究. 实验力学, 2000, 15(4): 400-407.

[41] 郭长铭, 李剑. 爆轰波在阻尼管道中声吸收的实验研究. 爆炸与冲击, 2000, 20 (4): 289-295.

[42] Robert Z. Deflagration suppression using expanded metal mesh and polymer foams. Journal of Loss Prevention in the Process Industries, 2007, 20 (4): 659-663.

[43] 周凯元. 波纹板阻火器对爆燃火焰淬熄作用的实验研究. 中国科学技术大学学报, 1997, 27 (4): 449-454.

[44] 周凯元, 李宗芬. 丙烷-空气爆燃火焰通过平行板夹缝时的淬熄研究. 爆炸与冲击, 1997, 17 (2): 111-118.

[45] 周凯元. 气体爆燃火焰在夹缝中的淬熄. 火灾科学, 1998, 8 (1): 22-23.

[46] 聂百胜, 何学秋, 张金锋, 等. 泡沫陶瓷对瓦斯爆炸火焰传播的影响研究. 北京理工大学学报, 2008, 28 (7): 573-576.

[47] 聂百胜, 何学秋, 张金锋, 等. 泡沫陶瓷对瓦斯爆炸过程影响的实验及机理. 煤炭学报, 2008, 33 (8): 903-907.

[48] 何学秋, 杨艺, 王恩元, 等. 障碍物对瓦斯爆炸火焰结构及火焰传播影响的研究. 煤炭学报, 2004, 29 (2): 186-189.

[49] 喻健良, 孟伟, 王雅杰. 多层丝网结构抑制管内气体爆炸的实验. 天然气工业, 2005, 25 (6): 116-118.

[50] 喻健良, 蔡涛, 李岳. 丝网结构对爆炸气体淬熄的试验研究. 燃烧科学与技术, 2008, 14 (2): 13-16.

[51] Lu Y, Wang Z, Cao X, et al. Interaction mechanism of wire mesh inhibition and ducted venting on methane explosion. Fuel, 2021, 304 (15): 1-9.

[52] Lin C D, Cao X Y, Wang Z R, et al. Research on quenching performance and multi-factor influence law of hydrogen crimped-ribbon flame arrester using response surface methodology.

Fuel, 2022, 326: 124911.

[53] 张伟, 蒋军成, 王志荣, 等. 连通容器单/双口泄爆压力特性研究. 中国安全科学学报, 2018, 28 (8): 43-48.

[54] 温小萍, 余明高, 解茂昭, 等. 瓦斯爆燃火焰在狭缝中的动态传播及淬熄特性. 煤炭学报, 2013, 38 (a2): 383-387.

[55] Kim N I, Maruta K. A numerical study on propagation of premixed flames in small tubes. Combustion & Flame, 2006, 146 (1-2): 283-301.

[56] Senecal J A. Flame extinguish in the cup-burner by inert-gases. Fire Safety Journal, 2005, (40): 579-591.

[57] Fuss P S, Chen E F, Yang W, et al. Inhibition of premixed methane/air flames by water mist. Proceedings of the Combustion Institute, 2002, 29: 361-368.

[58] Thomas G O, Jones A, Edwards M G. Influence of water sprays on explosion development in fuel-air mixture. Combustion Science and Technology, 1991, 80: 47-61.

[59] Jones A, Thomas G O. The action of water sprays on fires and explosions—a review of experimental work. Process Safety and Environmental Protection, 1993, 71 (B1): 41-49.

[60] 李润之, 司荣军, 薛少谦. 煤矿瓦斯爆炸水幕抑爆系统研究. 煤炭技术, 2010, 29 (3): 102-104.

[61] 樊小涛, 李润之, 薛少谦. 煤矿瓦斯爆炸水幕隔爆效果实验研究. 矿业安全与环保, 2011, 38 (2): 17-19.

[62] van Wingerden K, Wilkins B. The influence of water sprays on gas explosions. Part 1: Water-spray-generated turbulence. Journal of Loss Prevention in the Process Industries, 1995, 29: 53-59.

[63] 林滢, 李孝斌, 宋久壮. 超细水雾抑制瓦斯爆炸的可行性研究. 矿业安全与环保, 2006, 33 (4): 15-20.

[64] Battersby P N, Averill A F, Ingram J M, et al. Suppression of hydrogen-oxygene-nitrogen explosions by fine water mist: Part 2. Mitigation of vented deflagrations. International Journal of Hydrogen Energy, 2012, 3: 19258-19267.

[65] Cao X, Zhou Y, Wang Z, et al. Experimental research on hydrogen/air explosion inhibition by the ultrafine water mist. International Journal of Hydrogen Energy, 2022, 47 (56): 23898-23908.

[66] Cao X, Wei H, Wang Z, et al. Experimental research on the inhibition of methane/coal dust hybrid explosions by the ultrafine water mist. Fuel, 2023, 331: 125937.

[67] Lentati A M, Chelliah H K. Dynamics of water droplets in a counterflow field and their effect on flame extinction. Combustion and Flame, 1998, 115: 158-179.

[68] Lentati A M, Chelliah H K. Physical, thermal, and chemical effects of fine-water droplets in

extinguishing counterflow diffusion flames. Proceedings of the Combustion Institute，1998，27：2839-2846.

[69]　Ramagopal A，Heather D W，John P F，et al. Effects of fine water mist on a confined blast. Fire Technology，2010，46（3）：641-675.

[70]　Holborn P G，Battersby P，Ingram J M，et al. Modelling the mitigation of lean hydrogen deflagrations in a vented cylindrical rig with water fog. International Journal of Hydrogen Energy，2012，37（20）：15406-15422.

[71]　Holborn P G，Paul N B，Ingram J M，et al. Modelling the mitigation of a hydrogen deflagration in a nuclear waste silo ullage with water fog. Process Safety and Environmental Protection，2013，91（6）：476-482.

[72]　Hiroshi S，Manai T，Yasuo Y，et al. Experiments and numerical simulation on methane flame quenching by water mist. Journal of Loss Prevention in the Process Industries，2001，14（6）：603-608.

[73]　丛北华，蔡志刚，陈吕义，等. 细水雾阻隔火焰热辐射的模拟研究. 中国安全科学学报，2005，15（12）：69-73.

[74]　黄咸家. 细水雾与气体射流火焰相互作用的实验与数值模拟研究. 合肥：中国科学技术大学，2012.

[75]　Gieras M. Flame acceleration due to water droplets action. Journal of Loss Prevention in the Process Industries，2008，21：472-477.

[76]　Parra T，Castro F，Mendez C，et al. Extinction of premixed methane-air flames by water mist. Fire Safety Journal，2004，39（7）：581-600.

[77]　Tseng C C，Viskanta R. Enhancement of water droplet evaporation by radiation absorption. Fire Safety Journal，2006，41：236-247.

[78]　Collin A，Boulet P，Parent G，et al. Numerical simulation of a water spray-radiation attenuation related to spray dynamics. International Journal of Thermal Sciences，2007，46：856-868.

[79]　Schwer D A，Kailasanalh K. Numerical simulations of the mitigation of unconfined explosions using water-mist. Proceedings of the Combustion Institute，2007，31（2）：2361-2369.

第2章 受限空间气体爆炸特性

随着氢能应用技术发展逐渐成熟，氢能产业的发展在世界各国备受关注。氢能产业迅猛发展的同时，也伴随着爆炸事故的频繁发生，造成重大的人员伤亡与财产损失。当前对氢气-空气爆炸的研究多集中于单一密闭容器内部，而容器结构和尺寸效应对氢气-空气预混气体爆炸的影响研究较少。本章采用不同结构和尺寸的球形容器与管道连接，开展受限空间氢气-空气爆炸特性实验研究，探索不同结构和尺寸连通容器内氢气-空气爆炸的影响因素及规律，具有重要的工程应用价值。

2.1 实 验 设 计

2.1.1 实验装置

受限空间氢气-空气预混气体爆炸实验系统包括爆炸系统、点火装置、自动配气系统、数据采集系统和相应的附属设备。

1. 爆炸系统

实验中使用的爆炸系统装置如图 2.1 所示。爆炸系统包括 16Mn 钢铸造的两个容积分别为 113L（内径为 600mm）和 22L（内径为 350mm）的球形容器和三段圆形管道，装置设计压力为 20MPa，工作压力为 2MPa。为方便描述，统一称为大球、小球。大球、小球的一端接有水平管道，其长分别为 0.25m 和 0.2m，内径均为 50mm。大球、小球顶部配有竖直管道，长为 0.156m，内径为 50mm。三段圆形管

图 2.1 连通容器实体图

道长均为 2m，内径均为 60mm，管壁均为 15mm，采用法兰进行管端连接，管道末端可使用盲板进行封堵[1]。

大球和小球容器与管道可以组成三种结构形式，分别为单球容器、容器-管道、容器-管道-容器。容器和管道上分别设置了压力传感器和点火装置的接口[2]，可根据实验需要进行连接，具体结构如图 2.2 所示。

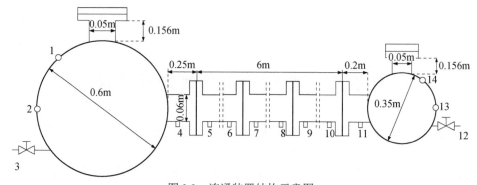

图 2.2　连通装置结构示意图
2、13. 点火位置；3、12. 进出气口；1、4～11、14. 压力传感器接口

2. 点火装置

在生产过程中，火灾爆炸事故的发生多由电火花、静电等点火源引起，而这些点火源都是弱点火源。弱点火源的能量对爆炸强度有明显影响[3]，在此选用 KTD-A 型可调高能点火器引燃氢气-空气预混气体。其具有能量调节简单且精准等优点，采用电容式电火花点火，对氢气爆炸实验的影响较小[4]，分别选取 0.3J、0.4J、0.5J、1.0J、2.0J、3.0J、4.0J 和 5.0J 点火能。KTD-A 型可调高能点火器和点火枪通过点火电缆连接。实验选用两种点火枪，一种较长型号用于中心点火，另一种较短型号用于壁面点火[5]。

3. 自动配气系统

实验选用型号为 RCSC2000-B 防爆计算机自动配气系统，如图 2.3 所示。该系统主要由配气仪、控制箱、计算机控制平台、氢气气瓶、二氧化碳气瓶、氮气气瓶等组成。配气仪由箱体、防爆截止阀和高精防爆质量流量计组成。控制箱由主控板、箱体、开关电源、专用控制卡等组成。计算机控制平台包括计算机主体和自动配气系统软件。该充配气系统可以提供多重配气模式以满足

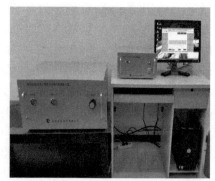

图 2.3　RCSC2000-B 防爆计算机自动配气系统

实验要求，自动配气系统主机和通信电缆相连，通过高精度质量流量控制器来控制各组分氢气-空气预混气体的流量或浓度，最终实现动态自动配气过程。选用 2X-8GA 型真空泵对实验装置抽取真空，将连通容器抽真空至-0.09MPa（表压），然后

将氢气–空气预混气体充入实验装置中。

4. 氢气浓度的选择

在容器–管道结构对可燃气体的爆炸特性影响的实验研究中，选用氢气作为实验可燃气体。氢气属于高活性易燃易爆介质，具有燃烧速度快、燃烧温度高等特点。氢气–空气的爆炸极限为 4%～75.6%，引燃温度为 570℃，其化学计量浓度为 29.6%。经过文献调研和多次预实验测试，在氢气浓度为 30%时爆炸强度最大，造成的伤害效应最强[6,7]。因此，从"最坏情形分析"原理出发，本书（除特别说明）采用浓度为 30%±0.2%的氢气–空气预混气体开展实验。

5. 数据采集系统

1）数据采集装置

本实验选用 DEWE-43 型通用串行总线（universal serial bus，USB）数据采集仪，采集分辨率为 24bit，每通道采样频率为 200kHz/s。通过总线端配置的 8 个采集通道完成数据同步采集。该数据采集系统自带分析处理软件 DEWE Soft X2，具有数据存储、导出、分析、报告和滤波等功能[8]。

2）压力传感器

实验中使用 HM90-H3-2 型高频压力变送器对爆炸压力进行数据采集。该压力传感器测量精度为±0.3%F.S.，量程为 0～10MPa，频率为 200kHz。在进行实验前，将高真空硅胶脂涂在压力传感器表面，以降低爆炸强光，提高测量准确性，避免损坏传感器测量端。

2.1.2 实验方法

实验方法具体如下：

（1）根据实验方案，使用螺栓和法兰连接球形容器和管道，并将压力传感器安装于相应部位。首先，使用真空泵将实验装置抽真空至-0.09MPa（表压），静置 5min，并使用 DEWE Soft X2 软件检测装置内的压力变化，检查实验装置的气密性，确保实验在气密性良好的条件下进行。

（2）调试压力传感器，并与数据采集系统各通道连接，检查数据采集系统是否正常。

（3）将装置抽真空至-0.09MPa（表压），充入氢气–空气预混气体至 0MPa（表压），静置 5min，待数据采集系统稳定。

（4）将采集系统调整到自动触发状态并校零，清理人员至安全距离，准备引爆。

（5）点火引爆，进行采集数据、存储与处理。

（6）打开排气阀门，对实验装置进行吹扫，吹扫完毕后关闭阀门准备开展下一组实验。

2.1.3　实验条件

本节开展密闭条件下容器和管道内氢气-空气预混气体爆炸特性实验，分别在球形容器、球形容器-管道、球形容器-管道-球形容器三种不同结构中研究氢气-空气爆炸特性，表 2.1 为氢气-空气爆炸特性研究实验方案。为保证实验数据的准确与可靠性，每组工况进行三次重复实验。

表 2.1　氢气–空气爆炸特性研究实验方案

编号	结构形式	点火位置	变化参数	说明
T01	单小球	小球中心	—	测量小球容器内的压力
T02	单大球	大球中心	—	
T03	单大球	大球中心	氢气浓度	
T04	单大球	大球中心	点火能量 0.3J	
T05	单大球	大球中心	点火能量 0.4J	
T06	单大球	大球中心	点火能量 0.5J	
T07	单大球	大球中心	点火能量 1.0J	
T08	单大球	大球中心	点火能量 2.0J	
T09	单大球	大球中心	点火能量 4.0J	
T10	单大球	大球中心	点火能量 4.0J	测量大球容器内的压力
T11	单大球	大球中心	点火能量 5.0J	
T12	单大球	大球中心	初压−0.02MPa（表压）	
T13	单大球	大球中心	初压−0.01MPa（表压）	
T14	单大球	大球中心	初压 0.01MPa（表压）	
T15	单大球	大球中心	初压 0.02MPa（表压）	
T16	单大球	大球中心	初压 0.03MPa（表压）	
T17	单大球	壁面		
T18	单大球	大球中心	N_2 比例	
T19	单大球	大球中心	CO_2 比例	
T20	单小球+2m 管			
T21	单小球+4m 管	小球中心		测量小球容器内的压力及管道各处的压力
T22	单小球+6m 管			
T23	单大球+2m 管			
T24	单大球+4m 管	大球中心		测量大球容器内的压力及管道各处的压力
T25	单大球+6m 管			
T26	单大球+2m 管	大球中心	改变初始压力，初始压力选值与单个大球相同	—
T27	大球+2m 管+小球	小球中心		测量两个球形容器内的压力及管道上的压力
T28	大球+2m 管+小球	大球中心		

续表

编号	结构形式	点火位置	变化参数	说明
T29	大球+4m 管+小球	小球中心	—	
T30	大球+4m 管+小球	大球中心	—	测量两个球形容器内的压力及管道上的压力
T31	大球+6m 管+小球	小球中心	—	
T32	大球+6m 管+小球	大球中心	—	
T33	大球+2m 管+小球	小球中心	改变初始压力,初始压力选值与单个大球相同	—

2.2 单球容器气体爆炸特性

2.2.1 容器容积的影响

采用内径分别为 600mm 和 350mm 的大球、小球容器进行容器容积对爆炸强度的影响实验。图 2.4 为大球、小球容器内氢气-空气预混气体爆炸压力随时间变化曲线。由图 2.4 和表 2.2 可知,大球、小球容器内氢气最大爆炸压力(P_{max})分别为 0.85MPa 和 1.15MPa。实验采用中心点火,氢气-空气预混气体被点燃后,火焰以球形结构向四周传播。小球容器容积较小,其火焰先于大球容器火焰到达器壁,随后发生高速振荡,导致氢气爆炸压力急速上升。然而,大球容器内氢气-空气爆炸火焰由于壁面反射能量和器壁效应等,容器内爆炸能量损耗较大。因此,相比于大球容器,小球容器内的 P_{max} 更大。

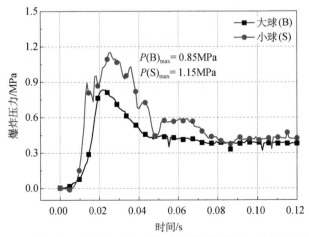

图 2.4 球形容器内氢气-空气预混气体爆炸压力随时间变化曲线

表 2.2　大球、小球容器内部氢气-空气预混气体爆炸强度

参数	22L	110L
P_{max}/MPa	1.15	0.85
$(dP/dt)_{max}$/(MPa/s)	73.24	59.81

由等温模型可知，密闭空间内氢气-空气爆炸时间约为 20ms，极短爆炸时间内容器内可视为绝热压缩过程。因此，可采用等温模型解释密闭容器尺寸对氢气-空气预混气体爆炸强度的影响。基于等温模型，球形密闭容器内氢气-空气预混气体的爆炸压力上升速率公式[9-12]为

$$\frac{dP}{dt} = \frac{3\alpha K_r P_m^{2/3}}{R P_0} \left(P_m - P_0\right)^{1/3} \left(1 - \frac{P_0}{P}\right)^{2/3} P \qquad (2.1)$$

式中，R 为球形容器半径，mm；P_0 为初始压力，MPa；P_m 为终态压力，MPa；K_r 为在参考温度 T_r 和参考压力 P_r 下的瞬时燃烧速度，m/s；P 为瞬时压力，MPa；α 为湍流因子。

由式（2.1）可知，密闭球形容器内氢气-空气爆炸的最大压力上升速率（$(dP/dt)_{max}$）随着球形容器半径的增大而减小。小球容器内（$dP/dt)_{max}$ 更大，使得容器内部压力峰值出现时刻提前，这与本实验结论相符。

2.2.2　点火位置的影响

在实验装置中，点火位置对爆炸压力和压力上升速率具有显著的影响。同时，火焰传播方向的改变，也将导致整个装置内爆炸火焰结构发生相应的变化[13-15]。因此，本节选择大球容器作为实验装置，系统研究点火位置对容器内氢气-空气爆炸特性的影响。不同点火位置氢气-空气预混气体爆炸压力随时间变化曲线及爆炸强度分别如图 2.5 和表 2.3 所示。

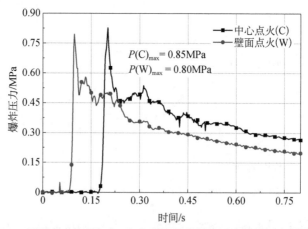

图 2.5　不同点火位置氢气-空气预混气体爆炸压力随时间变化曲线

表 2.3 不同点火位置的氢气-空气预混气体爆炸强度

容器类型	参数	不同点火位置的爆炸强度	
		大球壁面	大球中心
大球	P_{max}/ MPa	0.80	0.85
	$(dP/dt)_{max}$/ (MPa/s)	73.28	59.80

如图 2.5 和表 2.3 所示，中心点火和壁面点火的 P_{max} 分别为 0.85MPa 和 0.80MPa。在中心点火时，球内氢气-空气预混气体的 P_{max} 略大于大球壁面点火。当采用中心点火时，爆炸火焰无壁面约束向四周传播至壁面，反应较为完全且能量损耗较小。相比于中心点火，在壁面点火时的爆炸火焰在容器内传播过程中受壁面影响显著，传播初期火焰与容器壁面接触并发生热传导，且在壁面的约束作用下向无约束方向传播，这一过程将极大耗散爆炸反应能量，导致壁面点火时容器内氢气-空气预混气体 P_{max} 下降[16, 17]。因此，中心点火时容器内的 P_{max} 大于壁面点火。与氢气-空气预混气体 P_{max} 变化现象不同，在中心点火时球内的 $(dP/dt)_{max}$ 仅为 59.80MPa/s，小于壁面点火时的 $(dP/dt)_{max}$。这是由于中心电火花点火后，氢气爆炸火焰迅速向四周扩散，受壁面约束作用较小，进而导致压力上升速率较小。

2.2.3 点火能量的影响

图 2.6 和表 2.4 为点火能量对氢气-空气预混气体 P_{max} 和 $(dP/dt)_{max}$ 的影响实验结果。当点火能量为 0.3J、0.4J 和 0.5J 时，氢气-空气的 P_{max} 随点火能量的增大无明显变化。当点火能量大于 1.0J 时，随着点火能量的增大，P_{max} 呈线性增大趋势。通过线性拟合，球形容器内最大爆炸压力（P_{max}）与点火能量（E）的关系如下：

$$P_{max} = 0.818 + 0.006E, \quad R^2 = 0.94 \tag{2.2}$$

在氢气爆炸链式反应中，需要外界提供一定的能量促使 H—H 键断裂。断裂的 H—H 键伴有能量的释放，为氢气分子的反应提供能量，从而保障火焰的传播。随着点火能量的增加，激发链式反应的能量增大且参与反应的自由基数量增多，导致爆炸反应速度增加，从而产生较大的爆炸强度。因此，在一定的点火能量变化范围内，氢气-空气预混气体爆炸强度随着点火能量的增大而增大。

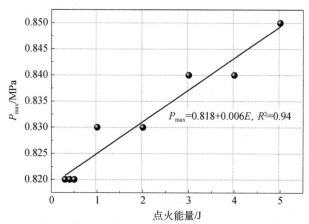

图 2.6　不同点火能量下氢气-空气预混气体爆炸的 P_{max} 拟合曲线

表 2.4　不同点火能量下球形容器内氢气–空气预混气体爆炸强度

点火能量/J	P_{max}/ MPa	$(dP/dt)_{max}$/（MPa/s）
0.3	0.82	46.36
0.4	0.82	46.61
0.5	0.82	46.80
1.0	0.83	48.78
2.0	0.83	51.99
3.0	0.84	54.35
4.0	0.84	56.47
5.0	0.85	59.80

2.2.4　氢气浓度的影响

图2.7为不同浓度下氢气-空气预混气体爆炸的 P_{max} 变化曲线。可以看出，氢气的体积浓度在 4%～75.6%时，随着氢气浓度的增大，P_{max} 呈现先增大后减小的趋势。当氢气浓度为 4%～30%时，P_{max} 呈上升趋势。随着氢气浓度增大，曲线斜率逐渐减小。当氢气浓度为 30%时，P_{max} 最大，达到了 0.85MPa。当氢气浓度为 30%～75.6%时，P_{max} 呈下降趋势。氢气-空气预混气体的氢气体积浓度在 4%以下或超过 75.6%时，容器内无爆炸发生。

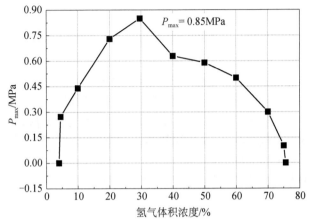

图 2.7　不同浓度下氢气-空气预混气体爆炸的 P_{max} 变化曲线

2.2.5　难反应气体的影响

CO_2 与 N_2 可有效降低和抑制气体爆炸事故，且具有来源广且成本低廉等特点，因此被广泛应用于石油化工领域。图 2.8 为不同 CO_2 与 N_2 含量接近当量比条件下（30%）氢气-空气预混气体爆炸的 P_{max} 的影响。由图可知，随着 CO_2 和 N_2 含量的增加，P_{max} 逐渐减小。当 CO_2 与 N_2 的含量分别为 25% 和 37% 时，爆炸被完全抑制。由此可知，CO_2 的惰化效果优于 N_2。

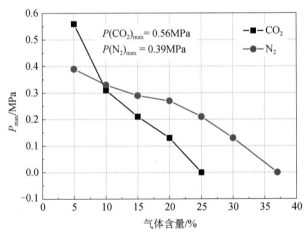

图 2.8　不同难反应气体含量下氢气-空气预混气体爆炸的 P_{max} 变化曲线

随着难反应气体含量的增加，容器内 P_{max} 逐渐减小。由线性拟合可知，球形容器内最大爆炸压力 P_{max} 与难反应气体的含量 C 之间的关系如下。

CO_2：

$$P_{max} = 0.632 - 0.026C, \qquad R^2 = 0.94 \qquad （2.3）$$

N_2:

$$P_{max} = 0.463 - 0.011C, \qquad R^2 = 0.95 \qquad (2.4)$$

CO_2 和 N_2 的加入可以有效降低氢气-空气预混气体含量，并有效吸收预混气体燃烧后释放的热量。同时，CO_2 和 N_2 将参与爆炸反应过程中的基元反应，可有效降低 H 和 O 自由基碰撞概率，且能够吸收链式过程中自由基的能量，从而有效降低氢气爆炸反应速率。因此，随着 CO_2 和 N_2 含量的增加，P_{max} 明显降低。此外，相比于 N_2，CO_2 具有更大的比热容，对氢气-空气爆炸反应过程中热量传递和温度降低具有更显著的影响。同时，CO_2 分子具有较高的活性和化学动力学性质，更容易作为第三体参与链式反应，且表现出更强的化学抑制作用。因此，CO_2 的抑爆效果优于 N_2。

2.2.6　初始压力的影响

图 2.9 为球内初始压力对氢气-空气预混气体爆炸 P_{max} 的影响。可以看出，随着初始压力的升高，P_{max} 呈现上升趋势。氢气-空气预混气体爆炸的 P_{max} 与初始压力呈线性变化。

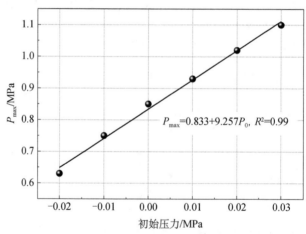

图 2.9　不同初始压力下氢气-空气预混气体爆炸的 P_{max} 拟合曲线

通过对所获得的实验数据进行拟合，球形容器内最大爆炸压力 P_{max} 与初始压力 P_0 之间的线性关系如下：

$$P_{max} = 0.833 + 9.257P_0, \qquad R^2 = 0.99 \qquad (2.5)$$

同时，爆炸压力上升速率能够直接反映爆炸强度的变化。当初始压力为 -0.02MPa（表压）时，氢气的 $(dP/dt)_{max}$ 为 46.36MPa/s。初始压力每升高 0.01MPa，球内氢气爆炸的 P_{max} 提高约 0.01MPa，$(dP/dt)_{max}$ 提高 6～10MPa/s。这是由于初始压力的升高能够提高容器内氢气含量，在氢气-空气预混气体被引燃后,单位体积氢气分子释放的化学能量越来越高。同时,随着初始压力的升高,氢气分子的间距减小,增加了氢气自由基的碰撞概率。因此,初始压力的增加使得氢气-空气预混气体爆炸的 P_{max} 和 $(dP/dt)_{max}$ 显著增加。

2.3 容器-管道气体爆炸特性

2.3.1 容器容积的影响

采用大球、小球容器与管道连接的实验装置开展容器容积对容器管道内爆炸压力的影响研究。图 2.10 和图 2.11 分别为大球、小球容器内部和管道末端氢气-空气预混气体的爆炸压力随时间变化曲线。

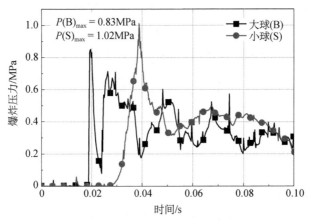

图 2.10 球形容器内部氢气-空气预混气体的爆炸压力随时间变化曲线

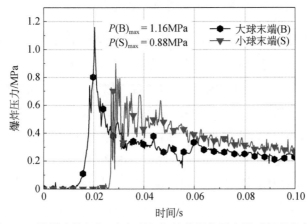

图 2.11 管道末端氢气-空气预混气体的爆炸压力随时间变化曲线

由图 2.4 可知，单一大球、小球容器内氢气-空气预混气体爆炸的 P_{max} 分别为 0.85MPa 和 1.15MPa。由图 2.10 可知，当球形容器与管道相连接时，大球、小球容器内部压力分别降至 0.83MPa 和 1.02MPa，降幅分别为 2.35% 和 11.30%。可以看出，相比于单一球形容器爆炸，管道的存在使得球形容器内部爆炸能量通过管道传播至端部，进而使得球形容器内部爆炸强度明显降低。相比于大球，小球管道容器内部能量损失更加显著[16]。

由图 2.11 可知，大球、小球容器管道末端氢气-空气预混气体的 P_{max} 分别为 1.16MPa 和 0.88MPa。当球形容器与管道相连接时，小球内 P_{max} 为 1.02MPa，火焰传播至管道末端时压力下降至 0.88MPa，降幅为 13.73%；然而，当球形容器与管道相连接时，大球内 P_{max} 为 0.83MPa，火焰传播至管道末端时压力上升至 1.16MPa，增幅为 39.76%。这是由于大球容器内氢气-空气预混气体的含量要大于小球，当氢气-空气预混气体爆炸火焰进入管道时，压缩现象更为剧烈，压力波累积上升更为明显，而小球容器内压力波传播至连接管道内，损耗能量过多导致压力下降。因此，在工业生产中，对于容器-管道结构，可以通过增大容器尺寸的方法，有效降低容器内发生爆炸的危险性，保证人员和财产安全。

2.3.2　管道长度的影响

实验装置采用三种长度分别为 2m、4m 和 6m 的管道与大球、小球容器相连结构，管道末端使用盲板封闭，在球形容器内中心位置点火。

1. 管道长度对大球容器-管道内氢气-空气预混气体的爆炸强度的影响

图 2.12 和图 2.13 分别为三种管道长度下大球容器内部及管道末端氢气-空气预混气体的爆炸压力随时间变化曲线。结合表 2.5 可以看出，当大球容器连接导管时，管道长度对球形容器内氢气-空气预混气体的 P_{max} 和 $(dP/dt)_{max}$ 均影响显著。随着管道长度的增大，大球容器内部 P_{max} 和 $(dP/dt)_{max}$ 均逐渐降低。当大球容器与 2m 管道（1 段）连接时，球内氢气-空气预混气体的爆炸强度最大；当大球容器与 6m 管道（3 段）连接时，球内氢气-空气预混气体的爆炸强度最小。然而，与球内爆炸强度不同，随着管道长度的增大，管道末端 P_{max} 和 $(dP/dt)_{max}$ 均逐渐增加。当大球容器与 6m 管道连接时，管道末端压力最大，为 1.78MPa，这表明管道内部发生了 DDT 过程。

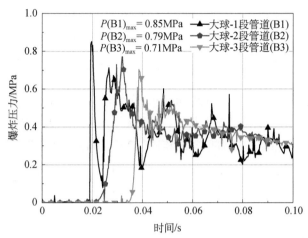

图 2.12　大球容器内氢气–空气预混气体爆炸压力随时间变化曲线

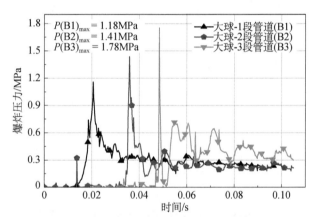

图 2.13　管道末端氢气–空气预混气体爆炸压力随时间变化曲线 1

表 2.5　不同管道长度下的氢气–空气预混气体爆炸强度 1

位置	参数	不同管道长度下的爆炸强度		
		2m	4m	6m
大球内部	P_{max}/ MPa	0.85	0.79	0.71
	$(dP/dt)_{max}$/（MPa/s）	41.60	39.70	37.46
管道末端	P_{max}/ MPa	1.18	1.41	1.78
	$(dP/dt)_{max}$/（MPa/s）	60.88	188.60	297.55

由于管道长度增加，球内爆炸能量沿管道泄放增多，能量损失增大[18,19]。同时，管道端部盲板反射作用减弱及管道壁面的能量耗散增大，使得球形容器内爆炸强度降低。此外，当爆炸火焰传播至管道内部时，受管道壁面、火焰自加速的作用，层流火焰发生失稳，并形成湍流火焰。随着管道长度的增加，湍流火焰现

象愈加显著，从而导致化学反应速率增加，甚至产生爆轰，爆炸压力上升速率大幅提升[8, 9]。同时，火焰的不断加速也使得 P_{max} 随之升高[20]。

2. 管道长度对小球容器–管道内氢气–空气预混气体的爆炸强度的影响

图2.14和图2.15分别为三种管道长度下小球容器内部及管道末端氢气-空气预混气体的爆炸压力随时间变化曲线。结合表2.6可以看出，随管道长度的增加，大球、小球容器内部爆炸压力呈现出相同的变化趋势。随着管道长度的增大，小球容器内部 P_{max} 和（dP/dt）$_{max}$ 均逐渐降低。同时，随着管道长度的增加，管道末端 P_{max} 和（dP/dt）$_{max}$ 均逐渐增加。此外，还可以看出，当管道长度为6m时，管道末端压力为1.51MPa，表明管道内部发生了DDT过程。

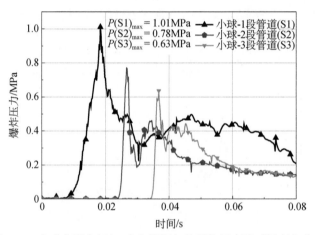

图2.14　小球容器内氢气-空气预混气体爆炸压力随时间变化曲线

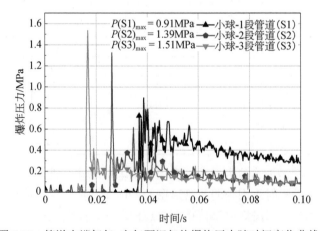

图2.15　管道末端氢气-空气预混气体爆炸压力随时间变化曲线2

表 2.6 不同管道长度下的氢气-空气预混气体爆炸强度 2

位置	参数	不同管道长度下的爆炸强度		
		2m	4m	6m
小球内部	P_{max}/ MPa	1.01	0.78	0.63
	$(dP/dt)_{max}$/ (MPa/s)	65.60	64.70	62.46
管道末端	P_{max}/ MPa	0.91	1.39	1.51
	$(dP/dt)_{max}$/ (MPa/s)	201.88	298.60	403.55

对比不同管道长度下容器-管道结构内部爆炸强度可知，管道长度的增加将导致容器-管道结构的危险性大幅增加。因此，在化工生产过程中，应考虑球形容器与管道尺寸效应对装置本质安全的影响。

2.3.3 初始压力的影响

采用大球容器-管道结构进行初始压力影响爆炸强度实验。图 2.16 为不同初始压力条件下球形容器内部和管道末端氢气-空气爆炸压力随时间变化曲线。可以看出，随着初始压力的增加，管道末端 P_{max} 逐渐增大。当初始压力为负压时，球形容器内部的 P_{max} 未发生改变；当初始压力为正压时，球形容器内部的 P_{max} 随初始压力增大，呈现上升趋势。同时，相比于球形容器内部，管道末端的 P_{max} 更大。在球形容器-管道结构中，初始压力的提高会导致容器内部的爆炸压力明显上升。这是因为随着初始压力的上升，容器内部单位体积内的氢气含量明显增大，在预混气体被引燃后，单位体积热量释放更多，自由基碰撞概率更大，从而导致氢气爆炸反应速率提高，爆炸强度增大[21]。

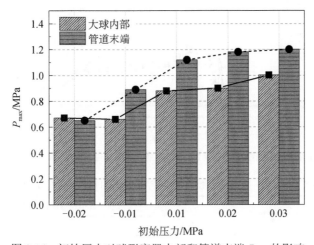

图 2.16 初始压力对球形容器内部和管道末端 P_{max} 的影响

2.4　容器-管道-容器气体爆炸特性

2.4.1　管道长度的影响

采用小球-管道-大球连接形式的实验装置，研究管道长度（2m、4m 和 6m）对连通容器内部氢气-空气预混气体爆炸特性的影响规律及机制，实验方案参见表 2.1。实验采用中心点火，点火容器为起爆容器，非点火容器为传爆容器。

1. 小球点火时管道长度对传爆容器内氢气-空气预混气体爆炸强度的影响

图 2.17 为小球点火时不同管道长度下大球容器内部氢气-空气预混气体爆炸压力随时间变化曲线。结合表 2.7 可以看出，管道长度对大球容器内氢气-空气预混气体爆炸强度具有显著影响。随着管道长度的增加，氢气-空气预混气体的爆炸压力和压力上升速率随之增大，尤其当管道长度由 2m（1段）增加至 4m（2段）时，P_{max} 出现骤增。在氢气-空气预混气体爆炸火焰传播过程中，由于管道壁面的凹凸不平结构，火焰由层流变为湍流，根据泰勒不稳定理论[22]，火焰将不断加速，P_{max} 随之升高。

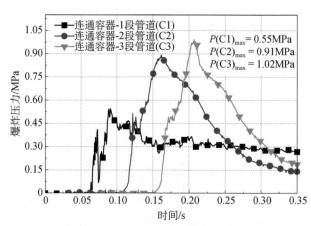

图 2.17　小球点火时不同管道长度下大球容器内部氢气-空气预混气体爆炸压力随时间变化曲线

表 2.7　小球点火时不同管道长度下大球容器内部的氢气-空气预混气体爆炸强度

容器类型	参数	不同管道长度下的爆炸强度		
		2m	4m	6m
大球	P_{max}/ MPa	0.55	0.91	1.02
	$(dP/dt)_{max}$/ (MPa/s)	168.60	289.70	418.46

2. 大球点火时管道长度对传爆容器内氢气–空气预混气体爆炸强度的影响

图 2.18 为大球点火时连通容器大球内点火小球容器内部氢气–空气预混气体的爆炸压力随时间变化曲线。结合表 2.8 可以看出，管道长度对连通容器内氢气–空气预混气体爆炸强度的影响显著。这是因为爆炸火焰由球形容器向管道传播时，爆炸火焰由层流状态转变为湍流过程中，火焰传播速度增加，P_{max} 和 $(dP/dt)_{max}$ 大幅提升。因此，随着管道长度的增加，传爆容器内 P_{max} 不断上升。

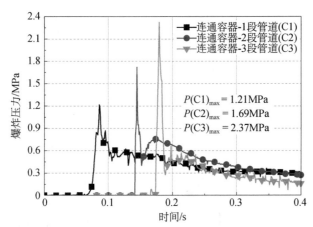

图 2.18　大球点火时不同管道长度下小球容器内部氢气–空气预混气体爆炸压力随时间变化曲线

表 2.8　大球点火时不同管道长度下小球容器内部的氢气–空气预混气体爆炸强度

容器类型	参数	不同管道长度下的爆炸强度		
		2m	4m	6m
小球	P_{max}/ MPa	1.21	1.69	2.37
	$(dP/dt)_{max}$/ (MPa/s)	368.60	589.70	618.46

2.4.2　点火位置的影响

在常温常压下，采用管道长度为 2m 的连通容器开展点火位置对氢气–空气爆炸强度的影响实验，点火位置分别为大球和小球容器内部中心位置。

图 2.19 和图 2.20 分别为在大球和小球容器中心点火时，大球、小球容器内的爆炸压力随时间变化曲线。当大球容器为起爆容器时，大球容器的 P_{max} 为 0.68MPa，小球容器的 P_{max} 上升至 1.22MPa。这是由于爆炸火焰由起爆容器通过管道传播至传爆容器内部，受管道壁面影响，火焰层流状态越发不稳定，并从层流转变为湍流火焰结构。同时，爆炸冲击波传播至小球后产生的反射波作用于爆炸火焰，使其湍流度增加且爆炸反应速率提高，进而导致传爆容器内部爆炸压力明显上升[23]。

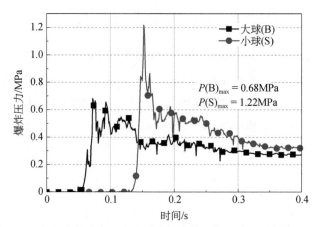

图 2.19　在大球容器中心点火时容器内的爆炸压力随时间变化曲线

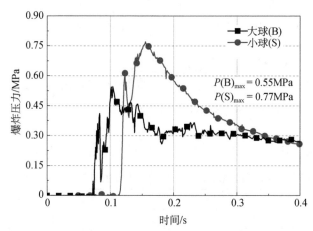

图 2.20　在小球容器中心点火时容器内的爆炸压力随时间变化曲线

当小球容器为起爆容器时，小球容器的 P_{max} 为 0.77MPa；当火焰通过管道传播到大球容器时，P_{max} 仅为 0.55MPa。这表明，爆炸火焰由小球容器向管道传播时，大球容器内部的 P_{max} 比小球容器要小。这是由于爆炸所产生的冲击波传播至大球容器会发生反射现象，大球容器容积较大，冲击波在反射过程中能量耗散较大，反射波对火焰阵面扰动作用减小，使得火焰湍流度降低。因此，当氢气-空气爆炸火焰加速传播到大球时，爆炸强度反而被削弱。

2.4.3　初始压力的影响

采用管道长度为 2m 的连通容器开展初始压力对氢气-空气爆炸强度影响的研究。点火位置为小球容器内部中心位置。图 2.21 为不同初始压力条件下小球和大球容器内 P_{max} 随时间变化曲线。由图可以看出，随着初始压力的增大，小球、

小球容器内部 P_{max} 均逐渐增大。当初始压力小于 0.02MPa 时，小球容器内部 P_{max} 随着初始压力变大增长缓慢；当初始压力为 0.03MPa 时，小球内部 P_{max} 出现骤增，爆炸压力增大至 1.45MPa。然而，大球内部 P_{max} 则随着初始压力的增大而显著增大。当初始压力达到 0.03MPa 时，大球内部 P_{max} 达到 1.13MPa。随着初始压力的增大，装置内氢气-空气预混气体爆炸到达 P_{max} 的时间明显减小。因此，在连通容器结构中，初始压力的变化会导致容器内部氢气-空气爆炸压力明显变化。

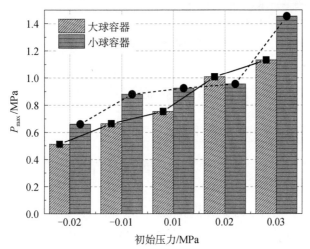

图 2.21　不同初始压力条件下小球与大球容器内 P_{max} 变化趋势

2.4.4　结构形式的影响

本节开展三种连通容器结构形式（单球容器、容器-管道、容器-管道-容器）对氢气-空气爆炸强度的影响研究，管道长度为 6m（3 段），大球容器内部中心位置点火。

图 2.22 为不同结构形式下大球容器内部氢气-空气预混气体爆炸压力随时间变化曲线。由图可知，容器-管道-容器结构形式的大球内部的 P_{max} 最大，单球容器的 P_{max} 次之，容器-管道结构形式的 P_{max} 最小。容器连接结构越复杂，大球内部氢气-空气预混气体爆炸压力变化越剧烈。同时，通过分析峰值后压力曲线变化过程，可知单球容器结构中爆炸压力曲线较为平滑。然而，容器-管道结构内部氢气-空气预混气体易产生二次爆炸。传爆容器对爆炸火焰具有压缩及冲击波反向作用，使得容器-管道-容器结构形式内部出现明显的振荡现象[24]。

通过对三种结构形式的连通容器内部氢气-空气预混气体爆炸强度的分析发现，爆炸装置越复杂，装置的危险性越高，特别是压力振荡现象越明显。振荡压力波的大小、方向各异，极易导致装置发生疲劳和强度失效[25]。因此，在工业生产、设计中，应当对复杂连通装置进行安全泄爆设计。

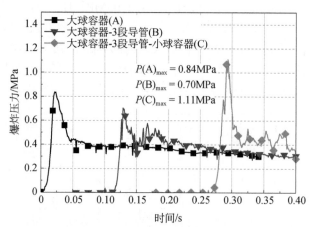

图 2.22　不同结构形式下大球容器内氢气-空气预混气体爆炸压力随时间变化曲线

2.5　本　章　小　结

本章采用实验研究、理论分析和数据处理相结合的方法，研究了不同容器结构形式（单球容器、容器-管道、容器-管道-容器）和边界条件（容器容积、管道长度、点火能量、点火位置、氢气浓度、难反应气体和初始压力等）对氢气-空气预混气体爆炸特性的影响。实验结果表明，不同容器结构形式和边界条件均对氢气-空气预混气体爆炸特性有着极大的影响。在单球容器中，当氢气浓度为 30% 时，氢气-空气预混气体的爆炸强度最大，且爆炸强度随着点火能量和初始压力的增加而逐渐增大。当中心点火时，氢气-空气预混气体的 P_{max} 大于壁面点火。然而，采用中心点火时，容积较小的球形容器内氢气-空气预混气体的 P_{max} 略大于大容积的球形容器。在容器-管道结构形式中，当起爆容器为大容器时，管道末端存在爆炸压力骤增的危险。当起爆容器为小容器时，管道末端的爆炸压力略微下降；随着管道长度的增大，球形起爆容器内部和管道末端的爆炸压力分别呈现减小和增大的变化趋势。在容器-管道-容器结构形式中，当火焰由大容器经管道向小容器传播时，传爆容器内爆炸压力上升显著，而火焰由小容器经管道向大容器传播时，传爆容器内爆炸压力略有下降。起爆容器和传爆容器内氢气-空气预混气体的爆炸压力随着管道长度的增加均呈增大变化趋势。此外，容器管道连接结构越复杂，其内部氢气-空气预混气体的爆炸强度越大，爆炸压力振荡现象越明显，易导致装置发生疲劳和强度失效，增大了起爆容器的危险性。

参 考 文 献

[1]　尤明伟. 连通装置氢气-空气预混气体的爆炸及泄爆动力学过程研究. 南京：南京工业大学, 2011.

[2]　Mercx W P M, van den Berg A C. The explosion blast prediction model in the revised "Yellow Book". The 31st AIChE Annual Loss Prevention Symposium, Houston, 1997.

[3]　Mercx W P M, van den Berg A C. Modeling and experimental research in to gas explosions. Overall Final Report for CEC Contact：STEP-CT-0111, 1994.

[4]　万俊华, 郜冶, 夏允庆. 燃烧理论基础. 哈尔滨：哈尔滨船舶工程学院出版社, 1992.

[5]　Bull D C. Review of large-scale explosion experiments. Plant/Operations Progress, 1992, 11 (1)：33-40.

[6]　朱建华. 管道内可燃氢气-空气预混气体的爆炸过程研究及危险性评价. 北京：北京理工大学, 2003.

[7]　Edwards K L, Norris M J. Materials and constructions used in devices to prevent the spread of flames in pipelines and vessels. Materials and Design, 1999, 20 (5)：245-252.

[8]　蒋德明. 内燃机燃烧与排放学. 西安：西安交通大学出版社, 2001.

[9]　孙金华, 王青松, 纪杰. 火焰精细结构及其传播动力学. 北京：科学出版社, 2011.

[10]　林柏泉, 桂晓宏. 瓦斯爆炸过程中火焰厚度测定及其温度场数值模拟分析. 实验力学, 2002, 17 (2)：227-230.

[11]　林柏泉, 周世宁, 张仁贵. 瓦斯爆炸过程中激波的诱导条件及其分析. 实验力学, 1998, 13 (4)：463-468.

[12]　林柏泉, 张仁贵, 吕恒宏. 瓦斯爆炸过程中火焰传播规律及其加速机理的研究. 煤炭学报, 1999, 24 (1) ：56-58.

[13]　师喜林, 蒋军成, 王志荣, 等. 加导管球形容器内预混氢气-空气预混气体的爆炸过程的实验研究. 工业安全与环保, 2008, 34 (4)：20-24.

[14]　师喜林, 王志荣, 蒋军成, 等. 球形容器内氢气-空气预混气体的泄爆过程的数值模拟. 爆炸与冲击, 2009, 29 (4)：390-394.

[15]　严建骏, 蒋军成, 王志荣. 连通容器内预混氢气-空气预混气体的爆炸过程的实验研究. 化工学报, 2009, 60 (1)：260-264.

[16]　宋晓婷. 甲烷球罐爆炸传播过程的数值模拟研究. 廊坊：华北科技学院, 2018.

[17]　王志荣, 蒋军成, 郑杨艳. 连通装置内氢气-空气预混气体的爆炸过程的数值分析. 化学工程, 2006, (10)：13-16.

[18]　李岳, 姚世琪, 喻健良, 等. 管道容器连通系统内气体的爆炸影响因素的数值分析. 石油化工设备, 2011, 40 (5)：8-12.

[19]　徐景德, 周心权, 吴兵. 瓦斯浓度和火源对瓦斯爆炸传播影响的实验分析. 煤炭科学技

术，2001，29（11）：15-17.

[20] Palmer K N，Tonkin P S. The quenching of propane-air explosions by crimped-ribbon flame arresters. International Chemical Engineering Symposium Series，1963，15：15-20.

[21] 邓贵德，郑津洋，陈勇军. 离散多层爆炸容器的抗爆性能和尺寸效应. 爆炸与冲击，2010，30（2）：215-219.

[22] 景国勋，史果，贾智伟. 瓦斯爆炸冲击波在导管拐弯情况下的传播特性. 煤炭学报，2011，36（1）：97-100.

[23] 孙少辰，毕明树，刘刚，等. 爆轰火焰在管道阻火器内的传播与淬熄特性. 化工学报，2016，67（5）：2176-2184.

[24] 聂百胜，何学秋，张金锋，等. 泡沫陶瓷对瓦斯爆炸火焰传播的影响. 北京理工大学学报，2008，（7）：573-576.

[25] 胡俊，浦以康，万士昕，等. 柱形容器开口泄爆过程中压力发展特性的实验研究. 爆炸与冲击，2001，（1）：47-52.

第3章 受限空间气体爆炸结构效应

在化工工业生产中，连通容器被广泛应用于可燃气体的储存与输送。然而，可燃气体本身存在燃爆危险性，易造成严重的人员伤亡与财产损失。工艺及现场地貌情况差异性较大，反应容器的形状、容器与管道的连接形式也存在较大的差异，这将导致不同程度的危险事故。如何保证气体在生产、储存与输送过程中的安全，一直是研究的热点问题。开展多种容器管道结构条件下甲烷-空气预混气体爆炸火焰传播特性研究，探究结构效应对气体爆炸强度的影响规律，揭示结构效应对气体爆炸的影响机理，建立多结构形式下的气体爆炸强度预测模型，对于预防气体爆炸事故具有重要意义。

3.1 实 验 设 计

3.1.1 实验装置

1. 实验管道

采用不同结构的容器（圆柱形容器和球形容器）和管道（长直管道、L形管道、T形管道和Y形管道）开展实验。所有容器及管道均为16MnⅢ钢材质，设计压力均为20MPa，采用材质为Q345R的盲板进行封堵。各容器和管道示意图及详细参数如下。

1）圆柱形容器

本实验采用三种容积（11L、22L和113L）的圆柱形容器。圆柱形容器示意图如图3.1所示。各容器两端均带有225mm的连接管道，管道内径D_1均为59mm。容器预留安装孔（图中标号1~4），分别安装点火电极、压力传感器和火焰传感器。

2）球形容器

本实验采用两种容积（22L和113L）的球形容器，容器内径分别为350mm和600mm，如图3.2所示。水平管道长度分别为200mm和250mm；顶部管道长156mm，内径为50mm。管道采用盲板进行封堵，容器预留设备安装孔。

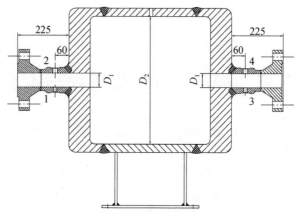

图 3.1 圆柱形容器示意图（单位：mm）

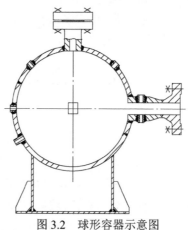

图 3.2 球形容器示意图

3）长直管道

长直管道由壁厚为 15mm 的无缝钢管制成，管道长度为 2000mm，其内径为 59mm。管道设有 8 个等距的实验附件安装孔，如图 3.3 所示。

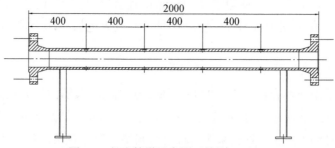

图 3.3 长直管道示意图（单位：mm）

4）L 形管道

L 形管道由壁厚为 15mm 的无缝钢管制成（弯曲角度为 30°、45°、60°、90° 和 120°），如图 3.4 所示。管道内径为 59mm，管道总长为 2000mm，弯曲前和弯曲后管长均为 1000mm。管道设有 8 个等距的实验附件安装孔。

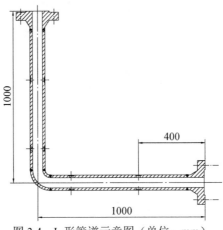

图 3.4　L 形管道示意图（单位：mm）

5）T 形管道

T 形管道由壁厚为 15mm 的无缝钢管制成，如图 3.5 所示。管道可分为三部分，每部分长 1000mm，管道内径为 59mm。管道设有 12 个等距的实验附件安装孔。

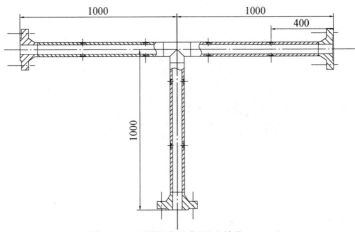

图 3.5　T 形管道示意图（单位：mm）

6）Y 形管道

Y 形管道由壁厚为 15mm 的无缝钢管制成，如图 3.6 所示。管道可分为三部分，每部分长 1000mm，管道内径为 59mm，两支管夹角为 60°。管道设有 12 个等距的实验附件安装孔。

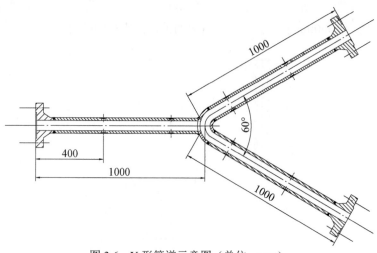

图 3.6　Y 形管道示意图（单位：mm）

2. 点火系统

点火系统由可调节点火能量的 KTD-A 型高能点火器与耐高温合金点火杆组成，KTD-A 型高能点火器如图 3.7 所示。高能点火器释放能量为 0~5J，耐高温合金点火杆长度可调节，可实现各种起爆容器的中心点火。

图 3.7　KTD-A 型高能点火器

3. 数据采集系统

数据采集系统由高精度数据采集仪与高频压力传感器组成。图 3.8 为 16 通道的 DEWE Soft TM 型数据采集仪，单通道采样率为 200kS/s，分辨率为 24bit。该采集仪的配套软件为 DEWESoft X2 版分析软件，具有快速傅里叶变换（fast

Fourier transform，FFT）分析、示波器等功能[1]。高频压力传感器的量程为 0～5MPa，测量精度为±0.25%F.S.，最大响应频率为 200kHz。

图 3.8　DEWE Soft TM 型数据采集仪

4. 配气系统

配气系统由气瓶、2X-8GA 型真空泵和 RCS2000-B 型配气仪等组成，如图 3.9 所示。RCS2000-B 型配气仪由配气仪与控制器构成，计算机与配气系统相连对其进行控制，可实现高精度预混气体配置与实时浓度监控[2]。

　　　(a) 真空泵　　　　　　　　　　　　(b) 配气仪

图 3.9　配气系统

3.1.2　数值模拟模型

1. 物理模型

本节以 T 形管道连接的连通容器为例，物理模型采用 1/2 实体，如图 3.10 所示。采用该模型进行甲烷-空气预混气体爆炸数值模拟时，进行以下几点假设[3,4]：

（1）甲烷-空气预混气体的比热容随温度变化，满足梯度函数的关系和混合规则；

（2）点火前系统内甲烷-空气预混气体已充分混合，且处于常温常压的静止稳定状态，满足真实气体状态方程；

（3）气体的流动形式可近似认为是可压缩、非定常流动；

（4）容器壁面设置为刚性壁面。

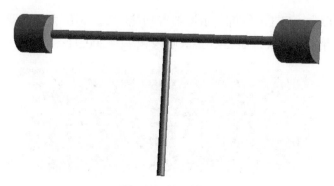

图 3.10　物理模型

2. 数值方法

1）控制方程

单个容器及连通容器内甲烷-空气预混爆炸数值模拟的实质是对可压缩黏性流体的 N-S 方程进行求解[5]。湍流数值模拟方法分为直接数值模拟方法和非直接数值模拟方法两类。相对于直接数值模拟方法，非直接数值模拟方法中的标准 k-ε 两方程模型在工程应用中被广泛采用[6]。因此，本节采用标准 k-ε 两方程模型来研究甲烷-空气预混气体爆炸时的湍流发展过程。对于该模型，湍动耗散率 ε 定义为

$$\varepsilon = \frac{\mu}{\rho}\overline{\left(\frac{\partial u_i'}{\partial x_k}\right)\left(\frac{\partial u_i'}{\partial x_k}\right)} \tag{3.1}$$

式中，μ 为湍动黏度；ρ 为密度。

湍动黏度 μ_i 可以表示为 k 和 k-ε 的函数，即

$$\mu_i = \rho C_\mu \frac{k^2}{\varepsilon} \tag{3.2}$$

式中，C_μ 为经验常数。

在标准 k-ε 两方程模型中，k 和 ε 是两个基本未知量，与之相对应的运输方程为

$$\frac{\partial(\rho k)}{\partial t} + \frac{\partial(\rho k u_i)}{\partial x_i} = \frac{\partial}{\partial x_j}\left[\left(\mu + \frac{\mu_t}{\sigma_k}\right)\frac{\partial k}{\partial x_j}\right] + G_k + G_b - \rho\varepsilon - Y_M + S_k \tag{3.3}$$

$$\frac{\partial(\rho\varepsilon)}{\partial t} + \frac{\partial(\rho\varepsilon u_i)}{\partial x_i} = \frac{\partial}{\partial x_j}\left[\left(\mu + \frac{\mu_t}{\sigma_\varepsilon}\right)\frac{\partial\varepsilon}{\partial x_j}\right] + C_{1\varepsilon}\frac{\varepsilon}{k}(G_k + C_{3\varepsilon}G_b) - C_{2\varepsilon}\rho\frac{\varepsilon^2}{k} + S_\varepsilon$$

$$\tag{3.4}$$

式中，$C_{1\varepsilon}$、$C_{2\varepsilon}$ 和 $C_{3\varepsilon}$ 为经验常数；G_b 为由浮力引起的湍动能 k 的产生项；G_k 为由平均速度梯度引起的湍动能 k 的生产项；S_k 和 S_ε 均为用户定义的源项；Y_M 为

可压湍流中脉动扩张的贡献；σ_k 和 σ_ε 分别为与湍动能 k 和湍动耗散率 ε 相对应的普朗特数。

甲烷-空气预混气体在密闭空间内的爆炸过程是燃烧的急骤发展的过程，涡耗散概念（eddy dissipation concept，EDC）模型是涡耗散模型的扩展[7,8]，其可以更好地阐述可燃气体燃烧爆炸时的化学反应机理，具有更高的计算精度。因此，本节计算模型采用 EDC 模型。

2）离散方程

基于有限体积法对甲烷-空气预混气体开展数值模拟研究。压力-速度耦合采用 SIMPLE 方法，瞬态项采用一阶隐式方法计算。对流项离散格式选取情况如下：密度方程、能量方程、反应过程变量方程、连续方程均采用一阶迎风，动力学方程采用二阶迎风，压力修正方程采用标准离散方法。本节选取应用较为广泛的 19 步基元反应机理，详细反应步骤如表 3.1 所示。

表 3.1　甲烷-空气预混气体 19 步基元反应机理

序号	化学反应	序号	化学反应
1	$CH_3+H\,(+M) = CH_4\,(+M)$	11	$O+OH = O_2+H$
2	$CH_4+H = CH_3+H_2$	12	$O+H_2 = OH+H$
3	$CH_4+OH = CH_3+H_2O$	13	$4H+O_2+M = 2H_2O+M$
4	$CH_3+O = CH_2O+H$	14	$OH+HCO = H_2+CO$
5	$CH_2O+OH = HCO+H_2O$	15	$H+HO_2 = 2OH$
6	$CH_2O+H = HCO+H_2$	16	$2OH = O+H_2O$
7	$HCO+M = H+CO+M$	17	$2H+M = H_2+M$
8	$HCO+H = CO+H_2$	18	$H+OH+M = H_2O+M$
9	$CO+OH = CO_2+H$	19	$H+HO_2 = H_2+O_2$
10	$OH+H_2 = H_2O+H$	—	—

3. 初始及边界条件

1）流场初始条件

对于单个容器及连通容器内甲烷空气密闭爆炸数值模拟，选择甲烷当量比浓度即 9.5%浓度的甲烷-空气预混气体作为预混气体。初始时刻为 t_0，设置流场内初始温度为 300K，初始相对压力为 0MPa，点火前容器的具体流场的初始化设置情况如下：

$$m_{CH_4}(t_0)=0.053, \quad m_{N_2}(t_0)=0.737, \quad m_{CO_2}(t_0)-0, \quad m_{H_2O}(t_0)=0$$
$$T(t_0)=T_0, \quad p(t_0)=p_0, \quad u(t_0)=0$$

2）点火条件

在容器中心区域设置（patch）一个温度为 2000K 的点域作为容器的中心点火区域。

3）边界条件

边界条件设置主要考虑到模型的简化，将容器壁厚设计为 15mm，温度为 300K，该容器壁面为刚性面。本节主要探究爆炸发展 0~1s 的过程，此时刚性壁面热量尚未传递到外界环境中。对于爆炸的热传递过程，模拟时只考虑爆炸过程对刚性壁面的热耗散以及内部系统流体的热辐射作用。

4）热辐射

考虑到甲烷-空气预混气体爆炸过程中的高温火焰对系统内的热辐射作用，本节采用 P-1 热辐射模型，该模型假定辐射强度为各向同性，由于气体分子直径较小，可以忽略气体分子表面的散射作用[4]。

4. 计算区域及网格划分

网格质量对模拟计算的收敛性和计算精度具有重要的影响。本节采用四面体网格，数值模拟时间步长设置为 10^{-5}s，每一步迭代 50 次，每 100 步记录一次数据。为了验证网格的有效性，以 T 形管道连接的连通容器为原型，在其他条件不变的情况下选取空间尺寸分别为 3mm、4mm、5mm、6mm、7mm 的模型进行计算对比，计算结果如表 3.2 所示。可以看出，最大爆炸压力（P_{max}）随着网格空间尺寸的变小而逐渐减小。当网格空间尺寸减小到 5mm 及以下时，最大爆炸压力趋于稳定并与实验结果接近。因此，选择最佳的网格空间尺寸为 5mm。

表 3.2　网格有效性验证

网格空间尺寸/mm	3	4	5	6	7
P_{max}/MPa	0.654	0.654	0.654	0.668	0.671

5. 数值模拟有效性验证

以不同结构的连通容器内甲烷-空气预混气体爆炸实验数据作为验证本模型的数据源，与数值模拟得到的起爆容器内的最大爆炸压力（P_{max}）进行对比。实验与模拟结果如图 3.11 所示，最大爆炸压力结果如表 3.3 所示。可以发现，在各种结构的连通容器内的模拟与实验数值误差均控制在 10%以内，说明本模型适应性较好。模拟得到的压力与实验中压力下降的趋势基本一致，能够反映容器内爆炸过程及相关参数的爆炸趋势，说明数值模型中热辐射模型的选择能够真实反映甲烷-空气预混气体爆炸能量损失，因此该模型与计算方法适用于本研究。

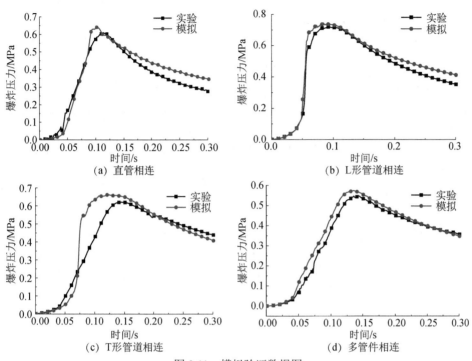

图 3.11 模拟验证数据图

表 3.3 实验与数值模拟结果对照表

连接方式	方法	P_{max}/MPa	相对误差/%
直管相连	实验	0.61	4.9
	模拟	0.64	
L 形管道相连	实验	0.72	2.7
	模拟	0.74	
T 形管道相连	实验	0.62	6.4
	模拟	0.66	
多管件相连	实验	0.54	5.5
	模拟	0.57	

3.1.3 实验方法

实验方法具体如下:

(1)根据预先设计的实验方案搭建实验系统,包括容器与管道的连接形式等。检查实验系统的气密性以及各部分的状态,确保实验在气密性良好的条件下进行。

（2）利用真空泵将装置内部抽真空，直至相对压力达到-0.09MPa（表压），静置2min，等待重装甲烷-空气预混气体。

（3）打开充配气系统，将气体输出管道与容器进气口相连，冲入预先按设定浓度预混好的可燃气体，静置5min，使气体充分混合。

（4）将采集系统调整到自动触发状态并校零，清理人员至安全距离，准备引爆。

（5）点火引爆，对数据进行采集、存储与处理。

（6）打开排气阀门，对实验装置进行吹扫，吹扫完毕后关闭阀门，准备开展下一组实验。

3.1.4　实验条件

为保证实验结果的准确性，针对每种条件均进行三次重复实验，实验数据取平均值。实验分为三部分，分别开展管道结构、容器结构及连接形式和连通容器连接形式对连通容器内甲烷-空气预混气体爆炸特性影响的研究，具体实验方案如下。

1. 管道结构对连通容器内甲烷-空气预混气体爆炸特性的影响

1）管道弯曲角度

采用圆柱形容器-管道的连通容器，圆柱形容器（11L、22L）为起爆容器，管道为L形管道，长度为2m，管道折弯点均在管道中点位置，实验参数如表3.4所示。

表 3.4　管道弯曲角度实验参数

序号	管道弯曲角度/（°）	序号	管道弯曲角度/（°）
A1	0	A4	60
A2	30	A5	90
A3	45	A6	120

2）管道弯曲位置

采用圆柱形容器-管道的连通容器，圆柱形容器（11L、22L）为起爆容器，管道为L形管道，长度为6m，管道弯曲角度为90°，实验参数如表3.5所示。

表 3.5　管道弯曲位置实验参数

序号	管道弯曲位置	序号	管道弯曲位置
P1	直管	P3	3m 处
P2	1m 处	P4	5m 处

3）管道形状

采用圆柱形容器-管道的连通容器，圆柱形容器（11L、22L）为起爆容器，起爆容器与传爆容器之间的距离为2m。管道结构发生变化的位置均在管道中点位置，实验参数如表3.6所示。

表 3.6　管道形状实验参数

序号	管道形状及弯曲位置	序号	管道形状及弯曲位置
S1	直管	S4	T 形管道下
S2	90°弯管	S5	Y 形管道上下
S3	T 形管道后	S6	Y 形管道上上

2. 容器结构及连接形式对连通容器内甲烷-空气预混气体爆炸特性的影响

1）传爆容器结构

起爆容器采用容积55L的圆柱形容器，连接管道为直管，长度为2m，传爆容器实验参数如表3.7所示。

表 3.7　传爆容器结构实验参数

序号	传爆容器	序号	传爆容器
SV1	22L 球	SV3	113L 球
SV2	22L 圆柱	SV4	113L 圆柱

2）起爆容器结构

传爆容器采用容积55L的圆柱形容器，连接管道为直管，长度为2m，起爆容器实验参数如表3.8所示。

表 3.8　起爆容器结构实验参数

序号	起爆容器	序号	起爆容器
I1	22L 球	I3	113L 球
I2	22L 圆柱	I4	113L 圆柱

3. 连通容器连接形式对连通容器内甲烷-空气预混气体爆炸特性的影响

1）容器和管道数量

连接管道为直管，每段管道长度均为2m，实验参数如表3.9所示。

表 3.9　容器和管道实验参数

序号	连接形式	备注
A1	22 L 圆柱	
A2	22 L 圆柱——管道	
A3	22 L 圆柱——管道——11 L 圆柱	
A4	22 L 圆柱——管道——11 L 圆柱——管道	

2）容器位置

连接管道为直管，每段管道长度均为 2m，实验参数如表 3.10 所示。

表 3.10　容器位置实验参数

序号	连接形式	备注
P1	22 L 圆柱	
P2	22 L 圆柱——管道——管道	
P3	管道——22 L 圆柱——管道	

3.2　管道结构对连通容器气体爆炸特性的影响

3.2.1　管道弯曲角度的影响

本节研究管道弯曲角度对连通容器内甲烷-空气预混气体爆炸传播特性的影响。图 3.12 为实验装置组装示意图，起爆容器和传爆容器分别为 11L 和 22L 的圆柱形容器。弯曲角度 θ 是指连接容器的弯曲管道的两中心线的夹角，采用的管道弯曲角度分别为 30°、45°、60°、90°、120° 及 180°（直管），管道拐弯点前后的管道长度相等，管道总长度均为 2m，实验在密闭条件下进行。

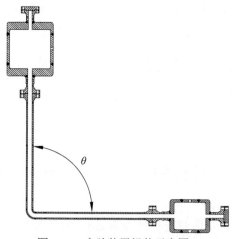

图 3.12　实验装置组装示意图 1

　　图 3.13 为连通容器内甲烷-空气预混气体爆炸的 P_{max} 和（dP/dt）$_{max}$ 随管道弯曲角度变化曲线。由图 3.13（a）可以发现，装置内不同位置的 P_{max} 均随着管道弯曲角度的减小呈现出先增大后减小的变化趋势。当管道弯曲角度小于 75°时，管道拐弯点后的 P_{max} 小于其他三个位置的 P_{max} 值。这是由于爆炸火焰通过弯曲管道时，与弯曲管道壁面碰撞并发生热传导（火焰在管道传播过程中均有热传导），导致爆炸能量损耗，从而使得管道拐弯点后的 P_{max} 最小[9]。当管道弯曲角度较大时，管道趋近于直管道，爆炸火焰在管道中加速传播，导致管道拐弯点后的 P_{max} 大于起爆容器和拐弯点前的 P_{max}。因此，当管道弯曲度大于 90°时，拐弯点后的 P_{max} 要高于拐弯点前的 P_{max}。

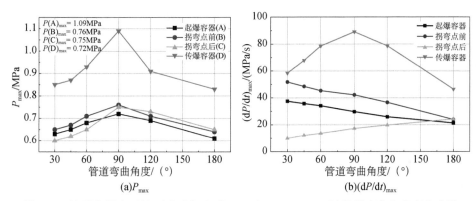

图 3.13　连通容器内甲烷-空气预混气体 P_{max} 和（dP/dt）$_{max}$ 随管道弯曲角度变化曲线

　　同时，由图 3.13（b）可以发现，随着管道弯曲角度的减小，起爆容器和管道拐弯点前的（dP/dt）$_{max}$ 均逐渐增大。然而，管道拐弯点后的（dP/dt）$_{max}$ 随着管道弯曲角度的增大而增大，传爆容器内（dP/dt）$_{max}$ 则先增大后减小。当管道弯曲角度为 180°时，爆炸火焰沿管道加速传播，使得传爆容器内产生的（dP/dt）$_{max}$ 最大。随着管道弯曲角度的减小，拐弯角对爆炸火焰传播形成了一定的阻挡作用，尤其当管道弯曲角度为 30°时，拐弯角的阻力作用爆炸压力波传播至拐弯处产生压力积聚，从而使得起爆容器内和管道拐弯点前的（dP/dt）$_{max}$ 增大。

　　通过研究发现，当管道弯曲角度为 90°时，传爆容器内的（dP/dt）$_{max}$ 最大，这主要是因为，一方面，弯管的存在，使得部分爆炸能量被损耗；另一方面，甲烷-空气预混气体的压缩及湍流度增强，爆炸强度增大。当管道弯曲角度大于 90°时，未燃区域甲烷-空气预混气体湍流度较弱，而管道弯曲角度小于 90°时，能量损失较为严重。二者耦合作用使得 90°弯管下的（dP/dt）$_{max}$ 比其他几种弯管下的

$(\mathrm{d}P/\mathrm{d}t)_{\max}$ 更大。

根据链式反应理论，甲烷-空气预混气体爆炸过程可以分为以下几个步骤[10]。

（1）链的引发：

$$CH_4 \longrightarrow CH_3 \cdot + H \cdot$$

（2）链的传递：

$$
\begin{array}{l}
H \cdot + O_2
\begin{cases}
OH \xrightarrow{+CH_4} H_2O + CH_3 \cdot \\[2mm]
O \cdot \xrightarrow{+CH_4}
\begin{cases}
OH \cdot \xrightarrow{+CH_4} H_2O + CH_3 \\[2mm]
CH_3 \cdot \xrightarrow{+O_2} CH_3OO \cdot \xrightarrow{+CH_4}
\begin{cases}
CH_3 \cdot \\[2mm]
CH_3OOH
\end{cases}
\end{cases}
\end{cases}
\end{array}
$$

$$
CH_3OOH
\begin{cases}
OH \cdot \xrightarrow{+H_2} H_2O + H \cdot \\[2mm]
CH_3O \cdot
\begin{cases}
\xrightarrow{+CH_4}
\begin{cases}
OH \cdot \\[2mm]
OH \cdot \xrightarrow{+O_2} H_2O + CH_3
\end{cases}\\[4mm]
\xrightarrow{+O_2} CH_2O_2 \longrightarrow CO + H_2O \xrightarrow{+O_2} CO_2 + O \cdot
\end{cases}
\end{cases}
$$

（3）链的终止：

$$
\left.
\begin{array}{l}
H \cdot + CH_3 + M \longrightarrow CH_4 + M \\[2mm]
H \cdot + H \cdot + M \longrightarrow H_2 + M \\[2mm]
OH \cdot + H \cdot + M \longrightarrow H_2O + M \\[2mm]
CH_3 \cdot + CH_3 \cdot + M \longrightarrow C_2H_6 + M \\[2mm]
CH_3O \cdot + H \cdot + M \longrightarrow CH_3OH + M
\end{array}
\right\} \text{气相终止}
$$

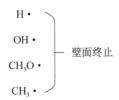

根据链式反应理论可知，爆炸反应过程中产生的自由基一部分参与反应，另一部分则与器壁碰撞而被销毁。如图 3.14 所示，当拐弯角度小于 90°时，在爆炸传播过程中角度越小，与壁面碰撞而销毁的自由基数量越多，链式反应速率越小，甲烷–空气预混气体爆炸强度越低。

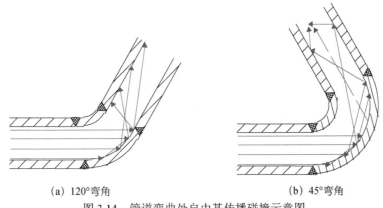

(a) 120°弯角　　　　　　　　　　　　(b) 45°弯角

图 3.14　管道弯曲处自由基传播碰撞示意图

图 3.15 为连通系统内不同位置爆炸火焰的平均速度随管道弯曲角度变化曲线。由图可知，在起爆容器与拐弯点前之间的火焰平均传播速度随着管道弯曲角度的变化不大，然而拐弯角度对拐弯处的火焰平均传播速度影响较大。随着弯曲角度的减小，拐弯处的火焰平均传播速度逐渐减小。这是由于当管道弯曲角度减小时，拐角处的流动阻力增大，火焰传播速度降低。同时，拐弯点后与传爆容器之间的爆炸火焰传播速度，随着管道弯曲角度的减小呈先增加后减小的变化趋势。当管道弯曲角度为 90°时，爆炸火焰传播速度最快。当管道弯曲角度小于 90°时，管道弯曲具有阻碍作用，拐弯点处的爆炸火焰传播被极大阻碍；而随着管道弯曲角度的增加，管道弯曲对爆炸火焰的阻碍作用减小，火焰传播速度增大[11]。当管道弯曲角度大于 90°时，拐弯点后与传爆容器之间的爆炸火焰传播速度，随着管道弯曲角度的增大而减小。

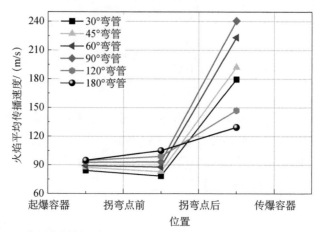

图 3.15　不同位置爆炸火焰平均传播速度随管道弯曲角度变化曲线

3.2.2　管道弯曲位置的影响

通过改变管道弯曲点前管道长度 L，研究弯曲位置对连通容器内甲烷-空气预混气体爆炸的影响，实验装置示意图如图 3.16 所示。管道总长度均为 6m，L（弯曲点前的长度）分别为 0m、1m、3m 和 5m，实验在密闭条件下进行。

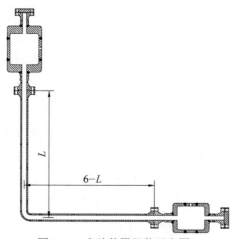

图 3.16　实验装置组装示意图 2

图 3.17 为管道弯曲位置对连通容器内甲烷-空气预混气体爆炸强度的影响。由图中变化曲线可以发现，相比于直管道相连（$L=0$m）容器，当管道发生弯曲（$L>0$m）时，起爆容器和传爆容器内的 P_{max} 和（dP/dt）$_{max}$ 更大。当采用直管道连接两容器时，甲烷-空气预混气体爆炸火焰流动虽在小尺度情况下存在湍流，但整体呈层流状态[12]。当管道发生弯曲时，爆炸火焰受弯曲管道的阻碍作

用而发生扰动，爆炸火焰湍流度增加，使得甲烷–空气预混气体爆炸的 P_{max} 和（dP/dt）$_{max}$ 比直管道作为连接管道时的 P_{max} 和（dP/dt）$_{max}$ 更大[13]。随着 L 的增加，起爆容器内的 P_{max} 和（dP/dt）$_{max}$ 略有增大，即管道的弯曲点前管道长度 L 对起爆容器内的爆炸强度影响较小。然而，传爆容器内的 P_{max} 和（dP/dt）$_{max}$ 随着 L 的增加而逐渐减小，即 L 的增加使得弯曲点至传爆容器的直管道长度减小，管道内爆炸火焰的加速作用减弱，导致传爆容器内的爆炸强度减小。

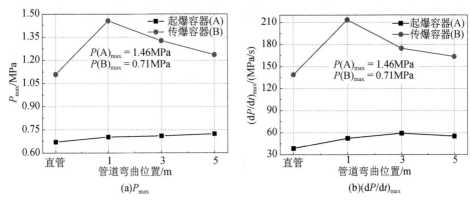

图 3.17　连通容器内甲烷–空气预混气体爆炸强度随管道弯曲位置变化曲线

图 3.18 为不同管道弯曲位置连通容器内甲烷–空气预混气体爆炸火焰平均传播速度随管道弯曲位置变化曲线。由图可以看出，当管道发生弯曲时，连通容器内爆炸火焰平均传播速度增大。然而，随着弯曲点前管道长度 L 的增加，连通容器内火焰平均传播速度先减小后增大。当管道弯曲位置为中心（$L=0$m）时，连通容器内火焰平均传播速度最小。

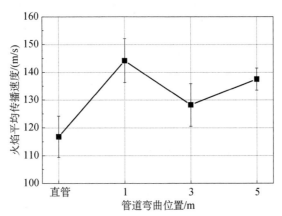

图 3.18　连通容器内甲烷–空气预混气体爆炸火焰平均传播速度随管道弯曲位置变化曲线

3.2.3 分叉管道的影响

通过改变连接两容器的管道形状（主要采用 T 形和 Y 形管道）以及容器连接的位置，研究分叉管道形状对连通容器内甲烷-空气预混气体爆炸特性的影响。

1. T 形管道对连通容器内甲烷-空气预混气体爆炸特性的影响

图 3.19 为 T 形管道连接的连通容器实验装置示意图，起爆容器和传爆容器分别为 22L、11L 的圆柱形容器。通过改变传爆容器的连接位置，研究 T 形管道中甲烷-空气预混气体爆炸特性，以及传爆容器连接位置对连通容器内爆炸特性的影响。将起爆容器和传爆容器相连的管路定义为主管道，未与容器相连的支管称为分叉管道。因此，图 3.19（a）中管道的水平段及图 3.19（b）中的左半段及下半段管道均为主管道，图 3.19（a）中的下半段管道及图 3.19（b）中的右半段管道均为分叉管道。

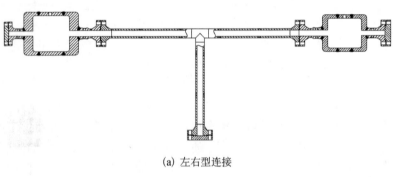

(a) 左右型连接

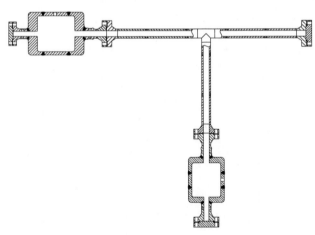

(b) 左下型连接

图 3.19　实验装置组装示意图 3

图 3.20 为 T 形管道连通容器内部各位置的 P_{max} 及（dP/dt）$_{max}$。由图可以看出，当容器连接在 T 形管道的左右两端时，传爆容器内的 P_{max} 大于直管相连工况，而分叉前和分叉后的 P_{max} 与直管相连接时基本一致。当容器连接在 T 形管道的左右两端时，即起爆容器和传爆容器之间在管道垂直方向存在一段分叉管道，分叉管道使得沿主管道传播的爆炸火焰湍流度增加，爆炸火焰加速传播至传播容器内，导致传爆容器内的 P_{max} 增大。由于分叉管道与主管道垂直，爆炸能量仅部分被压缩至分叉管，此时的分叉管起到一定的降压作用，这使得分叉管道前后的 P_{max} 略有下降。同时，分叉管道容积较小，内部可燃物质较少，因此爆炸能量有限，且管道冷壁面的作用导致分叉管道末端的压力下降。

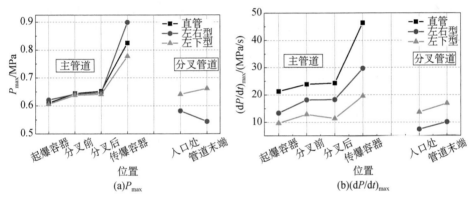

图 3.20　连通容器内甲烷-空气预混气体爆炸强度随 T 形管道连接形式变化曲线

当容器连接在 T 形管道的左、下两端时，连通容器内各位置的 P_{max} 均较直管工况下更小。此结构中主管道与 90°L 形管道相似，根据 3.2.1 节结论可知，90°弯管对爆炸火焰起到了增强作用。而与 90°L 形管道不同，当容器连接在 T 形管道的左、下两端时，爆炸火焰传播至分叉处时会沿着分叉管道（直管道方向）传播。分叉管的反射作用使气流沿左侧管道回流至起爆容器，产生的低压使下半段主管道及传爆容器内的压力降低、爆炸强度减弱。同时，与容器连接在 T 形管道左右两端时分叉管道的爆炸传播规律不同，此时分叉管道末端压力要大于分叉管道入口处的压力[14]。

图 3.20（b）为 T 形管道连接的连通容器内部各位置的（dP/dt）$_{max}$。由图可以发现，两种 T 形管道连接中各位置的（dP/dt）$_{max}$ 均小于直管相连的情况。当容器连接在 T 形管道的左右两端时，分叉口后的（dP/dt）$_{max}$ 小于分叉口前的（dP/dt）$_{max}$。对于此工况下的分叉管道，其入口及末端的（dP/dt）$_{max}$ 均增大，管

道的加速作用及分叉口引起的气流扰动使得爆炸反应增强,甚至略大于分叉口前的 $(dP/dt)_{max}$。当爆炸传播至分叉管道入口时,其前期累积能量及爆炸产生的能量相对较少,而爆炸超压又可以被分叉管道及主管道缓冲,因此其 $(dP/dt)_{max}$ 相对较小。当容器连接在 T 形管道的左、下两端且爆炸传播到分叉口时,大部分爆炸波及火焰沿着分叉管道传播。传播至主管道的爆炸压力波及火焰会被管道壁消损,加之拐弯后管道及传爆容器内压力较小,分叉后的压力上升会有一定的衰减,所以对于 T 形管道左下连接的系统,分叉后的 $(dP/dt)_{max}$ 会小于分叉前的 $(dP/dt)_{max}$。

图 3.21 为 T 形管道连通容器内各段的火焰平均传播速度。由图发现,起爆容器和传爆容器连接在 T 形管道左右两端时,分叉管道内的火焰平均传播速度很低。起爆容器和传爆容器连接在 T 形管道左、下两端时,分叉管道内的火焰平均传播速度与主管道后半段基本一致。对 T 形管道为连接管道的系统进行的各项研究表明,当起爆容器与传爆容器连接在 T 形管道的左、下两端时,整个系统的爆炸强度较低,设备较安全。

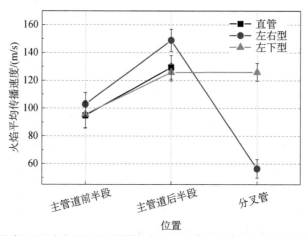

图 3.21　连通容器内甲烷-空气预混气体爆炸火焰平均传播速度随 T 形管道连接形式变化曲线

2. T 形管道与 Y 形管道对连通容器内甲烷-空气预混气体爆炸特性的影响

实验中 T 形管道采用图 3.19(a)的连接形式。Y 形管道连接形式采用 22L 圆柱形容器为起爆容器,11L 圆柱形容器为传爆容器,Y 形管道连接的连通容器装置示意图如图 3.22 所示。主管道前半段是指与起爆容器相连的一段管道,主管道后半段是指与传爆容器相连的一段管道,分叉管道是指未与容器相连的一段管道。

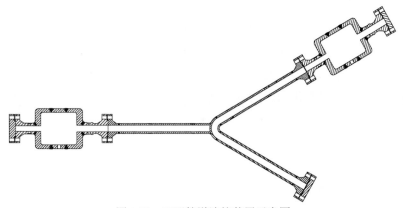

图 3.22 Y 形管道连接装置示意图

图 3.23（a）为不同分叉管道连接时，连通容器内部各位置的 P_{max}。由图可知，传爆容器、分叉口前、分叉口后三个位置的 P_{max} 基本一致。对比各工况下传爆容器内的 P_{max}，T 形管道相连时 P_{max} 最大，直管相连时最小。对于分叉管道，采用 T 形管道连接时，分叉管内的 P_{max} 沿管道传播方向逐渐减小；采用 Y 形管道连接时，分叉管内的 P_{max} 沿管道传播方向逐渐增大。同时，结构的变化会使得装置内某一部位的爆炸压力急剧升高。

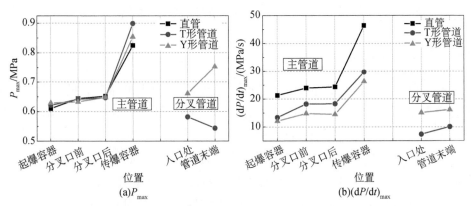

图 3.23 连通容器内甲烷-空气预混气体爆炸强度随分叉管道连接形式变化曲线

图 3.23（b）为不同管道连接时连通容器内部各位置的 $(dP/dt)_{max}$。由图可以发现，对于 T 形和 Y 形连通容器，其各位置的 $(dP/dt)_{max}$ 均比直管相连时 $(dP/dt)_{max}$ 要小。Y 形管道连接的连通容器内起爆容器、分叉位置前后以及传

爆容器内的 P_{max} 均比 T 形管道连接时要小，而 Y 形管道连接时各位置的 $(dP/dt)_{max}$ 大于 T 形管道连接时各位置的 $(dP/dt)_{max}$。图 3.24 为不同分叉管道连接的连通容器内各位置的火焰平均传播速度。由图可得，采用 T 形管道连接时主管道内的火焰平均传播速度均大于 Y 形管道连接，而采用 Y 形管道连接时分叉管道内的火焰平均传播速度要大于 T 形管道连接，表明 T 形管道内的火焰平均传播速度受管道结构变化的影响较为显著。

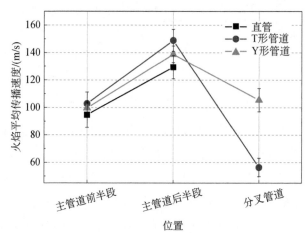

图 3.24　连通容器内各位置的火焰平均传播速度随分叉管道连接形式的变化曲线

3.3　容器结构及连接形式对连通容器气体爆炸特性的影响

3.3.1　容器结构的影响

本节研究容器结构及连接形式对连通容器内气体爆炸传播特性的影响。在研究传爆容器结构影响时，起爆容器选定为 55L 圆柱形容器；在研究起爆容器结构影响时，传爆容器选定为 55L 圆柱形容器。

图 3.25 为不同传爆容器结构起爆容器与传爆容器内的 P_{max} 与 $(dP/dt)_{max}$ 变化曲线。由图可知，当容积相同时球形传爆容器内的 P_{max} 和 $(dP/dt)_{max}$ 要大于圆柱形传爆容器的 P_{max} 和 $(dP/dt)_{max}$。这是由于在球形传爆容器内爆炸火焰可以向四周加速传播，而在圆柱形传爆容器内两侧壁面具有约束作用，使得爆炸火焰到达圆柱形容器壁面后产生更大的能量损耗。因此，球形传爆容器内的爆炸强度要大于圆柱形传爆容器。

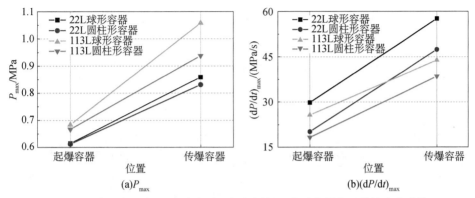

图 3.25　连通容器内甲烷-空气预混气体爆炸强度随传爆容器结构变化曲线

图 3.26 为不同结构起爆容器与传爆容器内的 P_{max} 与（dP/dt）$_{max}$ 变化曲线。通过对比图 3.25（a）和图 3.26（a）可以发现，起爆容器结构对起爆容器内 P_{max} 的影响较为明显，且当起爆容器为球形容器时，起爆容器内的 P_{max} 最大。但通过图 3.26（b）可以发现，起爆容器的结构对传爆容器内的 P_{max} 与（dP/dt）$_{max}$ 也具有显著的影响。这是由于不同结构的起爆容器产生的爆炸能量不同，使得引燃传爆容器内甲烷-空气预混气体的能量也不同，导致传爆容器内爆炸强度发生改变。球形容器作为起爆容器时内部的 P_{max} 最大，且管道对爆炸火焰具有加速作用，使得传爆容器内甲烷-空气预混气体爆炸反应速率增大，导致传爆容器内出现较大的 P_{max} 和（dP/dt）$_{max}$[15]。

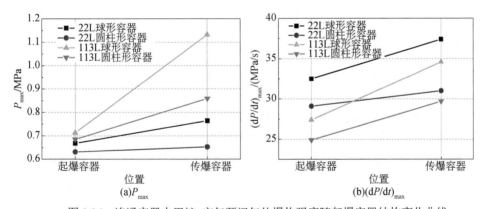

图 3.26　连通容器内甲烷-空气预混气体爆炸强度随起爆容器结构变化曲线

表 3.11 和表 3.12 分别为不同传爆和起爆容器结构下连通容器内甲烷-空气预混气体爆炸火焰平均传播速度。由表可以发现，传爆容器结构变化对连通容器内火焰平均传播速度影响较小。当起爆容器或传播容器为球形容器时，连通容器内的火焰平均传播速度较大。这主要是因为相比于圆柱形容器，球形容器内甲烷-

空气预混气体爆炸在传播过程中损耗能量较少，使得连通容器内火焰平均传播速度较大。

表 3.11　不同传爆容器结构下连通容器内甲烷–空气预混气体爆炸火焰平均传播速度

传爆容器	火焰平均传播速度/（m/s）	传爆容器	火焰平均传播速度/（m/s）
22L 球形容器	105.83	113L 球形容器	114.96
22L 圆柱形容器	104.62	113L 圆柱形容器	117.14

表 3.12　不同起爆容器结构下连通容器内甲烷–空气预混气体爆炸火焰平均传播速度

起爆容器	火焰平均传播速度/（m/s）	起爆容器	火焰平均传播速度/（m/s）
22L 球形容器	97.48	113L 球形容器	125.67
22L 圆柱形容器	91.05	113L 圆柱形容器	119.79

3.3.2　容器附属管件的影响

管道均为 2m 直管，通过改变起爆容器附件结构，研究容器附属管件对连通容器内甲烷-空气预混气体爆炸强度的影响。实验装置连接形式如表 3.13 所示。

表 3.13　实验装置连接形式 1

表 3.14 为不同容器附属件下连通容器内甲烷-空气预混气体爆炸强度。可以发现，当连通容器末端为容器时，起爆容器内的 P_{max} 较大，而当连通容器末端为长直管道时，起爆容器内的 P_{max} 较小，这与张尚峰和左青青文献中研究结果类似[5, 14]。

表 3.14　不同容器附属件下连通容器内甲烷-空气预混气体爆炸强度

序号	P_{max}/MPa	$(dP/dt)_{max}$/（MPa/s）
M1	0.642	10.4
M2	0.599	14.2
M3	0.610	21.3
M4	0.547	15.9

根据"立方根定律"可知，甲烷-空气预混气体爆炸时其爆炸指数 K_G 为常数，即体积不变，$(dP/dt)_{max}$ 不变。而在本实验中起爆容器容积均相同，但起爆容器内的 $(dP/dt)_{max}$ 并不相同，这表明，在采用容器接管的连通容器内，甲烷-空气预混气体爆炸并不满足"立方根定律"。

3.3.3　容器连接形式的影响

实验采用每段管道长度均为 2m 的直管，通过改变容器与管道的连接方式，研究容器连接位置对连通容器甲烷-空气预混气体爆炸强度的影响。实验装置连接形式如表 3.15 所示。

表 3.15　实验装置连接形式 2

序号	工况
N1	
N2	
N3	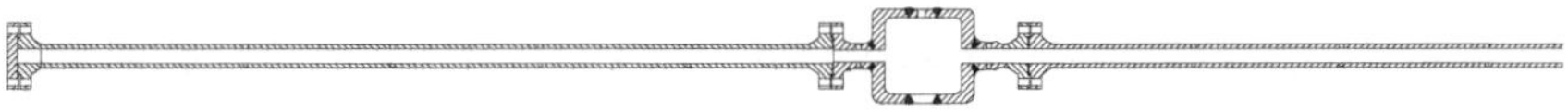

表 3.16 为各工况下连通容器内甲烷-空气预混气体爆炸强度。可以发现，容器连接管道后，P_{max} 均有所下降。当容器连接在管道一端时，起爆容器内的 P_{max} 最小。综合 3.3.1 节、3.3.2 节发现，多管件连接的连通容器系统内的气体爆炸强度不满足单一容器或管道内"立方根定律"。

表 3.16　各工况下连通容器内甲烷-空气预混气体爆炸强度

序号	P_{max}/MPa	$(dP/dt)_{max}$/（MPa/s）
N1	0.642	10.4
N2	0.585	16.0
N3	0.599	11.8

3.4　连通容器连接形式对连通容器内气体爆炸传播特性的影响

3.4.1　L 形管道的影响

本节研究连通容器连接形式对连通容器内甲烷-空气预混气体爆炸传播特性的影响。起爆容器为 22L 圆柱形容器，传爆容器为 11L 圆柱形容器，具体装置示意图如图 3.27 所示。

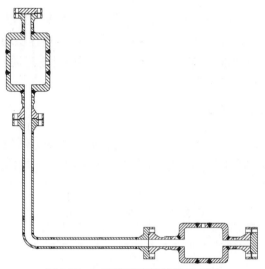

图 3.27　L 形管道连接装置示意图

　　图 3.28 为连通容器内各位置的爆炸压力随时间变化曲线。可以发现，拐弯点前的最大爆炸压力（P_{max}）比起爆容器略大，拐弯点后的 P_{max} 比拐弯点前略小，传爆容器内甲烷-空气预混气体爆炸的 P_{max} 最大。这是由于点火后管道对爆炸火焰起到加速作用，使得拐弯点前的压力比起爆容器内的 P_{max} 略高。而经过拐弯点时，部分能量因碰撞冷壁面而损耗，因此拐弯点后的 P_{max} 略小于拐弯点前。拐角作用使得火焰扰动变大，拐弯点后管道内爆炸火焰加速传播，导致传爆容器内的 P_{max} 增大。

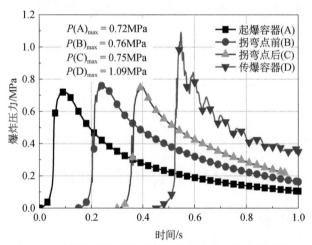

图 3.28　连通容器内各位置的爆炸压力随时间变化曲线 1

　　图 3.29 为连通容器内各位置观测到的火焰的电压信号曲线。由图可以发现，爆炸火焰从起爆容器传播至拐弯点前的时间要远大于火焰从拐弯点后传播至传

爆容器的时间。这说明，拐角作用使得拐弯点后管道容器内的爆炸火焰湍流度增强，从而导致火焰传播速度增大[1, 4]。图 3.30 为数值模拟所得到的连通容器内甲烷-空气预混气体爆炸温度云图。由不同时刻的温度云图可以发现，当爆炸传播至拐弯点时，拐弯点内壁面温度较高，外壁面温度较低。然而，在爆炸穿过拐弯点后，管道外壁面的温度比内壁面略高。

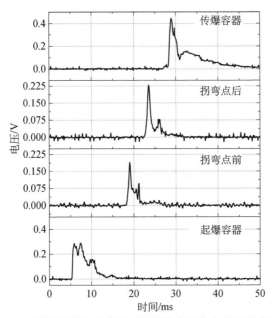

图 3.29　连通容器内各位置观测到的火焰的电压信号曲线 1

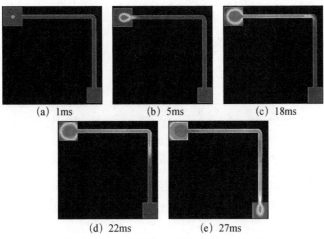

(a) 1ms　　　(b) 5ms　　　(c) 18ms

(d) 22ms　　　(e) 27ms

图 3.30　连通容器内不同时刻温度云图

3.4.2　分叉管道的影响

本节研究 T 形管道两端连接圆柱形容器的连通容器内甲烷-空气预混气体爆炸传播特性。爆容器为 22L 圆柱形容器，传爆容器为 11L 圆柱形容器，两容器分别连接在 T 形管道的左右两端，具体装置示意图如图 3.31 所示。

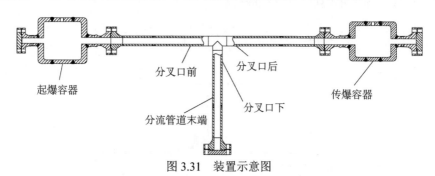

图 3.31　装置示意图

图 3.32 为连通容器内各位置的爆炸压力随时间变化曲线。由图可以看出，传爆容器内的爆炸 P_{max} 最大，而起爆容器、分叉口前、分叉口后三个位置的 P_{max} 基本相同，且均大于分叉口下和分叉管道末端的 P_{max}。同时，起爆容器、分叉口前、分叉口后三个位置的压力曲线较为平滑，而传爆容器的曲线振荡较为明显。由分叉口下的压力曲线可以发现，此位置的压力较为紊乱，压力有三个波峰。

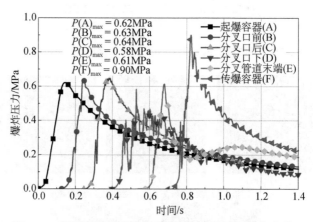

图 3.32　连通容器内各位置的爆炸压力随时间变化曲线 2

图 3.33 为连通容器内各位置观测到的火焰的电压信号曲线。由图可知，爆炸火焰传播至分叉口后和分叉口下的时间分别为 19.9ms 和 21.7ms，而火焰传播至分叉管道末端和传爆容器的时间分别为 27.0ms 和 27.6ms，由传爆容器与分叉口后测量点的距离以及分叉管道末端与分叉口下测量点的距离可得，爆炸火焰在分

叉管道和主管道后半段的传播速度分别为 56.33m/s 和 195.42m/s。由此可以看出，这种情况下分叉管道的传播速度较小，而主管道后半段的传播速度较大。图 3.34 为数值模拟所得到的连通容器内不同时刻的温度云图。由温度云图可以看出，爆炸火焰传播至分叉口时，大部分火焰和压力沿主管道传播至传爆容器内，部分火焰和压力传播至分叉管道内。

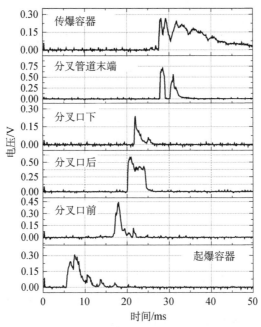

图 3.33　连通容器内各位置观测到的火焰的电压信号曲线 2

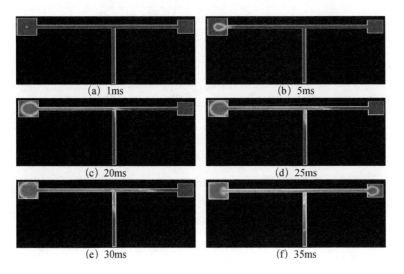

(g) 40ms　　　　　　　　　　　(h) 1s

图 3.34　T 形管道内温度云图

3.4.3　多管件连接系统的影响

本节研究多管件连接时连通容器内甲烷-空气预混气体爆炸传播特性。起爆容器和中间容器分别为 22L 和 11L 的圆柱形容器，两容器分别连接在 2m 长的直管道的左右两端，中间容器后连接 2m 长的直管道，具体装置示意图如图 3.35 所示。

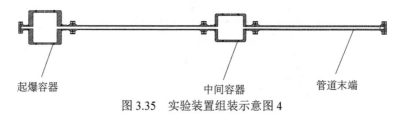

起爆容器　　　　　　　　　中间容器　　　　　　　　管道末端

图 3.35　实验装置组装示意图 4

图 3.36 为连通容器内各位置的爆炸压力随时间变化曲线。由图可知，起爆容器内的 P_{max} 最大，中间容器内的 P_{max} 略小，管道末端的 P_{max} 最小。起爆容器内的爆炸压力曲线较为平滑，中间容器内的爆炸压力曲线峰值附近振荡最为明显，而管道末端压力上升段振荡较为明显。

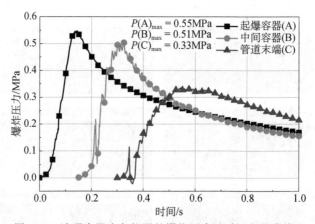

图 3.36　连通容器内各位置的爆炸压力随时间变化曲线 3

图 3.37 为连通容器内各位置观测到的火焰的电压信号曲线，图 3.38 为数值

模拟所得到的连通容器内不同时刻的温度云图。由图可以看出，起爆容器内探测到火焰的时间为 5ms，而爆炸火焰到达中间容器的时间为 18ms，首段管道内火焰平均传播速度为 200m/s。同时，管道末端的火焰探测器并未探测到火焰的存在，结合模拟结果表明，爆炸火焰并未传播至管道末端。这是由于当火焰达到中间容器后向第二段管道传播时，管道截面具有约束作用，仅有部分爆炸火焰进入第二段管道中。同时，爆炸压力波传播至管道末端形成反射压力波，产生较大的流动阻力，且与管道冷壁面进行热传导，使得爆炸能量损耗，导致爆炸传播被终止。

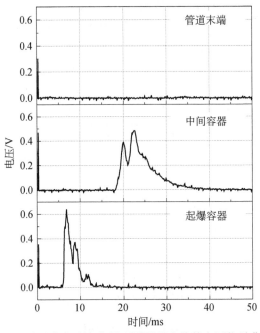

图 3.37　连通容器内各位置观测到的火焰的电压信号曲线 3

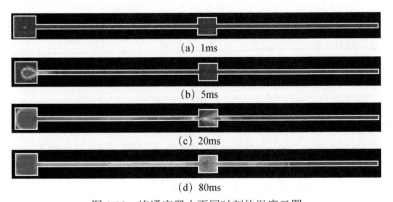

图 3.38　连通容器内不同时刻的温度云图

3.5 本章小结

本章通过实验与数值模拟的方法分别研究了管道结构形式（管道弯曲角度、弯曲位置和分叉管道）、容器结构及连接形式（容器结构、容器附属管件和容器连接形式）和连通容器连接形式（L形管道、分叉管道和多管件连接系统）对甲烷-空气预混气体爆炸特性的影响。

在管道结构形式研究中发现，连通容器内不同位置的 P_{max} 均随着管道弯曲角度的减小先增大后减小。拐弯处的火焰平均传播速度随着管道弯曲角度的减小而减小，而拐弯点后与传爆容器之间的火焰平均传播速度随着管道弯曲角度的减小而先增加后减小。对于分叉管道，采用 T 形管道连接时，分叉管道内的 P_{max} 随着爆炸的传播而减小，采用 Y 形管道连接时，分叉管道内的 P_{max} 随着爆炸的传播而增大。Y 形管道连接的连通容器内起爆容器、分叉位置前后以及传爆容器内的 P_{max} 均比 T 形管道连接小，而 Y 形管道连接的（dP/dt）$_{max}$ 大于 T 形管道连接。

在容器结构及连接形式研究中发现，起爆容器结构的变化对连通容器内爆炸火焰传播速度影响较大，起爆容器为球形容器时的系统内的火焰传播速度比起爆容器为圆柱形容器时的火焰传播速度大。同时，在容器连接管道或容器后，其内部甲烷-空气预混气体爆炸强度不再满足"立方根定律"。由连通容器连接形式研究发现，在 L 形管道连接的连通容器中，拐弯点后的 P_{max} 比拐弯点前略小，传爆容器内甲烷-空气预混气体爆炸的 P_{max} 最大，同时拐角作用使得拐弯后管道容器内的爆炸火焰湍流度增强，火焰传播速度增大。

参 考 文 献

[1] 李岳，姚世琪，喻健良，等. 管道容器连通系统内气体爆炸影响因素的数值分析. 石油化工设备，2011，40（5）：8-12.

[2] 钱承锦，王志荣，周灿. 初始压力对连通容器甲烷-空气混合物泄爆压力的影响. 安全与环境学报，2017，17（1）：164-168.

[3] 李岳，姚世琪，喻健良，等. 管道容器连通系统内气体爆炸影响因素的数值分析. 石油化工设备，2011，40（5）：8-12.

[4] 姚世琪. 连通容器内可燃气体爆炸影响因素的数值分析. 大连：大连理工大学，2011.

[5] 张尚峰. 容器与管道内气体爆炸尺寸效应的数值模拟研究. 南京：南京工业大学，2015.

[6] 董冰岩，黄佩玉. 柱形连通容器内预混气体爆炸过程的火焰传播模拟. 安全与环境学报，2015，15（1）：117-122.

[7]　崔益清，王志荣，蒋军成. 球形容器与管道内甲烷-空气混合物爆炸强度的尺寸效应. 化
　　　工学报，2012，63（S2）：204-209.

[8]　何学超. 丙烷-空气预混火焰在 90°弯曲管道内传播特性的实验和模拟研究. 合肥：中国科
　　　学技术大学，2010.

[9]　孙金华，王青松，纪杰，等. 火焰精细结构及其传播动力学. 北京：科学出版社，2011.

[10]　何学超，孙金华，卢建国，等. 点火位置对弯管预混火焰传播特性的影响. 燃烧科学与
　　　技术，2015，21（1）：60-64.

[11]　林柏泉，朱传杰. 煤矿井下巷道拐角效应及其对瓦斯爆炸传播的影响作用. 中国职业安
　　　全健康协会 2009 年学术年会，北京，2009.

[12]　杜杨，李国庆，吴松林，等. T 型分支管道对油气爆炸强度的影响. 爆炸与冲击，2015，
　　　35（5）：729-734.

[13]　王志荣，蒋军成，李玲. 容器内可燃气体燃爆温度与压力的计算方法. 南京工业大学学
　　　报：自然科学版，2004，26（1）：9-12.

[14]　左青青. 结构对容器与管道气体爆炸影响的数值模拟研究. 南京：南京工业大学，2016.

[15]　陈先锋，孙金华，刘义，等. 丙烷/空气预混火焰层流向湍流转变中微观结构的研究. 科
　　　学通报，2006，51（24）：2920-2925.

第4章 受限空间甲烷–空气预混气体爆炸尺寸效应

化工生产过程中,常以容器-管道或容器-管道-容器的连通结构来储存或运输可燃气体。容器的容积、管道的长度和管径均有所不同,因此影响连通容器内部气体爆炸的因素较多。一旦某容器内部发生爆炸事故,与之相连接的管道或容器内气体爆炸特性也存在较大差异,对连通装置局部或整体造成不同程度的破坏[1-4]。甲烷–空气预混气体爆炸的连通装置尺寸效应研究可为连通装置的安全设计提供理论与技术基础,有助于连通装置的安全防护。

4.1 实 验 设 计

4.1.1 实验装置

基于连通装置气体爆炸实验系统,开展甲烷–空气预混气体爆炸的连通装置尺寸效应研究。实验装置如图 3.1 和图 3.3 所示。实验容器及管道均采用 16MnⅢ 钢铸造,设计压力为 20MPa,法兰口可采用盲板(材质为 Q345R 钢)进行封堵。圆柱形容器的长径比为 1:1,容积分别为 11L、22L、55L 和 113L。容器壁面设置可连接压力传感器、火焰传感器、进出气阀和点火杆的螺纹接口。管道长度均为 2m,内径分别为 20mm、59mm、108mm 和 133mm,其中内径为 59mm 的管道有 4 段,其余各有 1 段。采用 6 种不同规格的渐变管用于转换管道内径。点火系统采用 KTD-A 型可调节高能点火器。数据采集系统为 HM90-H3-2 型高频压力传感器。压力变送器与其配套的 DEWESoft TM 型数据采集仪进行采集与传输。充配气系统是由空气压缩机、甲烷气瓶、配气系统、真空泵组成的。空气压缩机采用 DA-7 型双螺杆空气压缩机。真空泵型号为 2X-8GA,其作用是在预混气体充入前将实验容器抽至确定的真空度。配气系统采用 RCS2000-B 型配气仪自动配气控制箱。

4.1.2 实验方法

实验方法具体如下:
(1)根据实验方案将容器与管道利用法兰和紧固件连接,安装传感器、点火杆、进出气阀等设备,检查实验系统气密性以及各部分状态,确保实验在气密性良好的条件下进行。

（2）安装调试相关设备，在 DEWESoft X2 软件中调整相关参数以符合实验要求。打开真空泵将实验装置内的压力抽至 −0.09MPa（表压），静置观察 DEWESoft X2 软件中压力读数以检查其密封性。

（3）利用计算机调整配气仪软件，选择使用浓度模式，调整甲烷浓度为 10%，单击开始配气，观察 DEWESoft X2 软件中的压力读数，当压力读数为 0MPa 时单击关闭配气仪，并静置 5min。

（4）清理现场人员至安全距离以外，按下点火器的点火按钮，引燃容器中的预混气体，待 DEWESoft X2 软件中数据采集完成后单击停止按钮保存数据。

（5）打开装置的进出气阀，使用空气压缩机吹扫实验装置，然后进行下一组实验。

4.1.3　实验条件

实验工况为常温常压条件，选用 10%的甲烷–空气预混气体，采用容器中心点火，点火能量为 5J，实验方案分别如表 4.1～表 4.3 所示。容器-管道结构和容器-管道-容器结构示意图分别如图 4.1 和图 4.2 所示。本实验主要开展管道长度、管道内径、容积比变化对连通装置内甲烷-空气预混气体爆炸特性的影响，每组实验进行三次重复实验，取平均值以保证实验数据的准确性。

表 4.1　单个容器结构

序号	容器选择	传感器位置
K01	11L 容器	容器中央壁面
K02	22L 容器	容器中央壁面
K03	55L 容器	容器中央壁面
K04	113L 容器	容器中央壁面
K05	L=2m, D=59mm 管道	管道一端
K06	L=4m, D=59mm 管道	管道末端
K07	L=6m, D=59mm 管道	管道末端
K08	L=8m, D=59mm 管道	管道末端
K09	L=2m, D=20mm 管道	管道末端
K10	L=2m, D=108mm 管道	管道末端
K11	L=2m, D=133mm 管道	管道末端

表 4.2　容器-管道结构

序号	容器容积/L	安装管道长度/m	管道内径/mm	传感器位置
K12	11	2	20	容器中央壁面+管道末端
K13	11	2	59	容器中央壁面+管道末端
K14	11	2	108	容器中央壁面+管道末端
K15	11	2	133	容器中央壁面+管道末端

续表

序号	容器容积/L	安装管道长度/m	管道内径/mm	传感器位置
K16	11	4	59	容器中央壁面+管道末端
K17	11	6	59	容器中央壁面+管道末端
K18	11	8	59	容器中央壁面+管道末端
K19	22	2	20	容器中央壁面+管道末端
K20	22	2	59	容器中央壁面+管道末端
K21	22	2	108	容器中央壁面+管道末端
K22	22	2	133	容器中央壁面+管道末端
K23	22	4	59	容器中央壁面+管道末端
K24	22	6	59	容器中央壁面+管道末端
K25	22	8	59	容器中央壁面+管道末端
K26	55	2	20	容器中央壁面+管道末端
K27	55	2	59	容器中央壁面+管道末端
K28	55	2	108	容器中央壁面+管道末端
K29	55	2	133	容器中央壁面+管道末端
K30	55	4	59	容器中央壁面+管道末端
K31	55	6	59	容器中央壁面+管道末端
K32	55	8	59	容器中央壁面+管道末端
K33	113	2	20	容器中央壁面+管道末端
K34	113	2	59	容器中央壁面+管道末端
K35	113	2	108	容器中央壁面+管道末端
K36	113	2	133	容器中央壁面+管道末端
K37	113	4	59	容器中央壁面+管道末端
K38	113	6	59	容器中央壁面+管道末端
K39	113	8	59	容器中央壁面+管道末端

表 4.3 容器–管道–容器结构

序号	起传容积比	起爆容器容积/L	传爆容器容积/L	管道长度/m	管道内径/mm	传感器位置
K40	0.1	11	113	2	59	容器中央壁面
K41	0.2	22	113	2	59	容器中央壁面
K42	0.4	22	55	2	59	容器中央壁面
K43	0.5	11	22	2	20	容器中央壁面
K44	0.5	11	22	2	59	容器中央壁面
K45	0.5	11	22	2	108	容器中央壁面
K46	0.5	11	22	2	133	容器中央壁面
K47	0.5	11	22	4	59	容器中央壁面
K48	0.5	11	22	6	59	容器中央壁面

序号	起传容积比	起爆容器容积/L	传爆容器容积/L	管道长度/m	管道内径/mm	传感器位置
K49	0.5	11	22	8	59	容器中央壁面
K50	2	22	11	2	59	容器中央壁面
K51	2.5	55	22	2	59	容器中央壁面
K52	5.1	113	22	2	59	容器中央壁面
K53	10.3	113	11	2	20	容器中央壁面
K54	10.3	113	11	2	59	容器中央壁面
K55	10.3	113	11	2	108	容器中央壁面
K56	10.3	113	11	2	133	容器中央壁面
K57	10.3	113	11	4	59	容器中央壁面
K58	10.3	113	11	6	59	容器中央壁面
K59	10.3	113	11	8	59	容器中央壁面

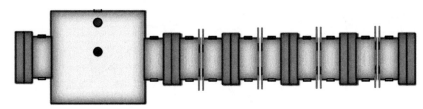

图 4.1　容器-管道结构示意图

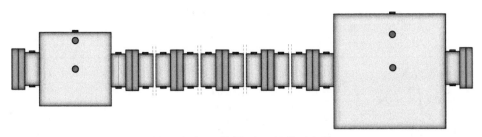

图 4.2　容器-管道-容器结构示意图

4.2　单个容器及单管道气体爆炸尺寸效应

4.2.1　容器容积的影响

选用四个不同容积的圆柱形容器（11L、22L、55L、113L），采用中心点火方式，压力传感器安装于容器侧面的壁面中央。图 4.3 为不同容积的圆柱形容器内甲烷-空气预混气体爆炸压力随时间变化的曲线，最大爆炸压力（P_{max}）、最大爆炸压力上升速率（dP/dt）$_{max}$如表4.4所示。由图4.3可以发现，四个容器中的爆炸压力均剧烈上升，到达P_{max}后迅速下降。由表4.4可以得出，随着容器容积的增大，容器内P_{max}由0.63MPa增大到0.67MPa；而（dP/dt）$_{max}$随着容器容积的增大，从12.64MPa/s减小到5.96MPa/s，选用55L容器和113L容器时，其变化相对于11L容器、22L容器和55L容器而言则显得非常不明显。

表4.4　单圆柱形容器内气体爆炸强度

容器容积	P_{max}/MPa	（dP/dt）$_{max}$/（MPa/s）
11L	0.63	12.64
22L	0.64	10.41
55L	0.66	7.58
113L	0.67	5.96

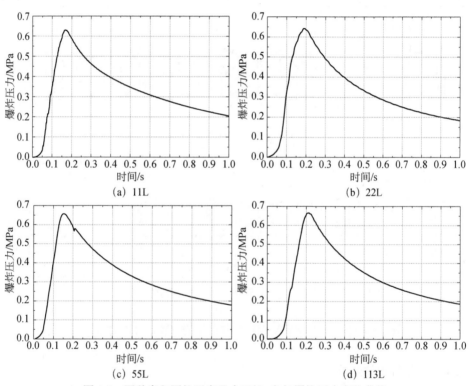

图4.3　四种容积圆柱形容器内甲烷-空气爆炸压力变化曲线

根据实验结果，分别对P_{max}、（dP/dt）$_{max}$与容器容积进行拟合，得到如下定量预测模型：

$$P_{max} = 0.66695 - 0.05175 \times 0.96791^{V}, \quad R^2 = 0.99863 \quad (4.1)$$

$$\left(\mathrm{d}P/\mathrm{d}t \right)_{\max} = 5.74098 + 9.64086 \times 0.96902^{V}, \qquad R^2 = 0.99393 \qquad （4.2）$$

式中，V 为容器容积，L。该模型的拟合度均大于 0.9，因此该模型可有效预测不同容积的容器内甲烷–空气预混气体爆炸 $P_{\max}$ 和（$\mathrm{d}P/\mathrm{d}t$）$_{\max}$。

根据表 4.4 中的数据和立方根定律可得燃爆指数 K_g 分别为 2.81（MPa·m）/s、2.91（MPa·m）/s、2.88（MPa·m）/s、2.88（MPa·m）/s。实验存在一定误差，因此可以认为在该圆柱形容器内甲烷–空气预混气体爆炸强度满足立方根定律[5-7]，取平均值 2.87（MPa·m）/s 作为其燃爆指数。

4.2.2　管道长度的影响

为了研究管道长度对管道末端爆炸压力的影响，本节选用内径为 59mm，四种不同长度（L=2m、4m、6m、8m）的管道开展实验。容器–管道结构中点火位置位于容器中央，即管道的一端，因此本实验的点火位置位于管道一端中央，压力传感器测点位于管道另一端壁面。图 4.4（a）～（d）分别为不同管道长度下管道末端爆炸压力随时间变化曲线，$P_{\max}$、（$\mathrm{d}P/\mathrm{d}t$）$_{\max}$ 如表 4.5 所示。

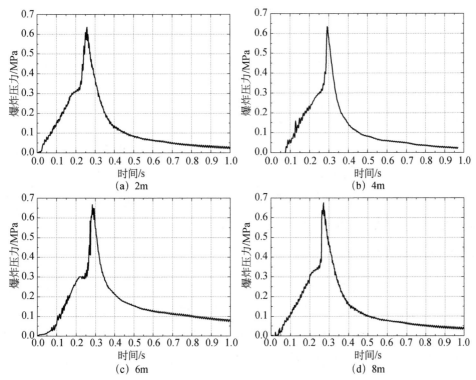

图 4.4　四种管道长度下管道末端甲烷–空气爆炸压力曲线

表 4.5　不同管道长度下管道末端气体爆炸强度

管道长度	P_{max}/MPa	$(dP/dt)_{max}$/（MPa/s）
2m	0.63	30.14
4m	0.65	40.35
6m	0.66	49.19
8m	0.67	63.99

由图 4.4 可以看出，管道长度对管道末端甲烷-空气预混气体爆炸强度存在影响，且随着管道长度的增加，管道末端的 P_{max} 逐渐上升。对于相同内径条件下的管道，长度的增加使其容积增加，其中甲烷-空气预混气体含量也增加。爆炸波在管道中传播时，壁面的加速作用较大，使得其 P_{max} 随着管道的增长而增大。

由表 4.5 可以看出，管道长度的增加使得 $(dP/dt)_{max}$ 上升，爆炸波在管道中传播时，由于已燃区域不断向未燃区域传播，形成了不断加速的过程，火焰的燃烧过程与流动过程形成了正反馈，火焰面形成的小涡流提高了燃烧速率，加快了燃烧进程，使更多的气体在更短的时间内被引燃，因此 $(dP/dt)_{max}$ 也随之增长[8-10]。

根据实验结果，分别对 P_{max}、$(dP/dt)_{max}$ 和管道长度进行拟合，得到如下预测模型：

$$P_{max} = 0.68447 - 0.08332 \times 0.76542^l, \qquad R^2 = 0.98463 \qquad （4.3）$$

$$(dP/dt)_{max} = 18.32295 + 5.52011l, \qquad R^2 = 0.98067 \qquad （4.4）$$

式中，l 为管道长度，m。该模型的拟合度均大于 0.9，因此该模型可有效预测不同长度管道内甲烷-空气预混气体爆炸的 P_{max} 和 $(dP/dt)_{max}$。

4.2.3　管道内径的影响

为了研究管道内径对管道末端爆炸压力变化的影响，本节选用长为2m，不同内径（D =20mm、59mm、108mm、133mm）的管道进行爆炸实验。点火位置位于管道一端中央，压力传感器位于管道另一端壁面。图 4.5 为不同管道内径下管道末端爆炸压力随时间变化曲线，P_{max} 和 $(dP/dt)_{max}$ 如表 4.6 所示。

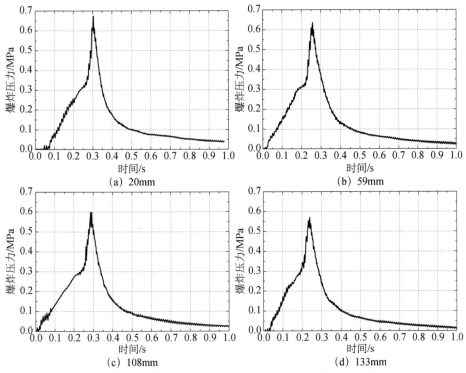

图 4.5 四种管道内径下管道末端甲烷-空气爆炸压力曲线

表 4.6 不同管道内径下管道末端气体爆炸强度

管道内径/mm	P_{max}/MPa	$(dP/dt)_{max}$/（MPa/s）
20	0.67	37.59
59	0.63	30.14
108	0.59	23.51
133	0.57	18.97

由图 4.5 可以看出，管道内径对管道内甲烷-空气预混气体爆炸强度具有尺寸效应，且随着管道内径的增加，管道的 P_{max} 逐渐减小。对于长度相同的管道，内径小的管道在发生爆炸后，在管道的反射及壁面的加速作用下，其内部的 P_{max} 比内径大的管道更大[11,12]。由表 4.6 可以看出，随着管道内径的增加，管道末端 $(dP/dt)_{max}$ 减小。由 4.2.2 节中的结论和本节的结论可以发现，管道中的 P_{max} 随着管道长度与内径比（L/D）的增加而增大[13]。

根据实验结果，分别对该工况下 P_{max}、$(dP/dt)_{max}$ 和管道内径进行拟合，得到如下预测模型：

$$P_{max} = 0.68813 - 8.38145 \times 10^{-4} d, \quad R^2 = 0.99563 \qquad （4.5）$$

$$(\mathrm{d}P/\mathrm{d}t)_{\max} = 40.39408 - 0.16046d, \qquad R^2 = 0.999248 \qquad (4.6)$$

式中，d 为管道内径，mm。该模型的拟合度均大于 0.9，因此该模型可有效预测不同管道内径的管道内甲烷-空气预混气体爆炸的 $P_{\max}$ 和 $(\mathrm{d}P/\mathrm{d}t)_{\max}$。

4.3 容器-管道气体爆炸尺寸效应

4.3.1 容器容积的影响

为分析容器-管道连通容器内容器和管道末端爆炸压力特性，选用四种不同容积（11L、22L、55L、113L）的圆柱形容器与长度为 2m、内径为 59mm 的管道连接，采用容器中心点火进行实验研究。

1. 容器容积对圆柱形容器内甲烷-空气爆炸强度的影响

图 4.6 为不同容积圆柱形容器内甲烷-空气爆炸压力变化曲线，$P_{\max}$、$(\mathrm{d}P/\mathrm{d}t)_{\max}$ 如表 4.7 所示。由图 4.6 可知，与单圆柱形容器内气体爆炸特性相似，该工况下的容器爆炸同样存在尺寸效应。当管道长度与内径相同时，容器中的 $P_{\max}$ 随着容器容积的增大而增大。11L 容器内的 $P_{\max}$ 最小，为 0.56MPa；113L 容器内的 $P_{\max}$ 最大，为 0.64MPa。由表 4.7 可知，随着容器容积的增大，容器中的 $(\mathrm{d}P/\mathrm{d}t)_{\max}$ 逐渐减小。与单圆柱形容器工况相比，该工况下容器内的 $P_{\max}$ 有所减小，主要原因为管道的加入对容器起到了压力泄放作用，且此时泄放作用表现较为明显，因此压力较单容器有所减小[14-16]。

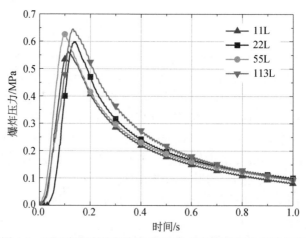

图 4.6 不同容积圆柱形容器内甲烷-空气爆炸压力变化曲线

表 4.7 不同容积圆柱形容器内甲烷-空气爆炸强度

参数	11L	22L	55L	113L
P_{max}/MPa	0.56	0.59	0.62	0.64
$(\mathrm{d}P/\mathrm{d}t)_{max}$/(MPa/s)	16.25	14.16	12.12	10.61

根据实验结果，分别对该工况下容器中的 P_{max}、$(\mathrm{d}P/\mathrm{d}t)_{max}$ 与容器容积进行拟合，得到如下定量预测模型：

$$P_{max} = 0.64426 - 0.12436\mathrm{e}^{-0.04089V}, \qquad R^2 = 0.94758 \qquad (4.7)$$

$$(\mathrm{d}P/\mathrm{d}t)_{max} = 10.49934 + 7.96194 \times 0.96871^V, \qquad R^2 = 0.97034 \qquad (4.8)$$

式中，V 为容器容积，单位为 L，其拟合度均大于 0.9，因此可按照该模型进行预测。

2. 容器容积对管道末端甲烷-空气爆炸强度的影响

图 4.7 为连接不同容积容器情况下管道末端气体爆炸压力变化曲线，P_{max}、$(\mathrm{d}P/\mathrm{d}t)_{max}$ 如表 4.8 所示。由图 4.7 及表 4.8 可知，当管道长度和内径均相同时，圆柱形容器容积的改变对该连通结构的管道末端气体爆炸存在尺寸效应。

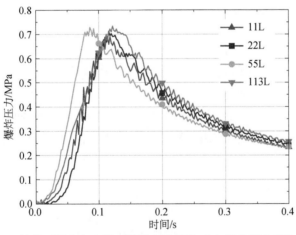

图 4.7 连接不同容积容器下管道末端甲烷-空气爆炸压力变化曲线

表 4.8 连接不同容积容器情况下管道末端的甲烷-空气爆炸强度

参数	11L	22L	55L	113L
P_{max}/MPa	0.69	0.71	0.72	0.73
$(\mathrm{d}P/\mathrm{d}t)_{max}$/(MPa/s)	27.42	19.29	16.15	12.50

管道末端的 P_{max} 随着容器容积的增大而增大，由 11L 容器中的 0.69MPa 增

大到 113L 容器中的 0.73MPa；随着容器容积的增大，$(\mathrm{d}P/\mathrm{d}t)_{\max}$ 逐渐减小，由 11L 容器中的 27.42MPa/s 减小至 113L 容器中的 12.50MPa/s。当管道内径不变时，管道对容积较小的容器的压力泄放作用更明显，因此较小容器连接的管道末端的压力上升速率较大。

根据实验结果，对该工况中管道末端的 $P_{\max}$、$(\mathrm{d}P/\mathrm{d}t)_{\max}$ 与容器容积进行拟合，得到如下定量预测模型：

$$P_{\max} = 0.73291 - 0.08346 \times 0.93968^{V}, \qquad R^2 = 0.98694 \qquad (4.9)$$

$$(\mathrm{d}P/\mathrm{d}t)_{\max} = 59.27064 \times V^{-0.33476}, \qquad R^2 = 0.94524 \qquad (4.10)$$

式中，V 为容器容积，单位为 L，其拟合度均大于 0.9，因此可按照该模型进行预测。

4.3.2　管道长度的影响

为了研究管道长度对容器-管道结构中容器和管道末端甲烷-空气预混气体爆炸强度的影响，采用四种容积（11L、22L、55L、113L）单个圆柱形容器与 4 种不同长度（2m、4m、6m、8m）相同内径（59mm）的管道连接，点火位置位于圆柱形容器中央，压力传感器采集位置位于容器壁面和管道末端。

1. 管道长度对圆柱形容器内甲烷-空气爆炸强度的影响

图 4.8（a）～（d）分别为容积为 11L、22L、55L、113L 的圆柱形容器连接不同长度的管道后圆柱形容器内甲烷-空气预混气体爆炸压力随时间的变化曲线，$P_{\max}$、$(\mathrm{d}P/\mathrm{d}t)_{\max}$ 如表 4.9 所示。由图 4.8 和表 4.9 可知，在圆柱形容器连接管道时，管道长度对圆柱形容器内气体爆炸的尺寸效应是明显存在的。随着管道长度的增加，四个容器中的 $P_{\max}$ 逐渐减小，但 $(\mathrm{d}P/\mathrm{d}t)_{\max}$ 呈现逐渐增加的趋势。

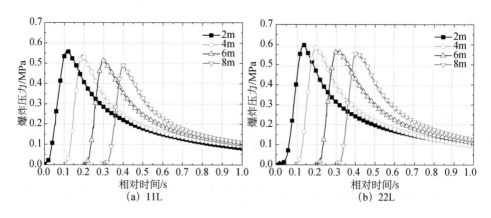

(a) 11L　　　　　　　　(b) 22L

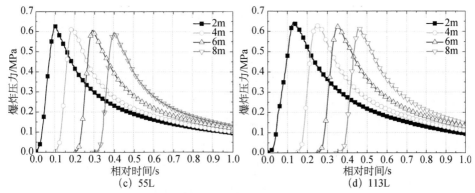

图 4.8　不同容积容器连接不同长度管道后容器内甲烷-空气爆炸压力变化曲线

表 4.9　连接不同长度管道后圆柱形容器内甲烷-空气爆炸强度

容器容积	参数	不同管道长度下爆炸强度			
		2m	4m	6m	8m
11L	P_{max}/ MPa	0.56	0.54	0.51	0.48
	$(dP/dt)_{max}$/ (MPa/s)	16.25	18.28	20.86	23.89
22L	P_{max}/ MPa	0.59	0.58	0.56	0.55
	$(dP/dt)_{max}$/ (MPa/s)	14.16	16.03	19.1	21.74
55L	P_{max}/ MPa	0.62	0.61	0.60	0.59
	$(dP/dt)_{max}$/ (MPa/s)	12.12	14.06	16.42	19.47
113L	P_{max}/ MPa	0.64	0.62	0.62	0.61
	$(dP/dt)_{max}$/ (MPa/s)	10.44	12.48	14.85	17.36

　　容器-管道结构中，管道长度的改变使得该结构中的管道尺寸效应较为明显。管道长度的增加会使得爆炸火焰与管道冷壁面所接触的面积增大，进而导致爆炸能量损失增大，容器内的 P_{max} 减小[15-20]。同时，在增加管道长度后，11L 圆柱形容器的 P_{max} 降幅最大，而 113L 圆柱形容器的 P_{max} 降幅较为缓慢。这是由于相对于 11L 圆柱形容器，113L 圆柱形容器具有更大的容积，使得管道对容器内的 P_{max} 泄压作用较弱。

　　由实验结果可知，在工业生产中，对压力容器连接一定长度的管道可发挥泄压作用，使得发生爆炸事故后压力容器内的 P_{max} 能够有效降低，从而达到保护容器的目的。

2. 管道长度对管道末端甲烷-空气爆炸强度的影响

　　图 4.9 为 11L、22L、55L、113L 圆柱形容器连接不同长度（2m、4m、6m、8m）的管道后，管道末端气体爆炸压力随时间的变化曲线，P_{max}、$(dP/dt)_{max}$ 如表 4.10 所示。由图 4.9 和表 4.10 可知，在单个圆柱形容器连接相同内径不同长度

管道时，管道长度的变化对管道末端气体爆炸产生明显的尺寸效应。在 11L 和 22L 圆柱形容器连接的工况下，管道末端的 P_{max} 随着管道长度的增加逐渐减小，而（dP/dt）$_{max}$ 逐渐增大。但对于容积较大的 55L 和 113L 圆柱形容器连接的工况，管道末端的 P_{max}、（dP/dt）$_{max}$ 随着管道长度的增加而增大。这是由于较大容器内甲烷-空气预混气体的体积更大，发生爆炸后产生的 P_{max} 较大，且管道越长，爆炸火焰的加速作用越明显，因此 P_{max} 也就越大[21, 22]。

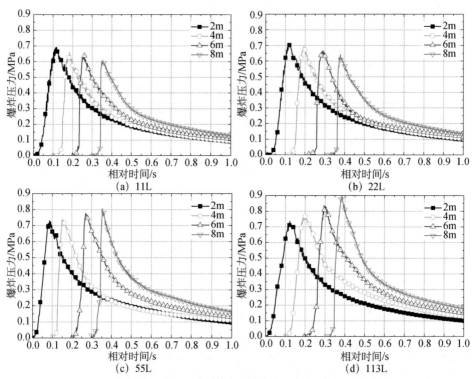

图 4.9 不同容积容器连接不同长度管道后管道末端的甲烷-空气爆炸压力变化曲线

表 4.10 圆柱形容器接管后不同长度管道末端的甲烷–空气爆炸强度

容器容积	参数	不同管道长度下爆炸强度			
		2m	4m	6m	8m
11L	P_{max}/ MPa	0.69	0.65	0.63	0.60
	（dP/dt）$_{max}$/（MPa/s）	27.42	47.57	89.95	127.41
22L	P_{max}/ MPa	0.71	0.69	0.66	0.64
	（dP/dt）$_{max}$/（MPa/s）	19.29	40.53	78.07	119.50
55L	P_{max}/ MPa	0.72	0.73	0.77	0.80
	（dP/dt）$_{max}$/（MPa/s）	16.15	32.59	66.00	99.62
113L	P_{max}/ MPa	0.73	0.77	0.83	0.89
	（dP/dt）$_{max}$/（MPa/s）	12.50	25.50	43.49	85.81

4.3.3　管道内径的影响

为了分析管道内径对容器-管道结构中圆柱形容器内部和管道末端的爆炸特性，选用四种不同容积的单个圆柱形容器（11L、22L、55L、113L）与四种不同内径（20mm、59mm、108mm、133mm）、相同长度（2m）的管道相连接，点火位置位于容器中央。

1. 管道内径对圆柱形容器内甲烷-空气爆炸强度的影响

图 4.10 为 11L、22L、55L、113L 圆柱形容器连接不同内径（20mm、59mm、108mm、133mm）、相同长度（2m）的管道后，圆柱形容器内气体爆炸压力随时间的变化曲线，P_{max}、$(dP/dt)_{max}$ 如表 4.11 所示。由图 4.10 和表 4.11 可知，管道内径对圆柱形容器内气体爆炸存在一定的影响，且随着管道内径的增加，圆柱形容器内的 P_{max}、$(dP/dt)_{max}$ 均增大。同时，在 11L 和 22L 圆柱形容器条件下 P_{max} 的最大值和最小值相差 0.1MPa 以上，但 55L 和 113L 圆柱形容器条件下 P_{max} 的最大值和最小值仅相差 0.08MPa 左右。这是由于相对于较大容积的圆柱形容器，较小容积的圆柱形容器受管道尺寸的影响较大，这也使得较小容积的圆柱形容器内的 $(dP/dt)_{max}$ 大于较大容器内的 $(dP/dt)_{max}$。

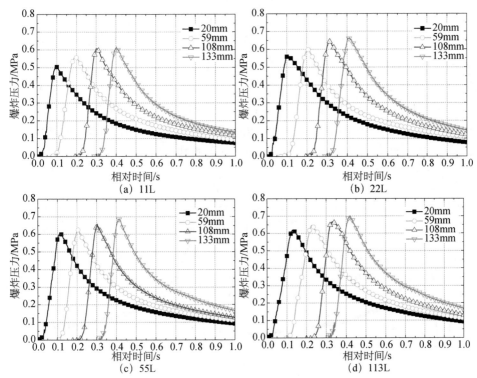

图 4.10　不同容积容器连接不同内径的管道后容器内气体爆炸压力变化曲线

表 4.11　连接不同内径管道后圆柱形容器内气体爆炸强度

容器容积	参数	不同管道内径下爆炸强度			
		20mm	59mm	108mm	133mm
11L	P_{max}/ MPa	0.50	0.56	0.60	0.61
	$(dP/dt)_{max}$/ (MPa/s)	15.22	16.25	18.52	20.68
22L	P_{max}/ MPa	0.56	0.59	0.64	0.66
	$(dP/dt)_{max}$/ (MPa/s)	13.01	14.16	16.97	18.55
55L	P_{max}/ MPa	0.60	0.62	0.65	0.68
	$(dP/dt)_{max}$/ (MPa/s)	11.24	12.12	14.24	15.73
113L	P_{max}/ MPa	0.61	0.64	0.66	0.70
	$(dP/dt)_{max}$/ (MPa/s)	9.27	10.44	12.65	13.28

2. 管道内径对管道末端甲烷-空气爆炸强度的影响

图 4.11 为 11L、22L、55L、113L 圆柱形容器连接不同内径的管道后，管道末端气体爆炸压力随时间变化的曲线，P_{max} 和（dP/dt）$_{max}$ 如表 4.12 所示。由图 4.11 和表 4.12 可知，单个圆柱形容器连接相同长度（2m）、不同内径（20mm、59mm、108mm、133mm）的管道时，其管道末端气体爆炸的尺寸效应是存在的。在圆柱形容器容积为 11L 和 22L 时，管道末端的 P_{max} 和（dP/dt）$_{max}$ 随着管道内径的增加均增大。但在圆柱形容器容积为 55L 和 113L 时，管道末端的 P_{max} 随着管道内径的增加而减小，但（dP/dt）$_{max}$ 随着管道内径的增加而增大。这与 4.3.2 节中管道末端压力变化结论相似，表明其与管道的长径比（L/D）存在一定的关系。

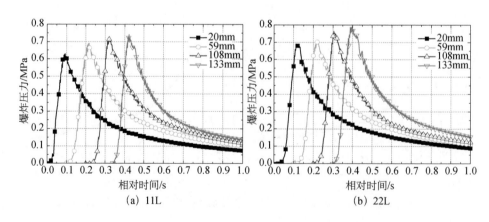

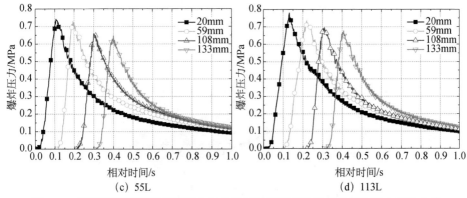

图 4.11　不同容积容器连接不同内径的管道后管道末端的气体爆炸压力变化曲线

表 4.12　圆柱形容器接管后不同管径管道末端气体爆炸强度

容器容积	参数	不同管道内径下爆炸强度			
		20mm	59mm	108mm	133mm
11L	P_{max}/MPa	0.62	0.69	0.72	0.73
	$(dP/dt)_{max}$/(MPa/s)	25.86	27.42	29.76	32.14
22L	P_{max}/MPa	0.68	0.71	0.76	0.79
	$(dP/dt)_{max}$/(MPa/s)	18.18	19.29	21.79	24.06
55L	P_{max}/MPa	0.74	0.72	0.65	0.63
	$(dP/dt)_{max}$/(MPa/s)	14.49	16.15	17.09	21.36
113L	P_{max}/MPa	0.77	0.73	0.69	0.67
	$(dP/dt)_{max}$/(MPa/s)	11.50	12.50	16.73	20.56

4.4　容器–管道–容器气体爆炸尺寸效应

4.4.1　起爆–传爆容器容积比的影响

　　为分析起爆容器和传爆容器容积比（起传容积比）对容器–管道–容器结构的连通容器爆炸特性的影响，选取四种不同容积（1L、22L、55L、113L）的圆柱形容器和相同内径（59mm）、相同长度（2m）的管道进行组合连接。根据实验条件，选取 8 种起传容积比进行实验分析，分别为 0.1、0.2、0.4、0.5、2、2.5、5.1 和 10.3。

　　图 4.12 和图 4.13 分别为不同起传容积比下连通容器中起爆容器和传爆容器内甲烷–空气预混气体爆炸压力随时间变化的曲线，其 P_{max}、$(dP/dt)_{max}$ 如表 4.13 所示。

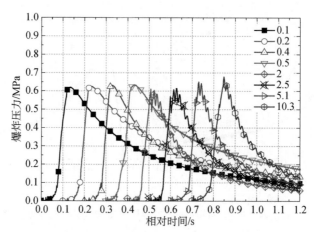

图 4.12　不同起传容积比下起爆容器内甲烷-空气预混气体爆炸压力变化曲线

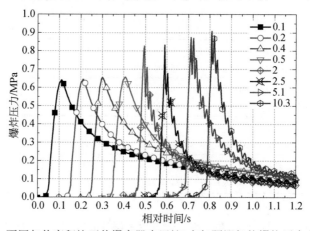

图 4.13　不同起传容积比下传爆容器内甲烷-空气预混气体爆炸压力变化曲线

表 4.13　不同起传容积比下起爆容器和传爆容器内甲烷-空气预混气体爆炸强度

容器	参数	不同起传容积比下爆炸强度							
		0.1	0.2	0.4	0.5	2	2.5	5.1	10.3
起爆容器	P_{max}/ MPa	0.6188	0.6252	0.6314	0.6345	0.6097	0.6130	0.6497	0.6773
	$(dP/dt)_{max}$/ (MPa/s)	17.1622	20.3687	22.7000	24.7275	22.3075	20.2455	17.0692	15.0997
传爆容器	P_{max}/ MPa	0.6397	0.6435	0.6538	0.6566	0.8252	0.8305	0.8735	0.9078
	$(dP/dt)_{max}$/ (MPa/s)	20.5878	22.7225	26.4566	28.4086	44.9840	47.3628	53.8997	60.0326

由图 4.12、图 4.13 和表 4.13 可知，起传容积比的变化对连通结构装置内气体爆炸的尺寸效应是存在的。当起传容积比小于 1 时，起爆容器和传爆容器内的 P_{max}、$(dP/dt)_{max}$ 均随着起传容积比的增加而增大。当起传容积比大于 1 时，起

爆容器和传爆容器内的 P_{max} 随着起传容积比的增加而增大,传爆容器内的 $(dP/dt)_{max}$ 也随着起传容积比的增加而增大,但起爆容器内的 $(dP/dt)_{max}$ 随着起传容积比的增加而减小。同时,当起传容积比小于 1 时,起爆容器和传爆容器内压力曲线没有明显振荡;但当起传容积比大于 1 时,无论是起爆容器还是传爆容器,其压力曲线振荡非常严重,尤其在达到 P_{max} 后,但随着爆炸的进行,振荡逐渐趋于平缓。

根据实验结果,分别对 P_{max}、$(dP/dt)_{max}$ 与起传容积比进行拟合,得到如下定量预测模型。

(1)起传容积比小于 1 时,起爆容器中甲烷-空气预混气体爆炸强度预测模型:

$$P_{max} = 0.61262 + 0.0706\lambda - 0.055\lambda^2, \quad R^2 = 0.9775 \quad (4.11)$$

$$(dP/dt)_{max} = 14.72378 + 29.2519\lambda - 19.65\lambda^2, \quad R^2 = 0.92022 \quad (4.12)$$

(2)起传容积比小于 1 时,传爆容器中甲烷-空气预混气体爆炸强度预测模型:

$$P_{max} = 0.63409 + 0.0541\lambda - 0.01667\lambda^2, \quad R^2 = 0.97906 \quad (4.13)$$

$$(dP/dt)_{max} = 18.53324 + 21.2027\lambda - 3.045\lambda^2, \quad R^2 = 0.99901 \quad (4.14)$$

(3)起传容积比大于 1 时,起爆容器中甲烷-空气预混气体爆炸强度预测模型:

$$P_{max} = 0.57122 + 0.02013\lambda - 9.53681 \times 10^{-4}\lambda^2, \quad R^2 = 0.98917 \quad (4.15)$$

$$(dP/dt)_{max} = 26.51988 - 2.64137\lambda + 0.14897\lambda^2, \quad R^2 = 0.9411 \quad (4.16)$$

(4)起传容积比大于 1 时,传爆容器中甲烷-空气预混气体爆炸强度预测模型:

$$P_{max} = 0.78 + 0.02392\lambda - 0.00112\lambda^2, \quad R^2 = 0.99404 \quad (4.17)$$

$$(dP/dt)_{max} = 37.6662 + 4.21402\lambda - 0.19842\lambda^2, \quad R^2 = 0.99411 \quad (4.18)$$

式中,λ 为起传容积比,其拟合度均大于 0.9,因此可按照该模型进行预测。

4.4.2　管道长度的影响

选取起传容积比分别为 0.5 和 10.3 的两圆柱形容器连接管道,并选取不同管道长度(2m、4m、6m、8m)、内径均为 59mm 的管道来研究管道长度对该连通结构下起爆容器和传爆容器中甲烷-空气预混气体爆炸特性的影响。

图 4.14 和图 4.15 分别为起传容积比为 0.5 和 10.3 时不同管长下起爆容器和传爆容器内气体爆炸压力变化曲线。表 4.14 和表 4.15 分别为起传容积比为 0.5 和 10.3 时在不同管道长度条件下起爆容器和传爆容器内的 P_{max}、$(dP/dt)_{max}$。

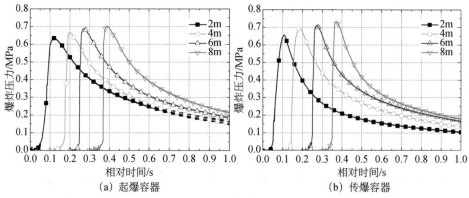

图 4.14　起传容积比为 0.5 时不同管长下起爆容器和传爆容器内气体爆炸压力变化曲线

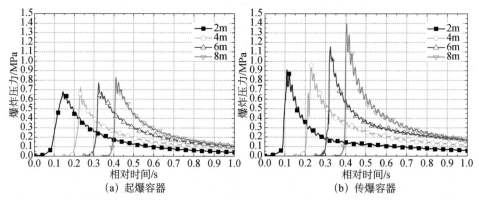

图 4.15　起传容积比为 10.3 时不同管长下起爆容器和传爆容器内气体爆炸压力变化曲线

表 4.14　起传容积比为 0.5 时不同管长下容器内甲烷–空气预混气体爆炸强度

容器	参数	不同管道长度下爆炸强度			
		2m	4m	6m	8m
起爆容器	P_{max}/ MPa	0.63	0.66	0.69	0.70
	$(dP/dt)_{max}$/（MPa/s）	24.72	67.65	103.55	143.55
传爆容器	P_{max}/ MPa	0.65	0.69	0.71	0.73
	$(dP/dt)_{max}$/（MPa/s）	28.40	56.44	81.40	104.13

表 4.15　起传容积比为 10.3 时不同管长下容器内甲烷–空气预混气体爆炸强度

容器	参数	不同管道长度下爆炸强度			
		2m	4m	6m	8m
起爆容器	P_{max}/ MPa	0.67	0.72	0.77	0.83
	$(dP/dt)_{max}$/（MPa/s）	15.09	42.30	76.22	102.31

容器	参数	不同管道长度下爆炸强度			
		2m	4m	6m	8m
传爆容器	P_{max}/MPa	0.90	0.96	1.15	1.39
	$(dP/dt)_{max}$/(MPa/s)	60.03	90.93	161.46	236.69

由图 4.14 和图 4.15 可知，在起传容积比为 0.5 和 10.3 条件下管道长度对起爆容器和传爆容器内气体爆炸均存在明显的尺寸效应。在两种起传容积比条件下，起爆容器和传爆容器内的 P_{max} 均随着管道长度的增加而增大。同时，在起传容积比为 0.5 时，爆炸压力曲线振荡很小，而在起传容积比为 10.3 时，爆炸压力曲线振荡较大，且随着管道长度的增加，这种振荡现象更加明显。

由表 4.14 可以发现，当起传容积比为 0.5 时，起爆容器中的 P_{max} 随着管道长度的增加由 0.63MPa 上升至 0.70MPa，$(dP/dt)_{max}$ 由 24.72MPa/s 上升至 143.55MPa/s；传爆容器中的 P_{max} 随着管道长度的增加由 0.65MPa 上升至 0.73MPa，$(dP/dt)_{max}$ 由 28.40MPa/s 上升至 104.13MPa/s。该工况下，起爆容器和传爆容器中的 P_{max} 和 $(dP/dt)_{max}$ 的最大增值分别为 0.08MPa 和 118.83MPa/s。由表 4.15 可以发现，当起传容积比为 10.3 时，起爆容器中的 P_{max} 随着管道长度的增加由 0.67MPa 上升至 0.83MPa，$(dP/dt)_{max}$ 由 15.09MPa/s 上升至 102.31MPa/s；传爆容器中的 P_{max} 随着管道长度的增加由 0.90MPa 上升至 1.39MPa，$(dP/dt)_{max}$ 由 60.03MPa/s 上升至 236.69MPa/s。在该条件下，起爆容器和传爆容器中的 P_{max} 和 $(dP/dt)_{max}$ 的最大增值分别为 0.49MPa 和 176.66MPa/s。综上可知，相对于起传容积比为 0.5，起传容积比为 10.3 时的容器内爆炸压力增幅较大，存在较大的危险性。

根据实验结果，分别对 P_{max}、$(dP/dt)_{max}$ 与管长进行拟合，得到如下预测模型。

（1）起传容积比为 0.5 时，起爆容器中甲烷–空气预混气体爆炸强度预测模型：

$$P_{max} = 0.59178 + 0.2377 \times l - 0.00123 \times l^2, \quad R^2 = 0.99971 \quad (4.19)$$

$$(dP/dt)_{max} = -16.87828 + 21.44731 \times l - 0.18287 \times l^2, \quad R^2 = 0.99758 \quad (4.20)$$

（2）起传容积比为 0.5 时，传爆容器中甲烷–空气预混气体爆炸强度预测模型：

$$P_{max} = 0.61557 + 0.02368 \times l - 0.00114 \times l^2, \quad R^2 = 0.94056 \quad (4.21)$$

$$(dP/dt)_{max} = -2.0686 + 15.92222 \times l - 0.33145 \times l^2, \quad R^2 = 0.99997 \quad (4.22)$$

（3）起传容积比为 10.3 时，起爆容器中甲烷–空气预混气体爆炸强度预测模型：

$$P_{\max} = 0.63978 + 0.01774 \times l + 7.5625 \times 10^{-4} \times l^2, \qquad R^2 = 0.99547 \qquad （4.23）$$

$$(\mathrm{d}P / \mathrm{d}t)_{\max} = -16.29452 + 15.47227 \times l - 0.06933 \times l^2, \qquad R^2 = 0.99276 \qquad （4.24）$$

（4）起传容积比为 10.3 时，传爆容器中甲烷-空气预混气体爆炸强度预测模型：

$$P_{\max} = 0.92595 - 0.03464 \times l + 0.01176 \times l^2, \qquad R^2 = 0.99324 \qquad （4.25）$$

$$(\mathrm{d}P / \mathrm{d}t)_{\max} = 42.56353 + 2.31987 \times l + 2.77059 \times l^2, \qquad R^2 = 0.99324 \qquad （4.26）$$

式中，l 为管道内径，单位为 m，其拟合度大于 0.9，因此可按照该模型进行预测。

综上实验发现，起爆容器和传爆容器中的爆炸强度随着管道长度的增加而增大，尤其当起传容积比为 10.3 时，传爆容器中的爆炸程度最为剧烈。这是由于管道的增长使得爆炸火焰和压力波在管道中受到的加速作用更为明显，爆炸反应速率增大，高速的爆炸火焰传播至传爆容器后点燃了传爆容器中的混合气体，使得传爆容器中的湍流度也变大，进而导致其内部的 $P_{\max}$ 和 $(\mathrm{d}P/\mathrm{d}t)_{\max}$ 增大。因此，管道长度的增加使得整个连通装置内气体爆炸的强度增大。

4.4.3　管道内径的影响

选取两种起传容积比（0.5 和 10.3）工况下两圆柱形容器连接管道，并选取不同管道内径（20mm、59mm、108mm、133mm）、长度为 2m 的管道，研究管道内径对该连通结构下起爆容器和传爆容器中甲烷-空气预混气体爆炸特性的影响。

图 4.16 和图 4.17 分别为起传容积比为 0.5 和 10.3 时，不同管径下起爆容器和传爆容器内甲烷-空气预混气体爆炸压力变化曲线。表 4.16 和表 4.17 分别为起传容积比为 0.5 和 10.3 时在不同管道内径下起爆容器和传爆容器内的 $P_{\max}$、$(\mathrm{d}P/\mathrm{d}t)_{\max}$。

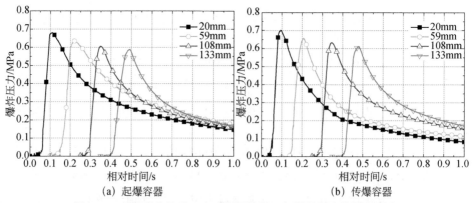

图 4.16　起传容积比为 0.5 时不同管径下起爆容器和传爆容器内
甲烷-空气预混气体爆炸压力变化曲线

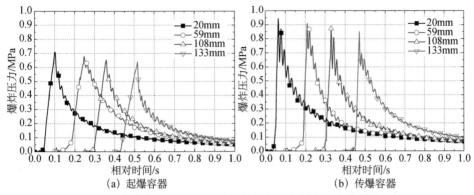

图 4.17　起传容积比为 10.3 时不同管径下起爆容器和传爆容器内甲烷-空气预混气体爆炸压力变化曲线

表 4.16　起传容积比为 0.5 时不同管径下容器内甲烷-空气预混气体爆炸强度

容器	参数	不同管道内径下爆炸强度			
		20mm	59mm	108mm	133mm
起爆容器	P_{max}/ MPa	0.67	0.63	0.60	0.58
	$(dP/dt)_{max}$/（MPa/s）	28.85	24.72	19.89	16.92
传爆容器	P_{max}/ MPa	0.70	0.65	0.63	0.61
	$(dP/dt)_{max}$/（MPa/s）	32.51	28.40	23.10	19.13

表 4.17　起传容积比为 10.3 时不同管径下容器内甲烷-空气预混气体爆炸强度

容器	参数	不同管道内径下爆炸强度			
		20mm	59mm	108mm	133mm
起爆容器	P_{max}/ MPa	0.70	0.67	0.65	0.63
	$(dP/dt)_{max}$/（MPa/s）	17.60	15.09	12.49	10.05
传爆容器	P_{max}/ MPa	0.94	0.90	0.87	0.84
	$(dP/dt)_{max}$/（MPa/s）	74.11	60.03	52.87	46.76

由图 4.16 和图 4.17 可知，当起传容积比为 0.5 和 10.3 时，管道内径对容器-管道-容器结构中气体爆炸的尺寸效应是明显存在的。随着管道内径的增加，起爆容器和传爆容器内的 P_{max} 均逐渐减小。同时，当起传容积比为 10.3 时，起爆容器和传爆容器中的振荡均比起传容积比为 0.5 的条件下更为剧烈。当管道内径为 20mm 时，传爆容器中的振荡最为剧烈，P_{max} 也由 0.70MPa 上升至 0.942MPa。由表 4.16 和表 4.17 可知，在起传容积比为 0.5 和 10.3 条件下，起爆容器和传爆容器中的 $(dP/dt)_{max}$ 均随着管道内径的增加而减小，使得连通装置内爆炸的危险性降低，且当管道内径为 133mm 时，其危险性最小。

由上述分析可知，管道内径对起传容积比为 0.5 的连通装置内甲烷-空气预混气体爆炸尺寸效应的影响强度要小于起传容积比为 10.3 的连通装置，同时，管径越大，连通装置的危险性越小。

根据实验结果，分别对 $P_{\max}$、$(\mathrm{d}P/\mathrm{d}t)_{\max}$ 与管径进行拟合，得到如下预测模型。

（1）起传容积比为 0.5 时，起爆容器中甲烷-空气预混气体爆炸强度预测模型：

$$P_{\max} = 0.70361 - 0.00133 \times d + 3.57356 \times 10^{-6} \times d^2, \quad R^2 = 0.98162 \quad (4.27)$$

$$(\mathrm{d}P/\mathrm{d}t)_{\max} = 30.77257 - 0.09761 \times d - 4.35831 \times d^2, \quad R^2 = 0.99785 \quad (4.28)$$

（2）起传容积比为 0.5 时，传爆容器中甲烷-空气预混气体爆炸强度预测模型：

$$P_{\max} = 0.72211 - 0.0012 \times d + 2.93706 \times 10^{-6} \times d^2, \quad R^2 = 0.95178 \quad (4.29)$$

$$(\mathrm{d}P/\mathrm{d}t)_{\max} = 34.04322 - 0.07578 \times d - 2.63747 \times 10^{-4} \times d^2, \quad R^2 = 0.99422 \quad (4.30)$$

（3）起传容积比为 10.3 时，起爆容器中甲烷-空气预混气体爆炸强度预测模型：

$$P_{\max} = 0.72265 - 8.48115 \times 10^{-4} \times d + 1.68748 \times 10^{-6} \times d^2, \quad R^2 = 0.99476 \quad (4.31)$$

$$(\mathrm{d}P/\mathrm{d}t)_{\max} = 18.44002 - 0.04414 \times d - 1.31811 \times 10^{-4} \times d^2, \quad R^2 = 0.97608 \quad (4.32)$$

（4）起传容积比为 10.3 时，传爆容器中甲烷-空气预混气体爆炸强度预测模型：

$$P_{\max} = 0.95792 - 8.20475 \times 10^{-4} \times d + 1.01892 \times 10^{-7} \times d^2, \quad R^2 = 0.99147 \quad (4.33)$$

$$(\mathrm{d}P/\mathrm{d}t)_{\max} = 81.13481 - 0.39916 \times d + 0.00111 \times d^2, \quad R^2 = 0.95143 \quad (4.34)$$

式中，d 为管道内径，单位为 mm，其拟合度大于 0.9，因此可按照该模型进行预测。

4.5　本章小结

本实验基于不同尺寸实验装置（单个容器及单管道、容器-管道、容器-管道-容器）研究了装置内甲烷-空气预混气体爆炸特性，揭示了容器容积、管道长度和管道内径对连通容器内甲烷-空气预混气体爆炸尺寸效应的影响规律，并建立了不同尺寸下单个密闭容器和连通容器内甲烷-空气预混气体爆炸强度的预测模型。单个容器及单管道气体爆炸尺寸效应研究表明，容器尺寸对单个圆柱形容器内的 $P_{\max}$ 的影响较小，但容器中的 $(\mathrm{d}P/\mathrm{d}t)_{\max}$ 随着容器容积的增大而减小；在相同长度的条件下，管道内径的增加使得管道末端的 $P_{\max}$、$(\mathrm{d}P/\mathrm{d}t)_{\max}$ 均减小，在相同内径的条件下，管道长度的增加使得管道末端的 $P_{\max}$、$(\mathrm{d}P/\mathrm{d}t)_{\max}$ 均增大，

管道内的 P_{max}、$(dP/dt)_{max}$ 均随着管道长度与内径比（L/D）的增加而增大。容器-管道结构的连通容器气体爆炸尺寸效应研究表明，在管道的长度与内径相同的条件下，连通容器内的 P_{max} 随着容器容积的增加而增大，而（dP/dt）$_{max}$ 呈逐渐减小的趋势；管道末端的 P_{max} 随着容器容积的增大而增大，而（dP/dt）$_{max}$ 逐渐减小；随着管道长度的增加，连通容器内的 P_{max} 逐渐减小，但（dP/dt）$_{max}$ 呈现逐渐增大的趋势。容器-管道容器结构的连通容器气体爆炸尺寸效应研究表明，起爆容器内的 P_{max} 随着起传容积比的增加，先增大后减小再增大，而（dP/dt）$_{max}$ 先增大后减小；传爆容器内的 P_{max} 和（dP/dt）$_{max}$ 随着起传容积比的增加而增大；起爆容器和传爆容器内的 P_{max} 和（dP/dt）$_{max}$ 均随着管道长度的增加而增大；随着管道内径的增加，起爆容器和传爆容器中的 P_{max} 和（dP/dt）$_{max}$ 均逐渐减小；管道内径对起传容积比为 0.5 的连通容器内气体爆炸的尺寸效应小于起传容积比为 10.3 的连通容器。

参 考 文 献

[1]　Phylaktou H，Andrews G E. Gas explosions in linked vessels. Journal of Loss Prevention in the Process Industries，1993，6（6）：15-19.

[2]　Lunn G A，Holbrow P，Andrews S，et al. Dust explosions in totally enclosed interconnected vessel systems. Journal of Loss Prevention in the Process Industries，1993，（6）：15-19.

[3]　崔洋洋. 连通装置甲烷爆炸尺寸效应的实验研究. 南京：南京工业大学，2017.

[4]　Tolias I C，Venetsanos A G，Kuznetsov M，et al. Evaluation of an improved CFD model against nine vented deflagration experiments. International Journal of Hydrogen Energy，2021，46：12407-12419.

[5]　Zhang S F，Wang Z R，Zuo Q Q，et al. Suppression effect of explosion in linked spherical vessels and pipelines impacted by wire-mesh structure. Process Safety Progress，2016，35（1）：68-75.

[6]　Zhang K，Wang Z R，Jiang J C，et al. Effect of pipe length on methane explosion in interconnected vessels. Process Safety Progress，2016，35（3）：241-247.

[7]　Zhang K，Wang Z R，Ni L，et al. Effect of one obstacle on methane-air explosion in linked vessels. Process Safety and Environmental Protection，2016，105：217-223.

[8]　Wang Z R，Pan M Y，Wang S Q，et al. Effects on external pressures caused by vented explosion of methane-air mixtures in single and connected vessels. Process Safety Progress，2015，33（4）：385-391.

[9]　王志荣，蒋军成，郑杨艳. 连通装置气体爆炸流场的 CFD 模拟. 化工学报，2007，58（4）：854-861.

[10]　王志荣，蒋军成，郑杨艳. 连通装置内气体爆炸过程的数值分析. 化学工程，2006，34（10）：13-16.

[11]　冯·卡门，埃蒙斯 H W，等. 燃烧和爆轰的气体动力学. 北京：科学出版社，1988.

[12]　Singh J. Gas explosions in single and compartmented vessels. London：University of London，1978.

[13]　霍然. 火灾爆炸预防控制工程学. 北京：机械工业出版社，2007.

[14]　王志荣，蒋军成，周超. 连通装置气体爆炸特性实验. 爆炸与冲击，2011，31（1）：69-74.

[15]　赵衡阳. 气体和粉尘爆炸原理. 北京：北京理工大学出版社，1996.

[16]　Bartknecht W. Explosions，Course，Prevention，Protection. Berlin：Springer，1981.

[17]　Yin Z L，Wang Z R，Zhen Y Y，et al. Propagation characteristics of gas explosion in linked vessels based on DDT criteria. Journal of Loss Prevention in the Process Industries，2021，73：104598.

[18]　徐景德，周心权，吴兵. 矿井瓦斯爆炸传播的尺寸效应研究. 中国安全科学学报，2001，11（6）：36-40.

[19]　尉存娟. 水平管道内甲烷-空气预混气体爆炸过程研究. 太原：中北大学，2010.

[20]　Zhu C J，Lin B Q，Jiang B Y，et al. Numerical simulation of blast wave oscillation effects on a premixed methane/air explosion in closed-end ducts. Journal of Loss Prevention in the Process Industries，2013，26（4）：851-861.

[21]　Kindracki J，Kobiera A，Rarata G. Influence of ignition position and obstacles on explosion development in methane-air mixture in closed vessels. Journal of Loss Prevention in the Process Industries，2007，20（4）：551-561.

[22]　Robert B，Detlef A，Rainer G. Effect of ignition position on the run-up distance to DDT for hydrogen-air explosions. Journal of Loss Prevention in the Process Industries，2011，24（2）：194-199.

第5章 受限空间气体爆燃转爆轰特性

相较于单个容器或管道，当容器与管道组合形成的容器管道连通系统（以下简称连通容器）发生气体爆炸事故时，连通容器内气体爆炸在壁面影响下不断反射加速易发展为爆轰，所产生的爆炸强度更高且易造成重大伤亡与财产损失。为了研究连通容器内爆燃转爆轰（DDT）过程及其影响因素，本章开展连通容器内甲烷-空气预混气体爆燃转爆轰实验与数值模拟研究，为工业安全生产提供相关的理论依据和技术基础。

5.1 实 验 设 计

5.1.1 实验装置

基于连通容器爆燃转爆轰实验测试系统开展实验。如图 5.1 所示，实验系统主要由容器管道连通系统、配气系统、数据采集系统和点火系统等组成。实验

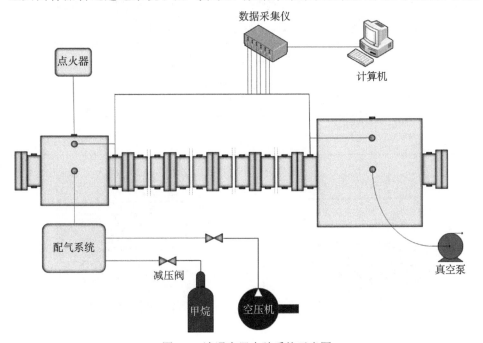

图 5.1 连通容器实验系统示意图

容器和管道均采用 16MnⅢ钢铸造而成，壁面厚度为 15mm，承压 20MPa。采用 KTD-A 型可调节高能点火器，其电源电压为 220（±10%）VAC，功率为 400W。选用高频压力传感器（型号为 HM90-H3-2）和 CKG100 型火焰传感器。该压力传感器量程为 0～5MPa，采集频率为 200kHz，测量精度为 ±0.25% F.S.。实验装置参见 4.1 节，实验选取工业上使用较为广泛的低反应活性甲烷为研究介质。根据文献[1]得知体积浓度为 10% 的甲烷-空气预混气体可产生较大的爆炸强度，因此选取体积浓度为 10%±0.2% 的甲烷-空气预混气体开展实验。

　　为了获得更好研究连通容器 DDT 传播的过程，本实验选取二倍于管道内径的障碍物间距以实现爆炸火焰加速[2]。图 5.2 为障碍物组实物图，障碍物通过支杆和螺栓进行固定，可组合成不同阻塞率、不同数量的障碍物组。障碍物组左端为内径为 60mm、外径为 90mm 的圆形铁环，该铁环可固定在法兰之间。此外，选用多层金属丝网和硅酸铝棉两种材料开展连通容器 DDT 抑爆特性研究，其参数如表 5.1 所示。图 5.3 和图 5.4 分别为多层金属丝网装置图和硅酸铝棉材料实物图。

图 5.2　障碍物组实物图

表 5.1　金属丝网基本参数

目数	孔数/cm	孔径/mm	丝径/mm	金属体积分数
40	15.6	0.44	0.19	0.4776
60	23.4	0.30	0.15	0.5736

图 5.3　多层金属丝网装置图

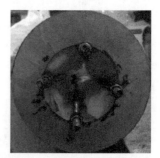

图 5.4　硅酸铝棉材料实物图

5.1.2　数值模拟模型

1. 模型建立与网格划分

基于计算时间和管道、连通容器自有的轴对称结构特点，对管道、连通容器采用二维模型进行计算。数值模型中设置与实验相同的壁面条件，即厚度为 15mm 的 16MnR 金属壁面（壁面参数：密度 ρ 为 7900kg/m³，比热容 c_p 为 496J/（kg·K），导热系数 λ 为 54W/（m·K）。

在甲烷-空气预混气体爆燃转爆轰数值模拟过程中提出四点假设，具体假设如下：

（1）点火前容器-管道系统中的甲烷-空气预混气体已充分混合均匀，且处于静止稳定的常温状态；

（2）甲烷-空气预混气体满足真实气体状态方程，气体的流动形式可认为是可压缩、非定常流动；

（3）甲烷-空气预混气体比热容随温度的变化而变化，且该变化过程满足梯度函数关系和混合规则；

（4）爆炸时容器-管道内部壁面为无滑移壁面，容器外壁面设定为刚性壁面，温度设定为 300K。

基于数值模拟计算收敛性以及模拟结果的精度，本研究采用具有较好自适应性的四面体网格，时间步长设置为 10^{-5}s。同时，考虑到爆燃转爆轰特殊状态，本研究网格尺寸选取 3mm，更有助于捕捉爆燃转爆轰的状态。

2. 数值模拟方法

1）控制方程

连通容器内甲烷-空气预混气体爆炸符合质量守恒、动量守恒、能量守恒以及化学组分平衡方程[3]。本节湍流数值模拟方法选用当前广泛使用的标准 $k\text{-}\varepsilon$ 两方程。该方程具有较广的适用性和较高的精度等。

本节采用标准 $k\text{-}\varepsilon$ 两方程模型研究甲烷-空气预混气体爆炸时的湍流发展过程。在该模型中，湍动耗散率 ε 定义为

$$\varepsilon = \frac{\mu}{\rho}\overline{\left(\frac{\partial u_i'}{\partial x_k}\right)\left(\frac{\partial u_i'}{\partial x_k}\right)} \tag{5.1}$$

湍动黏度 μ_i 可以表示为 k 和 ε 的函数，即

$$\mu_i = \rho C_\mu \frac{k^2}{\varepsilon} \tag{5.2}$$

式中，C_μ 为经验常数。

在标准 $k\text{-}\varepsilon$ 两方程模型中，k 和 ε 是两个基本未知量，与其相对应的运输方程为

$$\frac{\partial(\rho k)}{\partial t}+\frac{\partial(\rho k u_i)}{\partial x_i}=\frac{\partial}{\partial x_j}\left[\left(\mu+\frac{\mu_t}{\sigma_k}\right)\frac{\partial k}{\partial x_j}\right]+G_k+G_b-\rho\varepsilon-Y_M+S_k \quad (5.3)$$

$$\frac{\partial(\rho\varepsilon)}{\partial t}+\frac{\partial(\rho\varepsilon u_i)}{\partial x_i}=\frac{\partial}{\partial x_j}\left[\left(\mu+\frac{\mu_t}{\sigma_\varepsilon}\right)\frac{\partial\varepsilon}{\partial x_j}\right]+C_{1\varepsilon}\frac{\varepsilon}{k}(G_k+C_{3\varepsilon}G_b)-C_{2\varepsilon}\rho\frac{\varepsilon^2}{k}+S_\varepsilon \quad (5.4)$$

式中，G_k 为由平均速度梯度引起的湍动能 k 的生产项；G_b 为由浮力引起的湍动能 k 的产生项；Y_M 为可压湍流中脉动扩张的贡献；$C_{1\varepsilon}$、$C_{2\varepsilon}$ 和 $C_{3\varepsilon}$ 为经验常数；σ_k 和 σ_ε 分别为与湍动能 k 和湍动耗散率 ε 相对应的普朗特数；S_k 和 S_ε 为用户定义的源项。

2）离散方程

基于有限体积法对甲烷-空气预混气体开展数值模拟工作。压力-速度耦合采用 SIMPLE 方法，瞬态项采用一阶隐式方法计算[4]。对流项离散格式选取情况如下：密度方程、能量方程、反应过程变量方程、连续方程均采用一阶迎风，动力学方程采用二阶迎风，压力修正方程采用 Standard 标准离散方法。

3. 初始条件及点火条件

1）流场初始条件

对密闭条件下的管道，以及容器-管道、容器-管道-容器两种典型连通容器结构内甲烷-空气预混气体爆炸进行数值模拟，选择甲烷当量比浓度即 10%浓度的甲烷-空气预混气体作为预混气体。初始时刻为 t_0，设置流场内初始温度为 300K，初始压力为 0.08MPa，点火前容器、管道内具体流场初始化设置情况如下：

$$m_{CH_4}(t_0)=0.053 , \quad m_{O_2}(t_0)=0.21 , \quad m_{N_2}(t_0)=0.737$$

$$m_{CO_2}(t_0)=0 , \quad m_{H_2O}(t_0)=0 , \quad T(t_0)=T_0$$

$$p(t_0)=p_0 , \quad u(t_0)=0$$

2）点火条件

在容器的中心区域设置一个温度为 2000K、体积为 27mm³ 的高温区域作为容器的中心点火区域。而单管道模拟为管道左段中心处设置一个温度为 2000K 的高温区域作为点火区域。单管道和连通器初始时刻（t_0）点火区域均约有 50%的可燃气体被消耗来充分完成甲烷-空气预混气体爆炸，即

$$m_{CH_4}(t_0)=0.0265 , \quad m_{O_2}(t_0)=0.105$$

$$m_{CO_2}(t_0)=0.0725 , \quad m_{H_2O}(t_0)=0.059$$

4. 数值模拟有效性验证

选取 113L 容器作为起爆容器，11L 容器作为传爆容器，两容器连接 8m 长的管道。通过对比实验和数值模拟所得数据，验证数值模型的有效性。起爆容器内

实验与数值模拟爆炸压力曲线对比如图 5.5（a）所示，传爆容器内实验与数值模拟爆炸压力曲线对比如图 5.5（b）所示。由图 5.5 可以发现，起爆容器和传爆容器的实验与数值模拟所得到的爆炸压力数据基本一致，实验与数值模拟所得到的爆炸压力峰值偏差为 8.3%，因此所建立的数值模型是有效的。

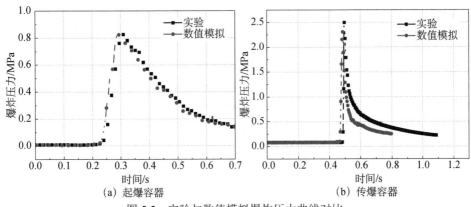

图 5.5　实验与数值模拟爆炸压力曲线对比

5.1.3　实验方法与条件

为了研究连通容器内 DDT 过程及其影响因素，选取管道和容器-管道、容器-管道-容器结构连通容器，开展不同管道长度、管道内径、障碍物数量、障碍物位置、障碍物阻塞率条件下的甲烷-空气预混气体爆燃转爆轰实验与数值模拟研究。同时，在连通容器爆燃转爆轰规律研究的基础上，开展爆燃转爆轰抑制特性实验研究。

1. 管长尺寸对连通容器 DDT 传播过程的影响

为了更好地研究连通容器内甲烷-空气预混气体 DDT 的尺寸效应，选取管道和容器-管道、容器-管道-容器结构连通容器开展研究。选取的起爆容器为 113L 圆柱形容器，通过改变管道长度，研究管道长度对连通容器内甲烷-空气预混气体爆炸特性的影响。单容器选取左端壁面点火。

1）管长与管径对单管道结构下 DDT 的影响

选取单管道结构作为实验容器，管道内径为 60mm，管道长度分别为 4m、6m、8m、9m、10m 和 12m，实验方案如表 5.2 所示。

表 5.2　单管道不同管长尺寸

序号	起爆容器	管道长度/m	监测点（火焰、压力）
1	—	4	每段管道

序号	起爆容器	管道长度/m	监测点（火焰、压力）
2	—	6	每段管道
3	—	8	每段管道
4	—	9（模拟）	每段管道
5	—	10（模拟）	每段管道
6	—	12（模拟）	每段管道

2）管长尺寸对容器-管道结构下 DDT 的影响

选取 113L 圆柱形容器作为起爆容器，管道内径为 60mm，管道长度分别为 4m、6m、8m、10m 和 12m。为了进一步研究边界条件对甲烷-空气预混气体爆燃转爆轰的影响，基于有限体积法分别对管道内径为 30mm 和 90mm 的工况实验开展数值模拟工作，实验方案如表 5.3 所示。

表 5.3　容器-管道结构下管长、管径尺寸

序号	起爆容器	管道内径/mm	管道长度/m	监测点（火焰、压力）
1			4	容器、每段管道
2			6	容器、每段管道
3	圆柱形容器（113L）	60	8	容器、每段管道
4			10	容器、每段管道
5			12	容器、每段管道
6			8（模拟）	容器、每段管道
7	圆柱形容器（113L）	30	10（模拟）	容器、每段管道
8			12（模拟）	容器、每段管道
9			4（模拟）	容器、每段管道
10	圆柱形容器（113L）	90	6（模拟）	容器、每段管道
11			8（模拟）	容器、每段管道

3）容器-管道-容器结构下 DDT 的尺寸效应研究

选取 113L 圆柱形容器作为起爆容器，11L 圆柱形容器作为传爆容器，两容器连接管道内径均为 60mm，管道长度分别为 4m、6m、8m、10m 和 12m。为了进一步研究边界条件对甲烷-空气预混气体爆燃转爆轰的影响，基于有限体积法分别对管道内径为 30mm 和 90mm 的工况实验开展数值模拟工作，实验方案如表 5.4 所示。

表 5.4　容器–管道–容器结构下管长、管径尺寸

序号	起爆容器	管道内径/mm	管道长度/m	传爆容器	监测点（火焰、压力）
1			4		容器、每段管道
2			6		容器、每段管道
3	圆柱形容器 （113L）	60	8	圆柱形容器 （11L）	容器、每段管道
4			10		容器、每段管道
5			12		容器、每段管道
6	圆柱形容器 （113L）	30	6（模拟）	圆柱形容器 （11L）	容器、每段管道
7			8（模拟）		容器、每段管道
8			2（模拟）		容器、每段管道
9	圆柱形容器 （113L）	90	4（模拟）	圆柱形容器 （11L）	容器、每段管道
10			6（模拟）		容器、每段管道

2. 障碍物对连通容器 DDT 传播过程的影响

1）障碍物对容器-管道结构下 DDT 传播过程的影响

选取 113L 圆柱形容器作为起爆容器，连接管道内径为 60mm，管道长度分别为 4m、6m、8m、10m 的圆柱截面管道，研究不同尺寸容器-管道结构下障碍物数量、障碍物位置和障碍物阻塞率对该工况下甲烷-空气预混气体 DDT 传播过程的影响。

（1）障碍物数量对容器-管道结构下 DDT 传播过程的影响。

选取 113L 圆柱形容器作为起爆容器，连接管道内径为 60mm，管道长度分别为 4m、6m 和 8m，障碍物阻塞率为 75%，障碍物数量分别为 1 个、2 个、4 个、6 个和 8 个，实验方案如表 5.5 所示。

表 5.5　容器-管道结构下障碍物数量

序号	起爆容器	管道长度/m	障碍物数量/个	监测点（火焰、压力）
1			1	
2			2	
3	圆柱形容器 （113L）	4	4	容器、每段管道
4			6	
5			8	
6			1	
7			2	
8	圆柱形容器 （113L）	6	4	容器、每段管道
9			6	
10			8	

序号	起爆容器	管道长度/m	障碍物数量/个	监测点（火焰、压力）
11			1	
12			2	
13			4	
14			6	
15	圆柱形容器 （113 L）	8	8	容器、每段管道
16			4	
17			4	
18			6	
19			8	

（2）障碍物位置对容器-管道结构下 DDT 传播过程的影响。

选取 113L 圆柱形容器作为起爆容器，连接管道采用内径为 60mm，管道长度分别为 4m、6m、8m 的圆柱截面管道，障碍物阻塞率为 75%，障碍物数量为 8 个。实验方案如表 5.6 所示。

表 5.6　容器–管道结构下障碍物位置

序号	起爆容器	管道长度/m	障碍物位置	监测点（火焰、压力）
1	圆柱形容器 （113L）	4	1 号位置	容器、每段管道
2			2 号位置	
3	圆柱形容器 （113L）	6	1 号位置	容器、每段管道
4			2 号位置	
5			3 号位置	
6	圆柱形容器 （113L）	8	1 号位置	容器、每段管道
7			2 号位置	
8			3 号位置	
9			4 号位置	

（3）障碍物阻塞率对容器-管道结构下 DDT 传播过程的影响。

选取 113L 圆柱形容器作为起爆容器，连接管道内径为 60mm，管道长度分别为 4m、6m 和 8m，障碍物数量为 8 个，障碍物阻塞率分别为 31%、44%、56% 和 75%。实验方案如表 5.7 所示。

表 5.7　容器–管道结构下障碍物阻塞率

序号	起爆容器	管道长度/m	障碍物阻塞/%	监测点（火焰、压力）
1	圆柱形容器 （113L）	4	31	容器、每段管道
2			44	
3			56	
4			75	

序号	起爆容器	管道长度/m	障碍物阻塞率/%	监测点（火焰、压力）
5			31	
6	圆柱形容器	6	44	容器、每段管道
7	（113L）		56	
8			75	
9			31	
10	圆柱形容器	8	44	容器、每段管道
11	（113L）		56	
12			75	

2）障碍物对容器-管道-容器结构下 DDT 传播过程的影响

选取 113L 圆柱形容器作为起爆容器，11L 圆柱形容器作为传爆容器，连接管道内径为 60mm，管道长度分别为 4m、6m 和 8m。研究不同尺寸容器-管道-容器结构下障碍物数量、障碍物位置和障碍物阻塞率对该工况下甲烷-空气预混气体 DDT 传播过程的影响。

（1）障碍物数量对容器-管道-容器结构下 DDT 传播过程的影响。

选取 113L 圆柱形容器作为起爆容器，11L 圆柱形容器作为传爆容器，连接管道内径为 60mm，管道长度分别为 4m、6m 和 8m 的圆柱截面管道，障碍物阻塞率为 75%，障碍物数量分别为 2 个、4 个、6 个和 8 个，实验方案如表 5.8 所示。

表 5.8　障碍物数量对容器-管道-容器结构下 DDT 的影响

序号	起爆容器	接管长度/m	传爆容器	障碍物数量/个	监测点（火焰、压力）
1				2	
2	圆柱形容器	4	圆柱形容器	4	容器、每段管道
3	（113L）		（11L）	6	
4				8	
5				2	
6	圆柱形容器	6	圆柱形容器	4	容器、每段管道
7	（113L）		（11L）	6	
8				8	
9				2	
10	圆柱形容器	8	圆柱形容器	4	容器、每段管道
11	（113L）		（11L）	6	
12				8	

（2）障碍物位置对容器-管道-容器结构下 DDT 传播过程的影响。

选取 113L 圆柱形容器作为起爆容器，11L 圆柱形容器作为传爆容器，连接管道内径为 60mm，管道长度分别为 4m、6m 和 8m，障碍物阻塞率为 75%，障碍物数量为 8 个，实验方案如表 5.9 所示。

表 5.9　障碍物位置对容器−管道−容器结构下 DDT 的影响

序号	起爆容器	接管长度/m	传爆容器	障碍物位置	监测点（火焰、压力）
1	圆柱形容器（113L）	4	圆柱形容器（11L）	1 号位置	容器、每段管道
2				2 号位置	
3	圆柱形容器（113L）	6	圆柱形容器（11L）	1 号位置	容器、每段管道
4				2 号位置	
5				3 号位置	
6	圆柱形容器（113L）	8	圆柱形容器（11L）	1 号位置	容器、每段管道
7				2 号位置	
8				3 号位置	
9				4 号位置	

（3）障碍物阻塞率对容器−管道−容器结构下 DDT 传播过程的影响。

选取 113L 圆柱形容器作为起爆容器，11L 圆柱形容器作为传爆容器，连接管道采用内径为 60mm，长度分别为 4m、6m 和 8m 的圆柱截面管道，障碍物数量为 8 个，障碍物阻塞率分别为 31%、44%、56% 和 75%，实验方案如表 5.10 所示。

表 5.10　障碍物阻塞率对容器−管道−容器结构下 DDT 的影响

序号	起爆容器	接管长度/m	传爆容器	障碍物阻塞率/%	监测点（火焰、压力）
1	圆柱形容器（113L）	4	圆柱形容器（11L）	31	容器、每段管道
2				44	
3				56	
4				75	
5	圆柱形容器（113L）	6	圆柱形容器（11L）	31	容器、每段管道
6				44	
7				56	
8				75	
9	圆柱形容器（113L）	8	圆柱形容器（11L）	31	容器、每段管道
10				44	
11				56	
12				75	

3. 连通容器 DDT 阻爆特性研究

在 2.2.1 节和 2.2.2 节研究的基础上，采用金属丝网和硅酸铝棉两种材料开展连通容器内 DDT 抑制研究。选取 113L 圆柱形容器连接 6m 长的管道，选取 8 个阻塞率为 75% 的障碍物放置。本节选用的金属丝网规格有 40 目和 60 目不锈钢丝网，丝网选取的层数分别为 5 层、9 层、13 层、17 层、21 层和 25 层，具体实验方案如表 5.11 和表 5.12 所示。

表 5.11　金属丝网对连通容器 DDT 的影响

序号	丝网目数	丝网层数	起爆容器	管道长度/m	障碍物情况	监测点（压力）
1		5				
2		9				
3	40	13	圆柱形容器（113L）	6	8 个阻塞率为 75% 的障碍物；障碍物组放置在位置 A	容器丝网前后管道末端
4		17				
5		21				
6		25				
7		5				
8		9				
9	60	13	圆柱形容器（113L）	6	8 个阻塞率为 75% 的障碍物；障碍物组放置在位置 A	容器丝网前后管道末端
10		17				
11		21				
12		25				

表 5.12　硅酸铝棉对连通容器 DDT 的影响

序号	长度/mm	厚度/mm	起爆容器	管道长度/m	障碍物情况	监测点（压力）
1	900	5	圆柱形容器（113L）	6	8 个阻塞率为 75% 的障碍物；障碍物组放置在位置 A	容器丝网前后管道末端
2		10				
3	1200	5	圆柱形容器（113L）	6	8 个阻塞率为 75% 的障碍物；障碍物组放置在位置 A	容器丝网前后管道末端
4		10				

5.2　连通容器气体爆燃转爆轰传播特性

　　当前对单管道内活性燃料（氢气、乙炔等）爆轰的研究较为普遍，但对连通容器内甲烷-空气预混气体 DDT 发生条件及其特性研究报道较少。因此，以甲烷-空气预混气体为研究对象，选取单管道结构（图 5.6）、容器-管道结构（图 5.7）、容器-管道-容器结构（图 5.8）开展实验和数值模拟研究。

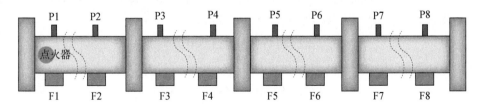

图 5.6　单管道结构示意图

P 为压力传感器；F 为火焰传感器

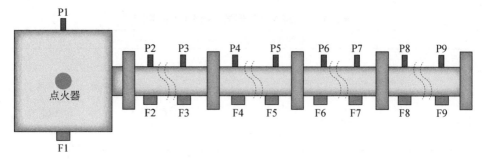

图 5.7　容器-管道结构示意图

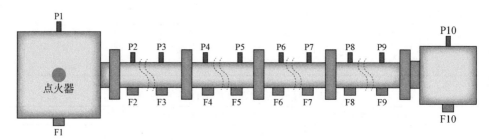

图 5.8　容器-管道-容器结构示意图

5.2.1　DDT 判据

甲烷-空气预混气体由爆燃转成爆轰的判据主要有以下三个。

（1）CJ 压力判据法：利用压力传感器记录爆炸过程中的压力，当爆炸压力达到或超过 CJ 爆轰压力时即判定为发生了 DDT 现象。

（2）CJ 速度判据法：利用压力传感器记录爆炸过程中的压力波传播速度，当波阵面传播速度达到燃烧产物的声速以及实验过程中稳定爆炸波传播的速度达到或超过 CJ 爆轰速度时即判定为发生了 DDT 现象。

（3）能量突越判据法：利用压力、火焰传感器记录爆炸过程中的压力波曲线和火焰传播速度，当爆炸压力及火焰传播速度发生量级变化（突跃）[5]时即判定为发生了 DDT 现象。

以上三个条件同时满足即可判定为该混合气体爆炸过程发生了 DDT 现象。

甲烷-空气预混气体燃烧爆炸发生如下反应：

$$P_{\max} = 0.68447 - 0.08332 \times 0.76542^l \qquad (5.5)$$

则温度为 298K 时的定压热效应表示为

$$Q_p = Q_{pCO_2} + 2Q_{pH_2O} - Q_{pCH_4} \qquad (5.6)$$

即

$$Q_p = 1 \times 393.78 + 2 \times 242.00 - 74.9 = 802.88(\text{kJ}) \qquad (5.7)$$

爆炸前后气态物质摩尔数相等，定容爆热为

$$Q_v = Q_p \tag{5.8}$$

或

$$Q_v = \frac{802.88}{1+9.525} = 76.28(\text{kJ/mol}) \tag{5.9}$$

则甲烷-空气预混气体的摩尔质量为

$$\overline{M} = \frac{1}{10.525} \times 16 + \frac{2.00}{10.525} \times 32 + \frac{7.52}{10.525} \times 28 = 27.6(\text{kg/mol}) \tag{5.10}$$

$$Q_v = \frac{76.28}{27.6} \times 1000 = 2763.8(\text{kJ/kg}) \tag{5.11}$$

根据卡斯特平均热容的定义，甲烷-空气预混气体爆炸反应的热量与绝热反应温度的关系可写为

$$Q_v = \overline{C_v} t \tag{5.12}$$

式中，$\overline{C_v}$ 为产物平均热容；t 为绝热反应温度。

产物平均热容：

$$\overline{C}_{v\text{CO}_2} = 37.66 + 24.27 \times 10^{-4} t \tag{5.13}$$

$$\overline{C}_{v\text{H}_2\text{O}} = 2(16.74 + 89.96 \times 10^{-4} t) = 33.48 + 179.92 \times 10^{-4} t \tag{5.14}$$

$$\overline{C}_{v\text{N}_2} = 7.52(20.08 + 18.83 \times 10^{-4} t) = 151.00 + 141.60 \times 10^{-4} t \tag{5.15}$$

$$\sum \overline{C_v} = 222.14 + 345.79 \times 10^{-4} t \tag{5.16}$$

而一般热容与温度的关系为

$$\overline{C_v} = a + bt + ct^2 + dt^3 + \cdots \tag{5.17}$$

为简化计算，通常近似取用前两项，即认为热容与温度是直线关系：

$$\overline{C_v} = a + bt \tag{5.18}$$

则

$$Q_v = \overline{C_v} t = (a + bt)t \tag{5.19}$$

所以燃烧的绝热反应温度的理论计算式为

$$t = \frac{-a + \sqrt{a^2 + 4bQ_v}}{2b} \tag{5.20}$$

即

$$t = \frac{-222.14 + \sqrt{222.14^2 + 4 \times 345.79 \times 10^{-4} \times 802.88 \times 10^3}}{2 \times 345.79 \times 10^{-4}} = 2579.0(\text{℃}) \tag{5.21}$$

$$T_d = t + 298 = 2877.0(\text{K}) \tag{5.22}$$

$$\sum C_v = 222.14 + 345.79 \times 10^{-4} \times 2579 = 311.3(\text{J/(K·mol)}) \tag{5.23}$$

$$\sum C_p = \sum C_v + nR = 311.3 + 10.525 \times 8.314 = 398.8 \left(\text{J} / (\text{K} \cdot \text{mol}) \right) \quad （5.24）$$

则等熵指数为

$$\gamma = \frac{\sum C_p}{\sum C_v} = \frac{398.8}{311.3} = 1.28 \quad （5.25）$$

因此，爆轰波速度为

$$V_D = \sqrt{\frac{\gamma^2 - 1}{2} Q + C_0^2} + \sqrt{\frac{\gamma^2 - 1}{2} Q} \quad （5.26）$$

即

$$V_D = \sqrt{\frac{1.28^2 - 1}{2} \times 2763.8 \times 10^3 + 340^2} + \sqrt{\frac{1.28^2 - 1}{2} \times 2763.8 \times 10^3} \quad （5.27）$$

$$= 998.90 + 939.26 = 1938.2 \, (\text{m} / \text{s})$$

则混合气体爆轰压力为

$$P_2 = \frac{1}{\gamma + 1} \rho_0 V_D^2 \quad （5.28）$$

温度为298K时混合物的 ρ_0 为

$$\rho_0 = \frac{273}{298} \times \frac{27.6 \times 10^{-3}}{22.4 \times 10^{-3}} = 1.13 \, (\text{kg/m}^3) \quad （5.29）$$

$$P_2 = \frac{1}{1.28 + 1} \times 1.13 \times 1938.2^2 = 1.86 \times 10^6 \, (\text{Pa}) \quad （5.30）$$

爆轰温度与爆轰速度按等熵指数计算后为

$$T_1 = \frac{2\gamma}{\gamma + 1} T_d = \frac{2 \times 1.28}{2.28} \times 2877 = 3230.3 \, (\text{K}) \quad （5.31）$$

$$V_D = \frac{\gamma + 1}{\gamma} \sqrt{\frac{8310}{27.6} \times 1.28 \times 3230.3} = 1987.4 \, (\text{m/s}) \quad （5.32）$$

通过理论计算可得当量比甲烷-空气混合物的理论 CJ 爆轰压力 P_{CJ} 为 1.86MPa，CJ 爆轰速度 V_{CJ} 为 1987.4m/s。

5.2.2　DDT 发生条件

1. 管道结构 DDT 发生条件

为了更好地研究连通容器内甲烷-空气预混气体 DDT 规律，选取浓度为 10% 的甲烷-空气预混气体，对于内径为 60mm 的圆形管道，选取其长度为 4m、6m、8m、9m、10m 和 12m 进行实验和数值模拟，选择在管道左端点火。表 5.13 和表 5.14 为不同工况下连通容器内的 P_{max}、V_{max} 及达到最大爆炸压力的位置。

表 5.13　单管道结构下最大爆炸压力及其分布

序号	爆炸装置	管径/mm	压力峰值点位	压力峰值/MPa	是否形成 DDT
1	4m 管道		P4	0.60	否
2	6m 管道		P6	0.95	否
3	8m 管道	60	P8	1.05	否
4	9m 管道		P9	1.49	否
5	10m 管道		P10	1.67	否
6	12m 管道		P11	1.86	是

表 5.14　单管道结构下最大火焰平均传播速度

序号	爆炸装置	管径/mm	最大火焰平均传播速度/（m/s）	是否形成 DDT
1	4m 管道		200	否
2	6m 管道		590	否
3	8m 管道	60	780	否
4	9m 管道		1105	否
5	10m 管道		1550	否
6	12m 管道		1906	是

由表 5.13 可以看出，随着管道长度的增加，管道内爆炸压力峰值（P_{max}）增大。当管道长度小于 8m 时，随管道长度的增加，P_{max} 的增幅较小，由表 5.14 可知，此时的火焰传播速度（V_{max}）较低。随着管道长度继续增加，在火焰和压力波相互耦合作用下，P_{max} 和 V_{max} 都有较大的增幅。由表 5.13 和表 5.14 可知，当管道长度为 12m 时，管道出现甲烷-空气预混气体 DDT 现象。与高活性燃料（氢气、乙炔等）相比，甲烷-空气预混气体从爆燃转换成爆轰的过程中所需的管道加速段更长[6]。也就是说，随着管道长度的增加，甲烷-空气预混气体会出现 DDT 现象。

2. 容器-管道结构 DDT 发生条件

选取 113L 圆柱容器为起爆容器，分别连接不同长度（4m、6m、8m、10m 和 12m）、不同内径（30mm、60mm 和 90mm）的管道，开展 10%浓度的甲烷-空气预混气体爆炸过程实验和数值模拟研究。表 5.15 和表 5.16 为不同工况下连通容器内的 P_{max}、V_{max} 及最大爆炸压力的位置。

表 5.15　容器-管道结构下最大爆炸压力及其分布

序号	爆炸装置	管径/mm	压力峰值点位	压力峰值/MPa	是否形成 DDT
1	113L 容器-4m 管道	60	P7	0.70	否
2	113L 容器-6m 管道		P9	1.15	否

序号	爆炸装置	管径/mm	压力峰值点位	压力峰值/MPa	是否形成DDT
3	113L 容器-8m 管道		P11	2.10	是
4	113L 容器-10m 管道	60	P13	2.05	是
5	113L 容器-12m 管道		P15	2.17	是
6	113L 容器-12m 管道	30	P14	2.10	是
7	113L 容器-6m 管道	90	P9	2.01	是

注：长度小于12m、内径为30mm的管道均未出现爆燃转爆轰现象；长度小于6m、内径为90mm的管道均未出现爆燃转爆轰现象。

表 5.16   容器-管道结构下最大火焰平均传播速度

序号	爆炸装置	管径/mm	最大火焰平均传播速度/(m/s)	是否形成DDT
1	113L 容器-4m 管道		422	否
2	113L 容器-6m 管道		1065	否
3	113L 容器-8m 管道	60	1950	是
4	113L 容器-10m 管道		1980	是
5	113L 容器-12m 管道		2000	是
6	113L 容器-12m 管道	30	1988	是
7	113L 容器-6m 管道	90	1944	是

注：长度小于12m、内径为30mm的管道均未出现爆燃转爆轰现象；长度小于6m、内径为90mm的管道均未出现爆燃转爆轰现象。

由表 5.15 可知，对于内径为 60mm 的管道，随着管道长度的增加，连通容器内的 P_{max} 增加。当连接长度为 8m 的管道时，P_{max} 达到 2.10MPa，表明容器内出现了 DDT 现象。值得注意的是，P_{max} 点均出现在管道末端，这是由于管道对爆炸火焰产生了加速作用，使得爆炸反应速率增大，进而导致爆炸压力不断增大，管道末端压力高于连通容器其他区域的压力。此外，随着管道内径的增大，连通容器内的 P_{max} 逐渐增大，从而更容易形成 DDT 现象。这是由于随着管道内径的增大，甲烷-空气预混气体爆炸火焰受到管道冷壁面作用而消耗更少的热量。同时，对比单管道实验结果表明，容器-管道结构的连通容器内更易形成 DDT 现象，且所需的管道长度较小。这是由于容器-管道结构的连通容器中，管道截面的阻碍作用使得由起爆容器进入管道中的爆炸火焰存在较高的湍流度和反应速率[7]，进而使得容器内形成较高的 P_{max} 和 V_{max}。因此，在化工装置设计中应尽量缩短管道长度和减小管道内径。

由表 5.16 可知，对于内径为 60mm 的管道，随着管道长度的增加，V_{max} 逐渐增大。当管道长度为 4m 时，V_{max} 为 422m/s，此时连通容器内爆炸形式为爆燃。当管道长度为 4~8m 时，管道长度对爆炸火焰速度和压力波的加速作用较为显著，而在爆轰形成后，随着管道长度的增加，V_{max} 趋于平稳。相较于甲烷-空气预混气体爆燃过程，爆轰为不稳定的爆炸发展过程。由表 5.16 中的数据可知，当容器连接内径为 30mm 的管道时，管道长度增加至 12m 后 V_{max} 大于 V_{CJ}，形成了 DDT 现象；当容器连接内径为 60mm 的管道时，管道长度增加至 6m 时即可出现 DDT 现象。此现象同样说明容器-管道结构连通容器在较大管径条件下形成 DDT 所需的管道长度更小。

3. 容器-管道-容器结构 DDT 发生条件

选取 113L、11L 圆柱形容器分别为起爆容器和传爆容器，分别连接不同长度（4m、6m、8m、10m 和 12m）、不同内径（30mm、60mm 和 90mm）的管道，开展浓度为 10% 的甲烷-空气预混气体爆炸过程实验和数值模拟研究。表 5.17 和表 5.18 为不同工况下连通容器内的 P_{max}、V_{max} 及达到最大爆炸压力的位置。

表 5.17　容器-管道-容器结构下最大爆炸压力及其分布

序号	爆炸装置	管径/mm	压力峰值点位	压力峰值	是否形成 DDT
1	113L 容器-4m 管道-11L 容器		P8	1.025	否
2	113L 容器-6m 管道-11L 容器		P10	1.883	是
3	113L 容器-8m 管道-11L 容器	60	P12	2.145	是
4	113L 容器-10m 管道-11L 容器		P14	2.213	是
5	113L 容器-12m 管道-11L 容器		P16	2.237	是
6	113L 容器-8m 管道-11L 容器	30	P12	1.844	是
7	113L 容器-4m 管道-11L 容器	90	P8	1.850	是

注：长度小于 8m、内径为 30mm 的管道均未出现爆燃转爆轰现象；长度小于 4m、内径为 90mm 的管道均未出现爆燃转爆轰现象。

表 5.18　容器-管道-容器结构下最大火焰平均传播速度

序号	爆炸装置	管径/mm	最大火焰平均传播速度/（m/s）	是否形成 DDT
1	113L 容器-4m 管道-11L 容器		562	否
2	113L 容器-6m 管道-11L 容器		1990	是
3	113L 容器-8m 管道-11L 容器	60	2005	是
4	113L 容器-10m 管道-11L 容器		2009	是
5	113L 容器-12m 管道-11L 容器		2010	是
6	113L 容器-8m 管道-11L 容器	30	1893	是
7	113L 容器-4m 管道-11L 容器	90	1890	是

注：长度小于 8m、内径为 30mm 的管道均未出现爆燃转爆轰现象；长度小于 4m、管径为 90mm 的管道均未出现爆燃转爆轰现象。

由表 5.17 可知，当容器-管道结构接入传爆容器时，P_{max} 均出现在传爆容器中。当连接内径为 60mm 的管道时，管道长度增加到 6m 后容器-管道-容器结构连通容器出现 DDT 现象，此时传爆容器中的 P_{max} 较单管道结构会高出数倍。此

外，相较于单管道和容器-管道结构，在容器-管道-容器结构的连通容器中出现
DDT 现象所需要的连接管道长度更小。因此，在工业防爆工程中，容器-管道-容
器结构中的连通容器应尽量缩短连接管道长度，以免在意外情况下发生爆炸后形
成 DDT 现象[8]。

由表 5.18 可知，当连接内径为 60mm 的管道时，管道长度增大至 6m 即可形
成 DDT 现象。随着管道长度的增大，对爆炸火焰加速作用逐渐增强，而在连通
容器内形成 DDT 后，随着管道长度的增加，P_{max}、V_{max} 逐渐趋于稳定。此外，在
相同连接管道长度下，容器-管道-容器结构连通容器内的 V_{max} 均大于容器-管
道结构连通容器内的 V_{max}。同时，对于容器-管道-容器结构连通容器，当容器连接
内径较大的管道时，能够在较小的管道长度下形成 DDT。

5.2.3　DDT 传播特性

1. 容器-管道结构连通容器 DDT 传播特性

选取 113L 圆柱形容器作为起爆容器，连接长度为 8m 的管道，研究容器-管
道结构连通容器 DDT 传播特性。图 5.9 为容器-管道结构连通容器内各位置爆
炸压力随时间变化曲线，图 5.10 为连通容器内各位置爆炸火焰传播速度变化
曲线。

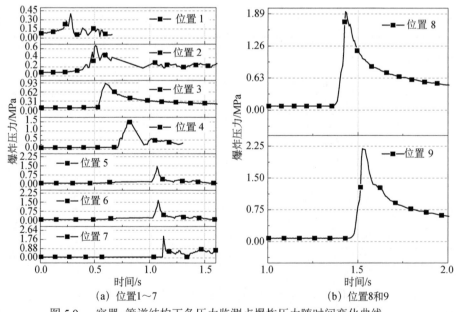

(a) 位置1~7　　　　　　　　　　　　(b) 位置8和9

图 5.9　容器-管道结构下各压力监测点爆炸压力随时间变化曲线

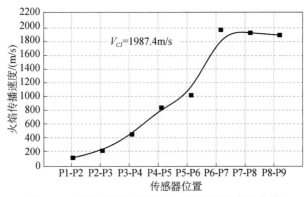

图 5.10　容器-管道结构下火焰传播速度变化曲线

由图 5.10 可以看出,该工况下爆炸过程可分为四个阶段,分别为缓慢燃烧阶段、爆燃阶段、爆燃转爆轰阶段和稳定爆轰阶段。压力传感器 P1 安装于起爆容器内,由压力变化曲线可知,甲烷-空气预混气体被点燃后爆炸火焰中心向四周扩散燃烧。结合图 5.10 中火焰传播速度数据可知,此时起爆容器内爆炸压力上升较为缓慢,且火焰传播速度较小。管道内压力传感器 P2 处压力曲线表明,当爆炸火焰由起爆容器传播至管道时,因受到管道截面的阻碍作用,爆炸火焰的湍流度增强,爆炸反应速率增大,进而导致火焰传播速度加快,此阶段对应图 5.10 中的爆燃部分。图 5.10 中压力传感器 P3～P5 处的数据表明,该阶段爆炸压力升高,爆炸火焰在管道内传播过程中受到管道的加速作用,爆炸火焰速度增大。由压力传感器 P6-P7 的数据可以发现,此阶段为爆炸火焰由爆燃转为爆轰阶段,而在压力传感器 P8-P9 处,爆炸火焰已达到爆轰阶段。

2. 容器-管道-容器结构连通容器 DDT 传播特性

本节分别选取 113L 和 11L 圆柱形容器作为起爆容器和传爆容器,两容器通过长度为 8m 的管道连接。图 5.11 为容器-管道-容器结构连通容器内各压力监测点爆炸压力随时间变化曲线。由图 5.11 可以发现,压力传感器 P7 的爆炸压力曲线峰值陡增,且 P_{max} 大于 P_{CJ},这表明在该位置爆炸火焰发生了 DDT 现象,即爆炸过程从爆燃转成爆轰。同时,压力传感器 P8-P9 处的 P_{max} 均与理论 P_{CJ} 接近,表明在管道内发生爆轰后爆炸压力衰减并形成了稳定爆轰。由图 5.11 中压力传感器 P10 处的数据可以发现,此时 P_{max} 骤然增加,表明爆炸火焰由管道传播至传爆容器时形成高速喷射火焰,并在传爆容器内发生过驱爆轰[9],导致传爆容器内 P_{max} 增大。

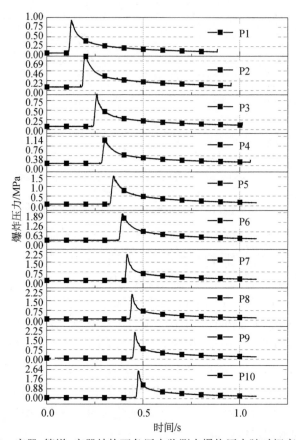

图 5.11　容器-管道-容器结构下各压力监测点爆炸压力随时间变化曲线

图 5.12 为连通容器内各位置的爆炸火焰传播速度变化曲线。在 P6-P7 处

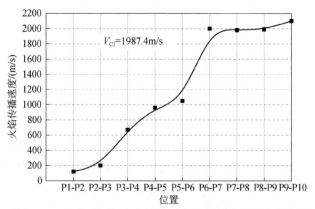

图 5.12　容器-管道-容器结构下火焰传播速度变化曲线

V_{max} 接近 2100m/s，表明在该阶段发生了 DDT 现象。随后火焰传播速度较为稳定，在到达传爆容器（P9-P10 段）时达到最大值。相较于容器-管道结构连通容器内各位置的爆炸压力变化曲线，容器-管道-容器结构连通容器在各压力监测点的 P_{max} 均比容器-管道结构连通容器内的 P_{max} 高。与容器-管道结构连通容器类似，容器-管道-容器结构连通容器内爆炸过程也分为缓慢燃烧、爆燃、爆燃转爆轰和稳定爆轰四个阶段。然而，与容器-管道结构连通容器发生爆轰后趋于稳定传播不同，在容器-管道-容器结构连通容器内爆轰火焰传播至传爆容器时产生了过驱爆轰现象[10-13]，P_{max} 和 V_{max} 出现骤增。

5.3　障碍物对连通容器气体爆燃转爆轰传播过程的影响

障碍物对连通容器内爆炸火焰和爆炸压力具有较大的影响[14]。本节利用可改变障碍物数量、障碍物阻塞率以及障碍物位置的连通容器爆炸测试装置研究障碍物对连通容器气体爆燃转爆轰传播过程的影响。图 5.13 为本节所采用爆炸实验装置示意图。

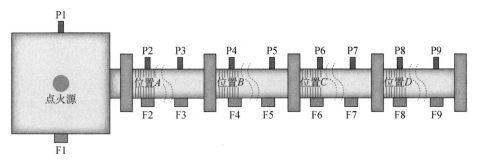

图 5.13　内设障碍物的连通容器示意图

P 为压力传感器；F 为火焰传感器

5.3.1　DDT 传播过程

选取 113L 圆柱形容器连接 8m 长的圆形管道。在容器与管道连接处（位置 A）设置 8 个阻塞率均为 75%的障碍物。采取壁面点火方式，对该工况下甲烷-空气混合物 DDT 传播过程进行研究，实验方案如表 5.5 所示。图 5.14 给出了 113L 容器-管道连通容器结构（位置 A 内设 8 个障碍物，障碍物阻塞率为 75%）下各压力传感器所监测到的压力随时间变化曲线。图 5.15 给出了火焰传感器和压力传感器测得的爆轰反应区和前驱冲击波的到达时间与距离的关系曲线。

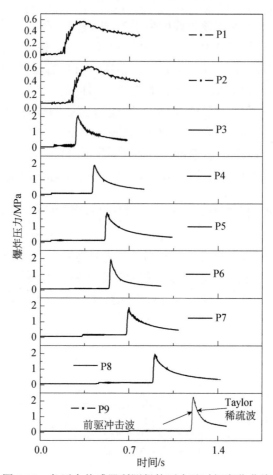

图 5.14　各压力传感器所测得的压力随时间变化曲线

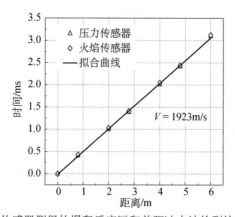

图 5.15　火焰和压力传感器测得的爆轰反应区和前驱冲击波的到达时间与距离关系曲线

由图 5.14 可以看出, 爆燃压力变化曲线和爆轰压力变化曲线在趋势上存在明显的差异。爆燃压力曲线 (P1、P2) 上升较缓慢, 不存在压力的骤然增长。以 P9 压力曲线为例, 研究爆轰曲线所表现出的特征。当前驱冲击波经过传感器时, 会引起压力的骤增, 受到 Taylor 稀疏波的影响压力随之减小[15]。在爆轰波经过该点时, 压力以较快的频率振荡, 其振荡幅度远小于初始压力骤升。

同时需要指出的是, 在连通容器结构形式为容器连接管道且内设障碍物组后, 出现 DDT 的距离发生了前移。从原来的 P7 位置前移至 P3 位置, 这说明障碍物组对火焰起到了较高的扰动作用, 增加了火焰面积, 从而加速了火焰的传播。在受到火焰和压力的耦合作用下, P3 位置发生了 DDT 现象。由 P4-P5 曲线可以看出, 在连通容器内发生 DDT 后, 管道内以较稳定的爆炸模式 (爆轰) 进行传播。当火焰传播至管道末端时, 受到前驱冲击波及火焰对管道末端未燃气体混合物的压缩和高温辐射, 该处可燃气体在更高压力和温度的条件下发生爆炸, 因此该处爆轰压力出现了上升趋势。

爆轰传播为爆轰反应区 (该反应区伴随着强光, 而火焰传感器可以监测到该强光的到达时间) 和前驱冲击波的耦合传播, 若二者误差小于 10%, 则表明前驱冲击波和化学反应区耦合传播, 此时可判定为爆轰。由图 5.15 可以看出, 火焰传感器和压力传感器所监测到的数据误差小于 10%。通过对所监测到的数据进行拟合得到该工况下爆轰速度为 1923m/s, 与理论计算值 1987.4m/s 相对, 误差为 3%。

本节通过对内设障碍物组容器-管道结构连通容器 DDT 传播典型工况进行研究, 为研究障碍物对容器-管道结构下 DDT 传播过程的影响奠定理论基础。

5.3.2　障碍物对容器管道 DDT 传播过程的影响

1. 障碍物数量对容器-管道结构 DDT 传播过程的影响

选取阻塞率为 75% 的障碍物, 障碍物放置在 A 处, 选取 113L 圆柱形容器连接管道结构连通容器。点火方式为容器壁面点火, 通过改变障碍物数量, 研究不同管道长度下障碍物数量对容器-管道结构 DDT 传播过程的影响。图 5.16~图 5.18 给出了容器-管道结构连通容器管道长度分别为 4m、6m 和 8m 时, 不同障碍物数量条件下各压力传感器所测得的压力曲线。

由图 5.16~图 5.18 可以得出, 障碍物数量对容器-管道结构下 DDT 传播过程的影响是显著的。随着管道长度的增加, 在相同障碍物数量条件下, 容器内部压力减小，这是因为管道对容器具有泄压作用。在遇到第 1 个障碍物时，压力均出现了下降的趋势。这是因为气流在障碍物附近发生变化，受到了一定的阻碍，所以压力有所下降。但当火焰面受到障碍物扰动时，燃烧的湍流度加强，燃烧速率增加，因此火焰再次加速，压力峰值随之增加。在选取的障碍物数量范围内，随着障碍物数量的增加，压力峰值增大。然而，在连通容器内发生 DDT 现象后，爆轰压力基本不变，这也进一步说明爆轰是一种较为稳定的爆炸传播模式[16]。随着障碍物数量的增加，相同管道长度内发生 DDT 的距离缩小，这得益于障碍物对火焰的加速作用。因此，在工程设计中，应尽量减少管道或容器内的障碍物数量，以防止 DDT 现象的发生。

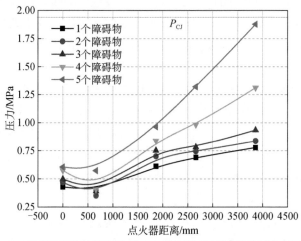

图 5.16　不同障碍物数量下容器-4m 管道结构连通容器压力峰值分布

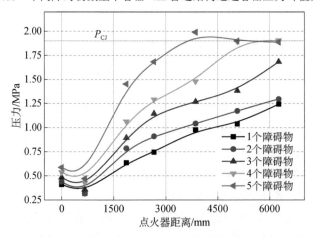

图 5.17　不同障碍物数量下容器-6m 管道结构连通容器压力峰值分布

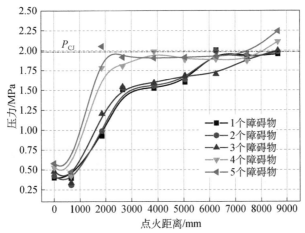

图 5.18　不同障碍物数量下容器-8m 管道结构连通容器压力峰值分布

由图 5.16 可以发现，在容器-4m 管道工况下没有出现 DDT 现象；在障碍物数量为 8 个时，压力峰值接近理论爆轰压力 1.86MPa。这是因为在密闭条件下，在火焰经过障碍物承受加速作用的同时，也受到了来自管道末端回流气体的影响。因此，在管长为 4m 的条件下形成稳定的爆轰。在一定范围内，随着障碍物数量的增加，也可能出现 DDT 现象。由图 5.17 可以发现，在容器-6m 管道工况下，障碍物数量为 6 个和 8 个时均出现了 DDT 现象。在障碍物为 6 个条件下，P7 位置出现了 DDT 现象；而在障碍物为 8 个条件下，DDT 现象出现了前移，在 P6 位置出现了 DDT 现象。由图 5.18 可以发现，在容器-8m 管道工况下，障碍物为 8 个时 P3 位置出现了 DDT 现象，随后管道内以爆轰波的形式进行传播。通过以上结论可以得出，在工业生产中，应尽量减少障碍物的存在，如减少容器管道仪表的设置，减少容器管道壁面的腐蚀，及时清除巷道内杂物、闲置机械设备等[17]。以避免在爆炸事故中，此类障碍物对爆炸压力和爆炸火焰产生增强作用。

2. 障碍物位置对容器-管道结构 DDT 传播过程的影响

选取阻塞率为 75%的障碍物，障碍物数量为 8 个，选取 113L 圆柱形容器连接管道结构连通容器。点火方式为容器壁面点火，通过改变障碍物位置，研究不同管道长度下障碍物位置对容器-管道结构 DDT 传播过程的影响。图 5.19～图 5.21 给出了容器-管道结构连通容器管道长度分别为 4m、6m 和 8m 时，不同障碍物位置条件下各压力传感器所测得的压力随点火距离变化曲线。由图 5.19～图 5.21 可以看出，障碍物位置对连通容器内 DDT 具有较明显的影响，爆炸经过障碍物后均出现了压力突升的现象。这说明障碍物对爆炸强度的增强作用是明显的。

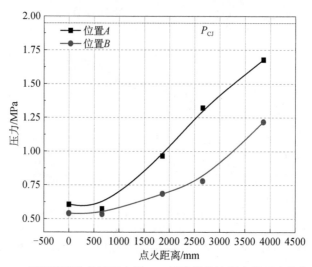

图 5.19　不同障碍物位置下容器-4m 管道结构连通容器压力峰值分布

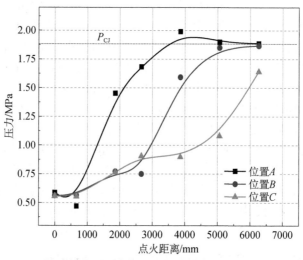

图 5.20　不同障碍物位置下容器-6m 管道结构连通容器压力峰值分布

在连接 4m 长的管道时，障碍物位置 B 的压力峰值明显小于位置 A，表明障碍物设置在位置 A 时对爆炸火焰的扰动加速作用明显大于位置 B。当连接 6m 长的管道时，障碍物位置距离点火位置越近，连通容器内形成 DDT 现象的位置越靠前。因此，在工业防护中，应加强障碍物附近的防静电和防电火花措施，避免发生爆炸事故[18]。对于长度为 8m 的管道，障碍物位置 A 出现 DDT 的现象最前端，而障碍物处于位置 B、C 和 D 时出现 DDT 现象的位置基本相近。另外，爆轰形成后，障碍物对爆轰波有进一步的增强作用。这一点从上图中可以看出，障碍物位于位置 D 时，在传感器 P7-P9 较其他工况下爆轰压力是更大的。在日常工业生产中，若必须在管道中设置仪表等障碍物，则应着重加强此类障碍物附近的安全技术和管理措施，以避免此处发生爆炸时在障碍物的加速作用下，形成 DDT 现象。

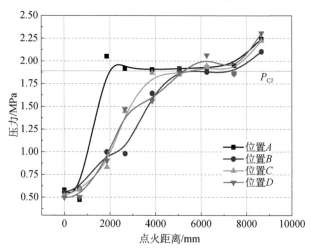

图 5.21 不同障碍物位置下容器-8m 管道结构连通容器压力峰值分布

3. 障碍物阻塞率对容器-管道结构 DDT 传播过程的影响

设置障碍物 8 个，障碍物放置在 A 处。选取 113L 圆柱形容器连接管道结构连通容器。点火方式为容器壁面点火，通过改变障碍物阻塞率，研究不同管道长度下障碍物阻塞率对容器-管道结构 DDT 传播过程的影响。图 5.22～图 5.24 给出了容器-管道结构连通容器管道长度分别取 4m、6m 和 8m 时，不同障碍物阻塞率条件下压力随点火距离变化曲线。

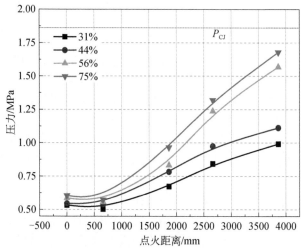

图 5.22 不同障碍物阻塞率下容器-4m 管道结构连通容器压力峰值分布

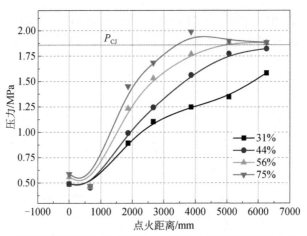

图 5.23　不同障碍物阻塞率下容器-6m 管道结构连通容器压力峰值分布

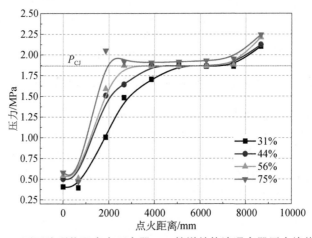

图 5.24　不同障碍物阻塞率下容器-8m 管道结构连通容器压力峰值分布

　　由图 5.22～图 5.24 可以得出，障碍物阻塞率对连通容器爆炸具有显著的影响。这是由于爆炸火焰在经过障碍物时，爆炸火焰受到扰动形成较高湍流，从而导致爆炸火焰面积增大，爆炸反应速率增大，最终导致爆炸压力增加。障碍物阻塞率是湍流度大小的决定性因素之一。障碍物阻塞率增加到一定大小时，火焰与障碍物组接触时散发的热量占主导地位，此时火焰的湍流作用不会增强反而会起到抑制作用。例如，阻火器内阻火芯即利用这一原理对火焰进行抑制，甚至起到淬熄的效果。在所选取的障碍物阻塞率范围内，随着障碍物阻塞率的增加，连通容器内各压力曲线的峰值增大。这是因为在一定程度上增加障碍物阻塞率有利于爆炸火焰的加速，此时爆炸波在障碍物组之间的区域内发生反射和叠加，在火焰和爆炸波的耦合作用下，产生更快的火焰传播速度和更高的爆炸压力。随着障碍物阻塞率的增加，出现 DDT 现象的位置也发生了前移现象。因此，应尽量减小障碍物的阻塞率，以避免出现 DDT 现象后对装置造成更大的破坏。

5.3.3　障碍物对连通容器 DDT 传播过程的影响

1. 障碍物数量对容器-管道-容器结构 DDT 传播过程的影响

本节选取阻塞率为 75%的障碍物，障碍物放置在 A 处，113L 圆柱形容器与 11L 圆柱形容器通过管道连接组成连通容器。点火方式为 113L 圆柱形容器中心点火，通过改变障碍物数量，研究不同管道长度下障碍物数量对容器-管道结构 DDT 传播过程的影响。图 5.25～图 5.27 给出了两容器连接长度为 4m、6m 和 8m 的管道结构连通容器，在不同障碍物数量条件下各压力曲线。

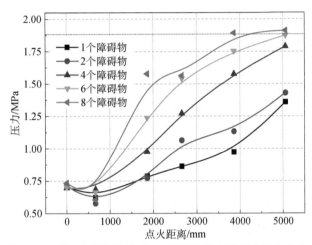

图 5.25　不同障碍物数量下 4m 管道连通容器压力峰值分布

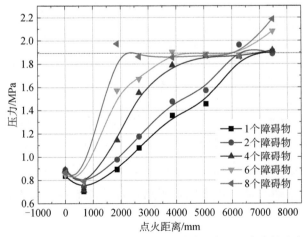

图 5.26　不同障碍物数量下 6m 管道连通容器压力峰值分布

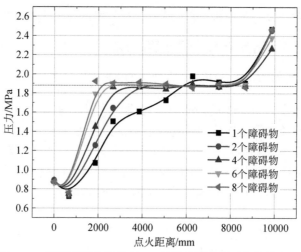

图 5.27　不同障碍物数量下 8m 管道连通容器压力峰值分布

由图 5.25～图 5.27 可以看出，随着障碍物数量的增加，连通容器内各压力监测点均呈现上升趋势。在相同管道长度条件下，随着障碍物数量的增加，起爆容器内压力峰值变化程度不大。这是由于设置障碍物后，主要增加了障碍物后的爆炸压力。障碍物位置压力监测点的压力峰值均出现了降低的现象，这是因为气流受到障碍物的阻塞，减小了火焰的传播速度。火焰传播速度的降低，使火焰前段的能量减少，因此其压力峰值出现了降低的现象。随着障碍物数量的增加，4m 管道连通容器在障碍物数量增加至 6 个时出现了 DDT 现象。在连通容器内增设若干障碍物缩短了 DDT 轰形成的距离。由图 5.25 和图 5.27 可以看出，对于传爆容器，出现爆轰状态，障碍物的存在缩短了 DDT 发展的距离，因此在工业过程设计中应尽量避免障碍物的存在[19]。

2. 障碍物位置对容器-管道-容器结构 DDT 传播过程的影响

本节选取阻塞率为 75% 的障碍物，障碍物数量为 8 个，113L 圆柱形容器与 11L 圆柱形容器通过管道连接组成连通容器。点火方式为容器中心点火，通过改变障碍物位置，研究不同管道长度下障碍物位置对容器-管道-容器结构 DDT 传播过程的影响。图 5.28～图 5.30 给出了两容器连接长度为 4m、6m 和 8m 的管道结构连通容器，在不同障碍物位置条件下各压力传感器所测得的压力曲线。

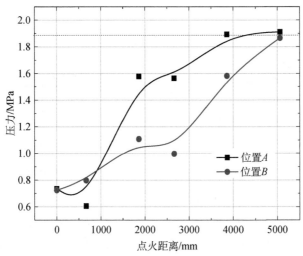

图 5.28　不同障碍物位置下 4m 管道连通容器压力峰值分布

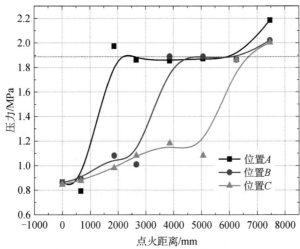

图 5.29　不同障碍物位置下 6m 管道连通容器压力峰值分布

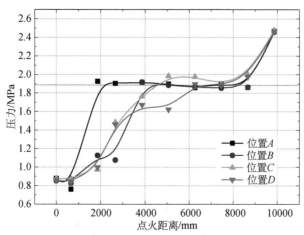

图 5.30　不同障碍物位置下 8m 管道连通容器压力峰值分布

由图 5.28~图 5.30 可以得出，障碍物位置对形成 DDT 的位置具有显著的影响。障碍物与点火源距离越近，爆炸压力达到爆轰的时间越短，且压力上升速度越大。对于容器-管道-容器结构连通容器，其自身存在压力不平衡现象，在相同条件下，相较于容器-管道结构连通容器，DDT 的诱导距离更短。

3. 障碍物阻塞率对容器-管道-容器结构 DDT 传播过程的影响

本节障碍物数量为 8 个，障碍物放置在 A 处。113L 圆柱形容器与 11L 圆柱形容器通过管道连接组成连通容器。点火方式为 113L 圆柱形容器壁中心点火，通过改变障碍物阻塞率，研究不同管道长度下障碍物阻塞率对容器-管道-容器结构 DDT 传播过程的影响。图 5.31~图 5.33 给出了两容器连接长度为 4m、6m 和

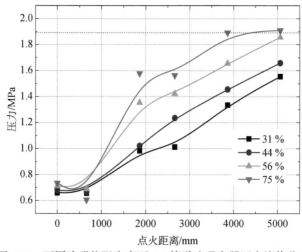

图 5.31　不同障碍物阻塞率下 4m 管道连通容器压力峰值分布

8m 的管道结构连通容器，在不同障碍物阻塞率条件下各压力传感器所测得的压力曲线。

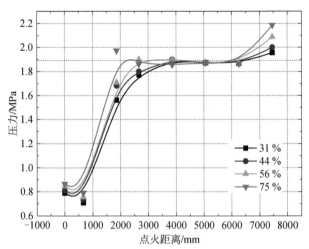

图 5.32 不同障碍物阻塞率下 6m 管道连通容器压力峰值分布

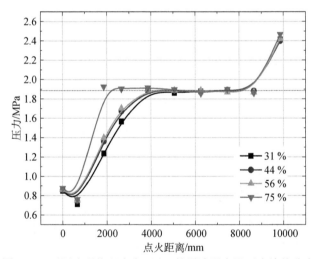

图 5.33 不同障碍物阻塞率下 8m 管道连通容器压力峰值分布

通过图 5.31～图 5.33 可以发现，在选取的障碍物阻塞率范围内，随着障碍物阻塞率的增加，爆炸压力峰值增大。由图 5.31 可以发现，4m 管道连通容器仅在障碍物阻塞率为 75%时出现 DDT 现象。阻塞率较小的障碍物对气流湍流度的影响较小。由图 5.32 和图 5.33 可以发现，在爆炸状态发展成稳定爆轰后，障碍物阻塞率对爆轰波的影响程度降低，即在较高马赫数状态下，爆轰波不再受边界条件的影响[1]。

5.4 抑爆材料对连通容器气体爆燃转爆轰的影响

当前工业生产过程中往往会形成连通结构。若连通装置内发生爆炸，则会产生比单个容器或管道更大的威力。障碍物会增加未燃气体的湍流度，增加火焰面积，从而加速火焰传播。在火焰与压力波的耦合作用下，短距离内即可发生 DDT 现象。连通容器内发生 DDT，其威力巨大，对人员、设备及周边建构筑物会造成巨大的损坏。因此，爆炸防治学一直以来受到国内外学者的广泛关注。目前，对于石化装置，其爆炸防护方法有泄爆方法、金属多孔材料抑爆方法以及内衬多孔介质吸附爆炸能量方法。金属多孔材料，多选取多层金属丝网，其具有重量轻、价格便宜、安装方便、承压力强等优点，因此该种抑爆方法得以广泛应用。内衬多孔介质吸附爆炸能量方法，该方法具有通透率高、能够较好地衰减爆炸横波等优点。因此，本节通过多层丝网和内衬硅酸铝棉两种抑爆方法对连通装置 DDT 进行抑爆，其设计示意图如图 5.34 和图 5.35 所示。

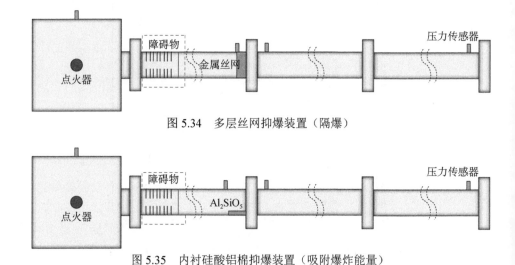

图 5.34　多层丝网抑爆装置（隔爆）

图 5.35　内衬硅酸铝棉抑爆装置（吸附爆炸能量）

5.4.1　金属丝网的影响

本节选取 113L 圆柱形容器连接 6m 长的管道结构连通容器，为使得该工况下连通容器发生 DDT 现象，在该结构连通容器位置 A 设置 8 个阻塞率为 75% 的障碍物组。由图 5.17 可知，在位置 A 设置障碍物能够形成 DDT 现象。金属丝网放置在一段管道末端，通过改变丝网的层数和目数，研究金属丝网能否抑制连通容器内 DDT 的形成。本节选取丝网目数为 40 目和 60 目两种规格，丝网层数设置为 5 层、9 层、13 层、17 层、21 层和 25 层。

1. 丝网层数对容器-管道结构 DDT 传播过程的影响

1）60 目丝网

图 5.36 和图 5.37 分别给出了 60 目丝网不同丝网层数条件下，容器和管道末端爆炸压力随时间变化曲线及容器和管道末端爆炸压力上升速率随时间变化曲线。图 5.38 为 25 层 60 目丝网受高温火焰和冲击波双重作用后的实物图。可以看出，60 目多层丝网对连通容器爆炸有一定的抑制作用，且丝网层数越多，抑爆效果越好。丝网对管道末端的抑爆效果较容器内的抑爆效果更明显。出现这一现象的原因是多层丝网结构吸收了爆炸火焰的部分热量，削弱了爆炸火焰的传播，对于丝网后管道末端位置爆炸压力的抑制作用较明显。另外，丝网层数越多，对火焰热量的削弱作用越强。当丝网层数为 25 层时，管道末端压力下降了约 70%，可见阻爆效果是较明显的。然而对容器位置而言，位于丝网前部，对其爆炸压力的削弱程度较管道末端位置弱。此外，60 目丝网大于 5 层时，多层丝网结构阻止了连通容器内 DDT 的发生。金属丝网削弱了火焰的传播，且将前驱冲击波分割成多个小块，也对其具有一定的削弱作用，因此该结构抑制了爆炸由爆燃到爆轰的转变。由图 5.38 能够看出火焰和压力波对多层丝网结构的破坏，但是其抑制了火焰和压力波的传播。另外，由图 5.38 还可以看出，金属丝网被高温火焰烧结严重，说明金属丝网抗烧结性能较差。

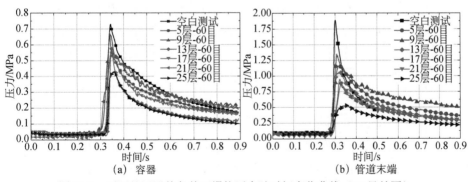

图 5.36　不同丝网层数条件下爆炸压力随时间变化曲线（60 目丝网）

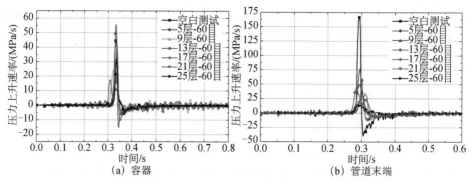

图 5.37　不同丝网层数条件下爆炸压力上升速率随时间变化曲线（60 目丝网）

图 5.38　实验后 25 层 60 目丝网实物图

　　由图 5.37 可以得出，容器内爆炸压力上升速率的抑制作用是不明显的，然而对于管道末端爆炸压力上升速率，在管道内设置多层丝网后，对压力上升速率的抑制效果非常明显。对于可能发生 DDT 现象的连通容器结构的石化装置及煤矿巷道，多层丝网抑爆的方式可在一定程度上抑制 DDT 的发生。

　　2）40 目丝网

　　图 5.39 给出了 40 目丝网不同丝网层数条件下，容器和管道末端爆炸压力随时间变化曲线。40 目丝网不同丝网层数条件下，容器和管道末端爆炸压力上升速率随时间变化曲线如图 5.40 所示。图 5.41 为 5 层 40 目丝网被爆炸冲击波击穿后的实物图。

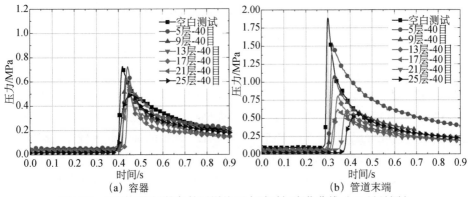

图 5.39　不同丝网层数条件下爆炸压力随时间变化曲线（40 目丝网）

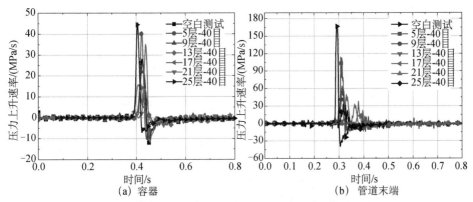

图 5.40　不同丝网层数条件下爆炸压力上升速率随时间变化曲线（40 目丝网）

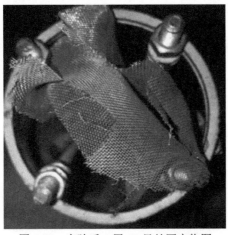

图 5.41　实验后 5 层 40 目丝网实物图

对于 5 层 40 目丝网结构，爆炸冲破了多层丝网结构，说明该层数下阻火结构对管道末端爆炸压力的抑制效果较弱。由图 5.39 可以看出，对于 5 层 40 目丝网结构，火焰和爆炸冲击波传过多层丝网结构后，其能量受到一定的损失，随后由于管道对火焰具有加速作用，连通容器内虽然没有形成稳定爆轰，但是从该爆炸压力随时间变化曲线图中能看出其呈现出弱爆轰状态。相比于同样层数下的多层丝网结构，40 目丝网体积分数较小，对火焰吸热能力以及抗爆炸压力冲击波的能力较弱，因此 5 层 40 目丝网对连通容器 DDT 现象的抑制效果较差。然而，增加丝网层数，实验过程中没有发现多层丝网被爆炸冲破的现象。这说明多层丝网结构削弱了火焰的传播且阻断了压力波的传播，且管道末端压力较没有丝网结构时，爆炸压力是明显下降的。这说明通过增加丝网层数可以阻断爆炸压力波和火焰的传播，从而抑制容器或管道内 DDT 现象的发生。

由图 5.40 可以看出，容器内部爆炸压力上升速率随丝网层数的增加变化并不明显，但是管道末端的爆炸压力上升速率随丝网层数的增加变化明显，多层丝网结构表现出较好的抑制效果。这是因为随着丝网层数的增加，爆炸冲击波促使多层丝网内部结构发生形变所需要的能量较多，并且爆炸冲击波在多层金属丝网内部发生反射以及折射的机会更多，故消耗其能量也随之增加，进而导致管道末端压力上升速率降低。

2. 丝网目数对容器-管道结构 DDT 传播过程的影响

为了研究丝网目数对连通容器内 DDT 抑爆效果的影响，选取 40 目和 60 目两种规格金属丝网进行研究。图 5.42～图 5.47 给出了 5 层、9 层、13 层、17 层、21 层和 25 层六种丝网层数下，40 目和 60 目两种规格的丝网连通容器内和管道末端的爆炸压力曲线。

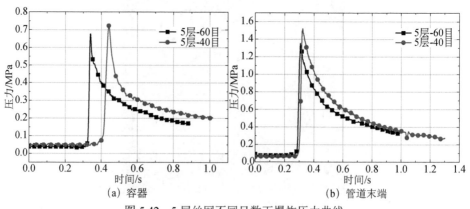

图 5.42　5 层丝网不同目数下爆炸压力曲线

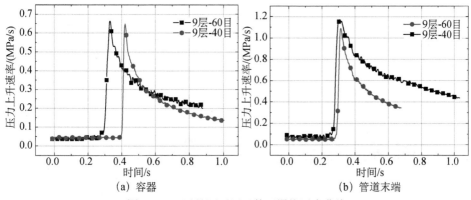

图 5.43 9 层丝网不同目数下爆炸压力曲线

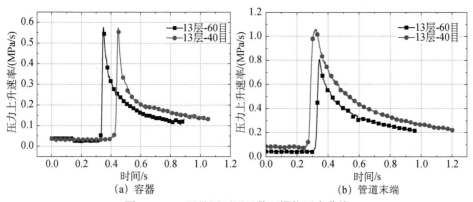

图 5.44 13 层丝网不同目数下爆炸压力曲线

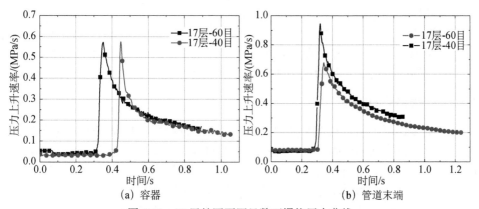

图 5.45 17 层丝网不同目数下爆炸压力曲线

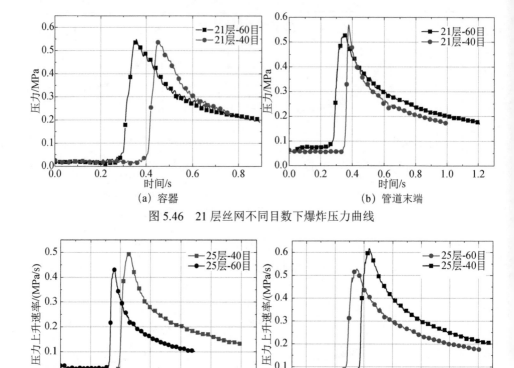

图 5.46　21 层丝网不同目数下爆炸压力曲线

图 5.47　25 层丝网不同目数下爆炸压力曲线

由图 5.42～图 5.47 可以看出，容器内部不同层数丝网条件下，丝网目数对爆炸压力抑爆效果差别不大，特别是当丝网为 9、11、13、15、17 层时不同目数下的最大爆炸压力相同。而在管道末端，可以明显观测到不同丝网层数下目数对最大爆炸压力影响较大。在工业过程中，对于抑爆丝网的选取，应根据实际情况综合金属丝网的抑爆效果和通气率两方面的因素进行。

5.4.2　硅酸铝棉的影响

采用多孔可压缩材料作为抑爆材料已成为当前爆炸防护研究领域的热点。多孔可压缩材料包括泡沫陶瓷材料和高分子材料等。硅酸铝棉是一种典型的多孔可压缩材料，其孔隙率高，比表面积大，作为绝热保温材料在工业中被广泛应用。研究表明，硅酸铝棉对爆炸火焰传播具有抑制效果[20,21]。另外，内衬硅酸铝棉具有较好的通透率。然而，迄今为止关于硅酸铝棉对 DDT 抑制特性的研究开展较少。本节拟通过开展硅酸铝棉抑制连通容器内 DDT 的实验，研究硅酸铝棉对连通容器 DDT 的抑制规律，以期为实际应用提供指导。

选取 113L 圆柱形容器连接 6m 管道结构的连通容器，为使得该工况下连通容器发生 DDT 现象，在该结构连通容器位置 A 设置 8 个阻塞率为 75%的障碍物组。硅酸铝棉放置在第一段管道末端，通过改变硅酸铝棉的长度和厚度，研究硅酸铝棉能否抑制连通容器内 DDT 的形成。本节选取硅酸铝棉长度为 900mm 和 1200mm 两种规格，硅酸铝棉厚度设置为 5mm 和 10mm。图 5.48 给出了内衬 Al_2SiO_5 连通容器爆炸压力曲线，图 5.49 给出了内衬 Al_2SiO_5 连通容器爆炸压力上升速率曲线。

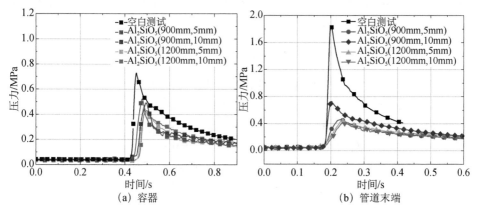

图 5.48 内衬 Al_2SiO_5 连通容器爆炸压力随时间变化曲线

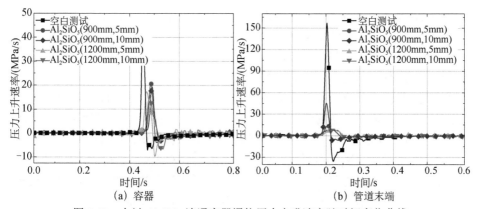

图 5.49 内衬 Al_2SiO_5 连通容器爆炸压力上升速率随时间变化曲线

1. 硅酸铝棉对容器-管道结构爆炸压力的影响

图 5.48 为内衬 Al_2SiO_5 连通容器爆炸压力随时间变化曲线。由图可以看出，硅酸铝棉对容器内和管道末端的爆炸压力均有较好的抑爆效果。与多层丝网相比，硅酸铝棉对连通容器内 DDT 的抑制效果更佳。硅酸铝棉越长，其抑爆效果

越好；随着硅酸铝棉厚度的增加，其抑爆效果明显提升。本节所选取的硅酸铝棉均能够成功阻止连通容器内 DDT 现象的发生，这是因为硅酸铝棉的高弹性多孔特性能够有效吸收爆炸横波，改变了爆轰波的结构，使 DDT 被抑制。另外，硅酸铝棉对声波有较好的吸收效果，在实验过程中设置硅酸铝棉后，爆炸声响明显降低，且爆炸产生低闷的声音。随着硅酸铝棉长度的增大，爆炸横波吸收的能量更多；随着硅酸铝棉厚度的增大，由于其孔隙加深，爆炸压力波在其内部的反射和折射更加充分，对爆炸波的吸收也更多，硅酸铝棉这两个参数（长度、厚度）的增大，均增加了其抑爆效果。因此，在工业防爆过程中，应尽量增加硅酸铝棉的长度和厚度，以增强其抑爆效果。

2. 硅酸铝棉对容器-管道结构爆炸压力上升速率的影响

由图 5.49 可以得出，随着硅酸铝棉长度和厚度的增大，容器内以及管道末端爆炸压力上升速率减小率均超过 50%。选取长为 1200mm 的硅酸铝棉时，抑爆率甚至超过了 90%。当爆炸压力波进入硅酸铝棉多孔结构时，在纤维表面发生反射、散射，因硅酸铝纤维内部复杂的三维多孔骨架结构以及良好的弹性与可压缩性，被反射、散射的压力波将在硅酸铝棉内部被多次反射、散射。在此过程中，一部分爆炸压力波引起气孔内部的空气与硅酸铝纤维发生摩擦，能量被转化为热能；另一部分爆炸压力波直接以压力冲量的形式作用于硅酸铝棉，引起棉纤维变形、断裂。爆炸后的硅酸铝棉虽然外观几乎无变化，但根据喻健良等[20]利用扫描电镜对其微观结构进行分析发现，硅酸铝棉在火焰及爆炸压力波冲击后，微观结构已经发生很大的改变，即纤维网孔结构已经破碎，气孔面积减小，孔隙率降低。这说明硅酸铝棉能够有效吸收压力波冲量。可燃气体爆炸过程中，火焰波与压力波互相作用。此现象也说明了硅酸铝棉较多层金属丝网具有更强的抗烧结性。爆炸压力波被硅酸铝棉吸收后，对火焰锋面的扰动降低，同时多孔硅酸铝棉将与火焰发生热交换，产生不可逆的能量损失，降低化学反应速率，从而降低火焰燃烧速率，进一步减小爆炸压力上升速率。然而，根据文献可知，在硅酸铝棉长度较小时，上述吸波降速效果并不明显，甚至起到障碍物对火焰的加速作用。目前，对硅酸铝棉抑爆的研究主要集中在爆燃方面，对于 DDT 的抑爆研究较少。硅酸铝棉壁面的纤维网孔结构对爆轰结构的破坏是其对 DDT 抑制的主要原因。因此，在工业生产过程中，选取硅酸铝棉作为管道内衬材料可以有效抑制爆轰的形成。另外，在选取硅酸铝棉作为抑爆材料时，应尽量增加其厚度和长度。

5.5 本章小结

本章为了研究连通容器内 DDT 特性及其规律，选取了管道和容器-管道、容器-管道-容器结构的连通容器，开展了不同管道长度、管道内径、障碍物数量、障碍物位置、障碍物阻塞率条件下的甲烷-空气预混气体 DDT 实验与数值模拟研究。同时，在连通容器内甲烷-空气预混气体 DDT 规律研究的基础上，进行了 DDT 抑制特性实验研究。

通过数值计算，得出浓度为 10%的甲烷-空气预混气体的 P_{CJ} 为 1.86MPa，V_{CJ} 为 1987.4m/s。相较于单管道结构，连通容器内更容易产生 DDT 现象，且容器-管道-容器结构连通容器需要连接的管道长度更小。随着管道内径的增加，连通容器内甲烷-空气预混气体形成 DDT 所需管道长度减小。在障碍物对连通容器内甲烷-空气预混气体 DDT 的影响研究中发现，障碍物可增大容器内各位置的 P_{max}，且随着障碍物数量的增加能够有效减短连通容器内 DDT 形成所需的管道长度。同时，障碍物阻塞率越大，连通容器内 P_{max} 越大；障碍物位置越靠近起爆容器，连通容器内越容易形成 DDT 现象。在多层金属丝网和硅酸铝棉对连通容器内 DDT 的抑制特性研究中发现，多层金属丝网和硅酸铝棉均对连通容器有抑爆效果，且可有效抑制连通容器内 DDT 的形成。多层金属丝网可有效吸收爆炸火焰热量并销毁自由基，从而有效抑制甲烷-空气预混气体爆炸。随着金属丝网层数和目数的增加，金属丝网对甲烷-空气预混气体的爆炸抑制作用越好。随着硅酸铝棉厚度和长度的增大，其抑爆性能得以提升。相较于多层金属丝网，硅酸铝棉对连通容器内 DDT 的抑制作用更佳，且对爆炸压力波具有较好的吸收作用。

参 考 文 献

[1] 王志荣，蒋军成，郑杨艳. 连通容器内气体爆炸过程的数值分析. 化学工程，2006，（10）：13-16.

[2] 余立新，尤寒，盛宏至. 障碍物结构对预混火焰压力发展的影响. 工程热物理报，2003，24（3）：537-539.

[3] 朱建华. 管道内可燃气体爆炸过程研究及危险性评价. 北京：北京理工大学，2004.

[4] 丁以斌，郭子如，汪泉. 置障条件下可燃气火焰传播的研究现状. 工业安全与环保，2006，32（11）：30-31.

[5] Lbrhaim S S，Masri A R. The effects of obstructions on overpressure resulting from premixed flame deflagration. Journal of Loss Prevention in the Process Industries，2001，14：213-221.

[6] Ciccarelli G，Fowler C J，Bardon M. Effect of obstacle size and spacing on the initial stage of flame acceleration in a rough tube. Sock Waves，2005，14（3）：161-166.

[7] 吴红波，陆守香，张立. 障碍物对瓦斯煤尘火焰传播过程影响的实验研究. 矿业安全与环保，2004，31（3）：5-8.

[8] 回岩. 管道内置障条件下瓦斯爆炸火焰传播规律的研究. 北京：北京理工大学，2015.

[9] 李岳，姚世琪，喻健良，等. 管道容器连通系统内气体爆炸影响因素的数值分析. 石油化工设备，2011，40（5）：8-12.

[10] 姚世琪. 连通容器内可燃气体爆炸影响因素的数值分析. 大连：大连理工大学，2011.

[11] 左青青. 结构对容器与管道气体爆炸影响的数值模拟研究. 南京：南京工业大学，2016.

[12] 崔洋洋. 连通容器甲烷爆炸结构效应研究. 南京：南京工业大学，2017.

[13] 董冰岩，黄佩玉. 柱形连通容器内预混气体爆炸过程的火焰传播模拟. 安全与环境学报，2015，15（1）：117-122.

[14] 毕明树，尹旺华，丁信伟. 圆筒形容器内可燃气体爆燃过程的数值模拟. 天然气工业，2004，24（4）：94-96.

[15] Aizawa K，Yoshino S，Mogi T. Study of detonation initiation in hydrogen/air flow. Shock Waves，2008，18（4）：299-305.

[16] Li J，Lai W H，Chung K. Tube diameter effect on deflagration-to-detonation transition of propane-oxygen mixtures. Shock Waves，2006，16（2）：109-117.

[17] Brown C J，Thomas G O. Experimental studies of shock-induced ignition and transition to detonation in ethylene and propane mixtures. Combustion and Flame，1999，117（4）：861-870.

[18] Pinard P F，Higgins A J，Lee J H S. The effect of NO_2 addition on deflagration-to-detonation transition. Combustion and Flame，2004，136（1-2）：146-154.

[19] 杜扬，李国庆，王世茂，等. 障碍物数量对油气泄压爆炸特性的影响. 化工学报，2017，68（7）：2946-2955.

[20] 喻健良，闫兴清. 硅酸铝棉对火焰速度和爆炸超压的抑制作用. 爆炸与冲击，2013，33（4）：363-368.

[21] 高远. 多孔介质对火焰及压力波抑制作用的数值模拟. 大连：大连理工大学，2010.

第6章 受限空间气体爆炸火焰淬熄特性

现代工业中，可燃气体储运容器和管道根据需要可形成不同连通方式的化工储运装置。为了有效预防气体爆炸对生命安全和财产造成损害，常在连通装置内设计阻火装置或淬熄装置，以阻止爆炸的持续传播。关于火焰淬熄，国内外学者已对其进行研究[1-4]，但是关于狭缝装置、实验装置的尺寸和形状等因素对连通装置内火焰淬熄的影响研究较少。本章基于连通容器气体爆炸实验系统研究不同影响因素对甲烷-空气预混气体爆炸火焰淬熄特性的影响，为化工装置和淬熄装置的设计提供一定的理论参考价值。

6.1 实 验 设 计

6.1.1 实验装置

基于自行搭建的连通容器气体爆炸实验系统开展研究，该装置示意图如图 3.1～图 3.6 所示。该实验系统可以实现不同尺寸和形状的容器、管道与平行板狭缝装置之间的自由组合。实验容器采用圆柱形容器（11L、22L、113L）、球形容器（22L、113L）、U 形管道及其他管道（T 形管道、Y 形管道、直管）、平行板狭缝装置和其他附属装置（法兰、盲板、渐变管等）。其中，直管具有不同的内径（20mm、59mm、108mm）。点火系统采用 KTD-A 型可调节高能点火器，其电源电压为 220（±10%）VAC，功率为 400 W。数据采集系统为 HM90-H3-2 型高频压力传感器，对爆炸过程的压力变化进行测量。本实验使用压力变送器所测得的数据，由与其配套的 DEWESoft TM 型数据采集仪进行采集与传输。数据采集系统具有 16 个通道，可最多同时采集 16 个压力变送器的测量结果，单通道采样率为 200kS/s，分辨率为 24bit。充/配气系统由空气压缩机、甲烷气瓶、配气系统、真空泵组成。空气压缩机采用 DA-7 型双螺杆空气压缩机，其排气压力为 0.85MPa。同时，空气压缩机储气罐容量为 300L，并配有过滤器、滤水器和滤油器，以排出大气中的杂质。本实验所用的可燃气体为 99.9%纯度的甲烷。真空泵型号为 2X-8GA。真空泵的作用是在预混气体充入前将实验容器抽至确定的真空度[5-7]。配气系统采用 RCS2000-B 型配气仪自动配气控制箱。

6.1.2 实验方法

实验方法具体如下:

（1）根据实验方案组装好实验装置。

（2）打开 DEWESoft X2 软件，设置好压力变送器的相关参数，并检查实验装置的密闭性。

（3）将真空泵连接好，打开真空泵开关，将实验装置抽真空，直至接近 -0.10MPa（表压）关闭真空泵。打开配气系统向容器内通入一定浓度的预混气体，同时仔细观察 DEWESoft X2 软件中压力的读数，当压力达到 0MPa 时，立即停止充气，并关闭充气阀门。

（4）为了使实验装置内可燃混合气体均匀混合，需要将其静置 5～10min，现场人员应位于安全区域。

（5）点火前，将采集设备调整设置好，点火引爆可燃气体。

（6）采集并保存好实验数据。

（7）将实验装置进行空气吹扫，准备下一组实验。

6.1.3 实验条件

1. 狭缝装置对连通容器爆燃火焰淬熄的影响研究

1）容器-管道结构

采用 22L 圆柱形容器作为起爆容器，管道选择直管道（L=2000mm、D=59mm），E01 组实验作为空白实验。未接平行板狭缝装置，E02～E08 组实验的连接形式均为 22L 圆柱形容器-平行板狭缝装置-直管道（L=2000mm、D=59mm），具体如表 6.1 所示。

表 6.1 狭缝装置对容器-管道结构中爆燃火焰淬熄的影响

序号	平行板狭缝间距/mm	容器容积、形状	管道形状、管长、管径	点火位置	压力监测点
E01	无	22L 圆柱形	直管、2000mm、59mm	圆柱形容器中心	圆柱形容器内，管道末端
E02	0.5	22L 圆柱形	直管、2000mm、59mm	圆柱形容器中心	圆柱形容器内，狭缝装置前、后，管道末端
E03	1.5	22L 圆柱形	直管、2000mm、59mm	圆柱形容器中心	圆柱形容器内，狭缝装置前、后，管道末端
E04	3	22L 圆柱形	直管、2000mm、59mm	圆柱形容器中心	圆柱形容器内，狭缝装置前、后，管道末端
E05	6	22L 圆柱形	直管、2000mm、59mm	圆柱形容器中心	圆柱形容器内，狭缝装置前、后，管道末端
E06	0.5	22L 圆柱形	直管、2000mm、59mm（2 段管道）	圆柱形容器中心	圆柱形容器内，狭缝装置前、后，管道末端

续表

序号	平行板狭缝间距/mm	容器容积、形状	管道形状、管长、管径	点火位置	压力监测点
E07	0.5	22L 圆柱形	直管、2000mm、59mm（2 段管道）	圆柱形容器中心	圆柱形容器内，狭缝装置前、后，管道末端
E08	0.5	22L 圆柱形	直管、2000mm、59mm（2 段管道）	圆柱形容器中心	圆柱形容器内，狭缝装置前，管道入口端

2）容器-管道-容器结构

采用 22L 圆柱形容器作为起爆容器，管道选用直管道（L =2000mm、D=59mm），11L 圆柱形容器作为传爆容器。其中，E09 组实验作为空白实验。E10～E13 组实验的连接形式均为 22L 圆柱形容器-直管道-平行板狭缝装置-11L 圆柱形容器。E09 和 E10 组实验主要研究有、无平行板狭缝装置对气体爆炸过程的影响；E10～E13 组实验主要研究平行板狭缝间距对爆燃火焰淬熄的影响；E14 组实验装置的连接形式为 22L 圆柱形容器-平行板狭缝装置-直管道-11L 圆柱形容器；E15 组实验装置的连接形式为 22L 圆柱形容器-直管道-11L 圆柱形容器-平行板狭缝装置，具体如表 6.2 所示。

表 6.2　狭缝装置对容器-管道-容器结构中爆燃火焰淬熄的影响

序号	平行板狭缝间距/mm	容器容积、形状	管道形状、管长、管径	点火位置	压力监测点
E09	无	22L 圆柱形、11L 圆柱形	直管、2000mm、59mm	22L 圆柱形容器中心	22L 和 11L 圆柱形容器，管道两端
E10	0.5	22L 圆柱形、11L 圆柱形	直管、2000mm、59mm	22L 圆柱形容器中心	22L、11L 圆柱形容器内，狭缝装置前、后，管道入口端
E11	1.5	22L 圆柱形、11L 圆柱形	直管、2000mm、59mm	22L 圆柱形容器中心	22L、11L 圆柱形容器内，狭缝装置前、后，管道入口端
E12	3	22L 圆柱形、11L 圆柱形	直管、2000mm、59mm	22L 圆柱形容器中心	22L、11L 圆柱形容器内，狭缝装置前、后，管道入口端
E13	6	22L 圆柱形、11L 圆柱形	直管、2000mm、59mm	22L 圆柱形容器中心	22L、11L 圆柱形容器内，狭缝装置前、后，管道入口端
E14	0.5	22L 圆柱形、11L 圆柱形	直管、2000mm、59mm	22L 圆柱形容器中心	22L、11L 圆柱形容器内，狭缝装置前、后，管道末端
E15	0.5	22L 圆柱形、11L 圆柱形	直管、2000mm、59mm	22L 圆柱形容器中心	22L、11L 圆柱形容器内，狭缝装置前、后，管道两端

2. 连通容器爆燃火焰淬熄的尺寸效应研究

1）管长的影响

采用 22L 圆柱形容器作为起爆容器，连接不同长度的直管道（$D=59$mm），连接形式均为 22L 圆柱形容器-直管道-平行板狭缝装置，通过 E08、E16 和 E17 组实验研究管道长度（2000mm、4000mm、6000mm）对爆燃火焰淬熄的影响，如表 6.3 所示。

表 6.3　管长对容器管道连通系统爆燃火焰淬熄的影响

序号	平行板狭缝间距/mm	容器容积、形状	管道形状、管长、管径	点火位置	压力监测点
E16	0.5	22L 圆柱形	直管、2000mm、59mm	圆柱形容器中心	圆柱形容器内、管道入口处、狭缝装置前
E17	0.5	22L 圆柱形	直管、6000m、59mm	圆柱形容器中心	圆柱形容器内、管道入口处、狭缝装置前

2）管径的影响

采用 22L 圆柱形容器作为起爆容器，连接不同内径的管道（$L=2000$mm），连接形式均为 22L 圆柱形容器-直管道-平行板狭缝装置，通过 E18、E16 和 E19 组实验研究管道内径（20mm、59mm、108mm）对爆燃火焰淬熄的影响，如表 6.4 所示。

表 6.4　管径对容器管道连通系统爆燃火焰淬熄的影响

序号	平行板狭缝间距/mm	容器容积、形状	管道形状、管长、管径	点火位置	压力监测点
E18	0.5	22L 圆柱形	直管、2000mm、20mm	圆柱形容器中心	圆柱形容器内、管道入口处、狭缝装置前
E19	0.5	22L 圆柱形	直管、2000mm、108mm	圆柱形容器中心	圆柱形容器内、管道入口处、狭缝装置前

3）容器容积的影响

采用不同容积的圆柱形容器作为起爆容器，连接直管道（$L=2000$mm，$D=59$mm），连接形式均为圆柱形容器-平行板狭缝装置-直管道，通过 E20、E02 和 E21 组实验研究容器容积（11L、22L、55L）对爆燃火焰淬熄的影响，如表 6.5 所示。

表 6.5　容器容积对容器管道连通系统爆燃火焰淬熄的影响

序号	平行板狭缝间距/mm	容器容积、形状	管道形状、管长、管径	点火位置	压力监测点
E20	0.5	11L 圆柱形	直管、2000mm、59mm	圆柱形容器中心	圆柱形容器内、狭缝装置前、后，管道末端
E21	0.5	55L 圆柱形	直管、2000mm、59mm	圆柱形容器中心	圆柱形容器内、狭缝装置前、后，管道末端

3. 连通容器爆燃火焰淬熄的结构效应研究

1）管道形状的影响

采用了 22L 圆柱形容器作为起爆容器，连接不同形状的管道（$D = 59mm$），连接形式均为圆柱形容器-管道-平行板狭缝装置，通过 E22 和 E23 组实验研究管道形状对爆燃火焰淬熄的影响。通过 E16、E24～E28 组实验研究 U 形管道弯曲度对爆燃火焰淬熄的影响，如表 6.6 所示。

表 6.6　管道形状对容器管道连通系统爆燃火焰淬熄的影响

序号	平行板狭缝间距/mm	容器容积、形状	管道形状、管长、管径	点火位置	压力监测点
E22	0.5	22L 圆柱形	T 形管、2000mm、59mm	圆柱形容器中心	圆柱形容器内、管道入口处、狭缝装置前
E23	0.5	22L 圆柱形	Y 形管、2000mm、59mm	圆柱形容器中心	圆柱形容器内、管道入口处、狭缝装置前
E24	0.5	22L	30°U 形管道、2000m、59mm	圆柱形容器中心	圆柱形容器内、管道入口处、狭缝装置前
E25	0.5	22L	45°U 形管道、2000mm、59mm	圆柱形容器中心	圆柱形容器内、管道入口处、狭缝装置前
E26	0.5	22L	60°U 形管道、2000mm、59mm	圆柱形容器中心	圆柱形容器内、管道入口处、狭缝装置前
E27	0.5	22L	90°U 形管道、2000m、59mm	圆柱形容器中心	圆柱形容器内、管道入口处、狭缝装置前
E28	0.5	22L	120°U 形管道、2000mm、59mm	圆柱形容器中心	圆柱形容器内、管道入口处、狭缝装置前

2）容器形状和连接形式的影响

采用圆柱形容器（22L、113L）和球形容器（22L、113L）作为起爆容器，管道选用直管道（$D = 59mm$），E29 和 E30 组实验装置均为单容器-平行板狭缝装置形式，E31 和 E04 组实验装置连接形式均为容器-平行板狭缝装置-管道，E33 组实验装置连接形式均为容器-平行板狭缝装置-管道-容器。对比 E29 和 E30 组实验数据研究当连接形式为单容器-平行板狭缝装置时，容器形状对爆燃火焰淬熄的影响；对比 E31 和 E04 组实验数据研究当连接形式为单容器-平行板狭缝装置-管道时，容器形状对爆燃火焰淬熄的影响；对比 E32 和 E33 组实验数据研究当连接形式为容器-平行板狭缝装置-管道-容器时，容器形状对爆燃火焰淬熄的影响；对比 E30、E02 和 E10 组实验数据研究实验装置连接形式对爆燃火焰淬熄的影响，如表 6.7 所示。

表 6.7　　容器形状和连接形式对容器管道连通系统爆燃火焰淬熄的影响

序号	平行板狭缝间距/mm	容器容积、形状	管道形状、管长、管径	点火位置	压力监测点
E29	0.5	22L 球形	无	22L 球形容器中心	22L 球形容器内，狭缝装置前
E30	0.5	22L 圆柱形	无	22L 圆柱形容器中心	22L 圆柱形容器内，狭缝装置前
E31	0.5	22L 球形	直管、2000mm、59mm	22L 球形容器中心	22L 球形容器内，狭缝装置前、后，管道末端
E32	0.5	22L、113L 球形	直管、2000mm、59mm	22L 球形容器中心	22L、113L 球形容器内，狭缝装置前、后，管道末端
E33	0.5	22L、113L 圆柱形	直管、2000mm、59mm	22L 圆柱形容器中心	22L、113L 圆柱形容器内，狭缝装置前、后，管道末端

6.2　狭缝装置对连通容器气体爆炸火焰淬熄的影响

6.2.1　容器-管道气体爆炸火焰淬熄

1. 狭缝装置的影响

图 6.1 为圆柱形容器-管道结构中，爆炸火焰在平行板狭缝装置内的传播图像。由图 6.1 可以看出，火焰在平行板狭缝内传播一段距离后被淬熄。当前学者认为，爆炸火焰在狭缝通道内的淬熄过程是冷壁效应和器壁效应协同作用的结果[8]。由冷器壁理论可知，当狭小通道壁面损失的热量大于气体燃烧释放的热量时，火焰将停止传播，并发生淬熄[9]；同时，器壁效应理论指出，自由基因与通道壁面发生碰撞而销毁[10]。当阻火结构的狭缝通道间距减小到一定程度，销毁的自由基数量大于燃烧反应生成的自由基数量时，爆炸链式反应无法继续进行，随后反应终止，爆炸火焰被淬熄。在实验中，爆炸火焰进入狭缝装置（间距 $H =$ 0.5mm）后，平行板壁面具有导热性，火焰产生大量能量损失，同时参与反应的自由基数量也持续减少，使得化学反应速率越来越小。火焰在狭缝内传播一小段距离后，剩余的火焰能量和自由基不足以维持火焰的继续传播，爆炸反应被终止，导致火焰最终在平行板狭缝内被淬熄。

图 6.1　火焰在狭缝装置内的传播图像

图 6.2 和图 6.3 分别为有、无狭缝装置起爆容器内和管道末端压力曲线,表 6.8 为不同位置处的相关爆炸参数。在加装狭缝装置后,起爆容器内和管道末端的最大爆炸压力(P_{max})和最大爆炸压力上升速率($(dP/dt)_{max}$)均明显降低。相对于没有狭缝装置,有狭缝装置的起爆容器内 P_{max} 从 0.33MPa 降低至 0.24MPa,而 $(dP/dt)_{max}$ 从 4.45MPa/s 下降到 1.58MPa/s。管道末端的爆炸参数下降更为明显,P_{max} 从 0.60MPa 下降到 0.18MPa,$(dP/dt)_{max}$ 从 17.58MPa/s 下降到 0.73MPa/s。这是由于加装狭缝装置后,爆炸火焰在狭缝通道内会产生大量的能量损失,甚至被淬熄,这将导致爆炸压力的衰减。

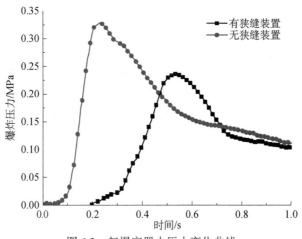

图 6.2 起爆容器内压力变化曲线

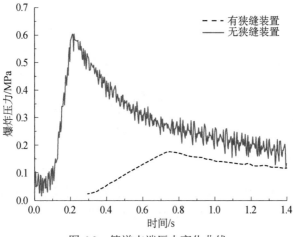

图 6.3 管道末端压力变化曲线

表6.8　有、无狭缝装置不同位置处的相关爆炸参数

参数	无狭缝装置		有狭缝装置			
	起爆容器内	管道末端	起爆容器内	管道末端	狭缝前	狭缝后
P_{max}/ MPa	0.33	0.60	0.24	0.18	0.30	0.15
$(dP/dt)_{max}$/（MPa/s）	4.45	17.58	1.58	0.73	7.08	1.89

此外，由表6.8和图6.3可以看出，容器-管道结构中管道末端的压力上升和下降过程均出现了剧烈的振荡现象，但在加装狭缝装置后压力振荡现象消失。在未加装狭缝装置时，火焰沿管道传播至管道末端，爆炸压力达到最大值，同时压力波在管道内部发生振荡；在加装狭缝装置后，爆炸火焰在狭缝内被淬熄，压力波能量被大大消耗，进入管道的压力波振荡减弱。因此，狭缝装置对容器-管道结构中爆炸压力的衰减效果较为明显。

图6.4为狭缝装置的狭缝前、后爆炸压力变化曲线。由图可知，爆炸压力在经过狭缝装置作用后下降较明显。在狭缝装置的作用下，容器内 P_{max} 由0.30MPa下降至0.15MPa，而 $(dP/dt)_{max}$ 从7.08MPa/s下降到1.89MPa/s。这是由于压力波和火焰在经过狭缝装置后，被离散成若干个小单元，在平行板狭缝的冷壁效应和器壁效应共同作用下，火焰发生淬熄，狭缝后端的压力波也被明显削弱。

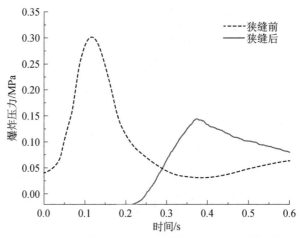

图6.4　狭缝装置的狭缝前、后爆炸压力随时间变化曲线

2. 狭缝间距的影响

本节为研究圆柱形容器-管道结构平行板狭缝间距对爆燃火焰淬熄的影响，选取不同间隙（0.5mm、1.5mm、3mm、6mm）的凹槽，将平行板卡在凹槽内即可形成不同宽度的平行板狭缝。容器连接形式为起爆容器-狭缝装置-管道。不同狭缝间距下火焰在狭缝装置内的传播图像如图6.5所示。

由图 6.5 可以看出，狭缝装置的不同狭缝间距对容器-管道结构中容器内火焰淬熄的影响较明显。当狭缝间距 H 为 0.5mm、1.5mm 和 3mm 时，火焰在平行板狭缝内能够被有效淬熄；当狭缝间距 H 为 6mm 时，火焰通过平行板狭缝，爆炸火焰淬熄失败。同时，随着狭缝间距的增加，火焰的淬熄效果减弱，在狭缝内传播的爆炸火焰明显增多，火焰亮度逐渐增大。

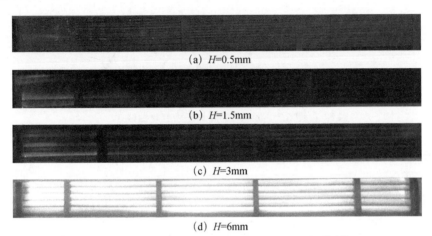

(a) H=0.5mm

(b) H=1.5mm

(c) H=3mm

(d) H=6mm

图 6.5　不同狭缝间距下火焰在狭缝装置内的传播图像 1

3. 狭缝装置位置的影响

本节研究狭缝装置淬熄位置对密闭空间内气体爆炸强度的影响。狭缝装置安放在不同位置时，起爆容器内爆炸压力变化曲线如图 6.6 所示，狭缝前的爆炸压力变化曲线如图 6.7 所示，实验装置上各位置的爆炸参数如表 6.9 所示。

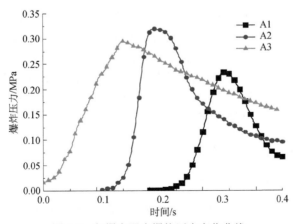

图 6.6　起爆容器内爆炸压力变化曲线

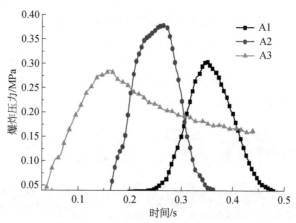

图 6.7　狭缝前的爆炸压力变化曲线

表 6.9　实验装置上各位置的爆炸参数

参数	A1			A2			A3	
	起爆容器内	狭缝前	狭缝后	起爆容器内	狭缝前	狭缝后	起爆容器内	狭缝前
P_{max}/ MPa	0.23	0.30	0.08	0.32	0.38	0.16	0.29	0.29
$(dP/dt)_{max}$/ (MPa/s)	3.85	5.34	1.64	8.94	9.34	2.31	4.26	4.22

由图 6.6 和图 6.7 可以看出，当狭缝装置位于 A2 位置时，起爆容器内和狭缝前的 P_{max} 均大于 A1 和 A3 两种位置。当狭缝装置位于 A1 位置时，起爆容器内的 P_{max} 最小；当狭缝装置位于 A3 位置时，狭缝前的 P_{max} 最小。同时，由表 6.9 可以看出，当狭缝装置位于 A1 位置时，$(dP/dt)_{max}$ 小于 A2 和 A3 两个位置。这是管道的加速作用和狭缝装置的淬熄作用协同作用的结果，当狭缝装置位于 A1 位置时，爆炸火焰在狭缝装置内被淬熄，狭缝后无火焰。同时，由于狭缝装置的作用，爆炸波被明显削减，反射回起爆容器的反向波能量也大大减小，所以当狭缝装置位于 A1 位置时，容器内爆炸强度最小，淬熄效果也最显著。

综合上述实验结果的分析，在容器-管道形式的连通结构中，狭缝装置位于 A1 位置（位于管道前端）时淬熄效果最好，狭缝装置位于 A2 位置（位于管道中间）时淬熄效果最差。因此，在工业生产和输运可燃气体时，若装置采用容器-管道结构形式，淬熄装置则最好安装于管道前端。

6.2.2　连通容器气体爆炸火焰淬熄

1. 狭缝装置的影响

本节设计两组实验来对比分析在容器-管道-容器结构中，有、无狭缝装置对容器内气体燃爆特性的影响，狭缝装置通过法兰连接于管道末端。

图 6.8～图 6.10 分别为有、无狭缝装置工况下，起爆容器内、传爆容器内和管道末端的压力变化曲线。表 6.10 为有、无狭缝装置不同位置的相关爆炸参数。由图 6.8 可知，在安装狭缝装置后起爆容器内的爆炸压力显著降低，P_{max} 从 0.42MPa 下降到 0.22MPa。火焰在狭缝装置中发生淬熄，使得传爆容器内未发生爆炸，导致传爆容器内压力下降更为显著，P_{max} 从 0.69MPa 下降到 0.14MPa，管道末端的 P_{max} 也由 0.52MPa 下降到 0.31MPa。此外，不同位置的 $(dP/dt)_{max}$ 也大幅下降，在管道末端连接狭缝装置后，起爆容器内的 $(dP/dt)_{max}$ 从 29.45MPa/s 下降到 3.38MPa/s，而管道末端和传爆容器的 $(dP/dt)_{max}$ 比未连接狭缝装置时大幅减小。

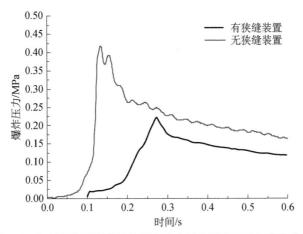

图 6.8　有、无狭缝装置下起爆容器内爆炸压力随时间变化曲线

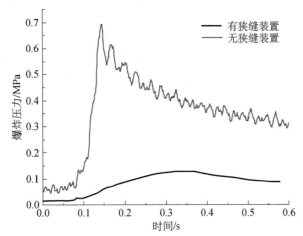

图 6.9　有、无狭缝装置下传爆容器内爆炸压力随时间变化曲线

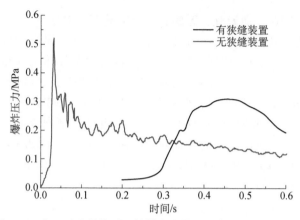

图 6.10　有、无狭缝装置下管道末端爆炸压力随时间变化曲线

表 6.10　有、无狭缝装置不同位置的相关爆炸参数

参数	无狭缝装置			有狭缝装置			
	起爆容器内	管道末端	传爆容器内	起爆容器内	管道末端（狭缝前）	狭缝后	传爆容器内
P_{max}/ MPa	0.42	0.52	0.69	0.22	0.31	0.17	0.14
$(dP/dt)_{max}$/ (MPa/s)	29.45	98.44	38.02	3.38	4.08	1.26	1.08

　　图 6.11 为狭缝前、后爆炸压力随时间变化曲线。由于狭缝装置的淬熄作用，P_{max} 从 0.31MPa 下降到 0.17MPa。同时，未安装狭缝装置时，起爆容器、传爆容器和管道末端的爆炸压力均迅速上升并达到峰值，然后振荡下降。这是由于在未连接狭缝装置时，爆燃火焰在经过管道传播到传爆容器后，引发了传爆容器内剧烈的二次爆炸，压力迅速达到峰值，然后压力波反射回管道并进入起爆容器，

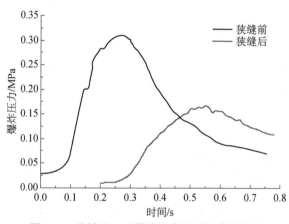

图 6.11　狭缝前、后爆炸压力随时间变化曲线

压力波与容器壁面发生碰撞，从而形成振荡压力且逐渐下降。然而，在管道末端连接狭缝装置时，压力波通过管道进入狭缝装置后被大量消耗，随后火焰在狭缝装置内被淬熄，起爆容器、传爆容器和管道末端的振荡下降现象消失。

综上分析，狭缝装置对于容器-管道-容器连通结构内气体爆炸具有明显的抑制作用，各个位置的压力均明显下降。然而相对于容器-管道连通结构，火焰在容器-管道-容器连通结构内的淬熄效果略弱。因此，工业中对于连通结构的气体储运装置，应该尽量避免采用容器-管道-容器连通结构。

2. 狭缝间距的影响

本节研究容器-管道-容器连通结构采用不同狭缝间距（0.5mm、1.5mm、3mm和 6mm）对火焰淬熄的影响。狭缝装置均连接在管道末端，实验装置连接形式为容器-管道-狭缝装置-容器。

图 6.12 为不同狭缝间距下平行板狭缝内火焰淬熄图。可以明显看出，当狭缝间距为 0.5mm、1.5mm、3mm 时，火焰均在狭缝内传播一段距离后被淬熄；当狭缝间距为 6mm 时，火焰通过平行板狭缝，淬熄失败。这与 6.1.2 节的实验结果基本一致。

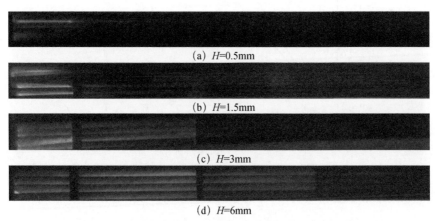

(a) H=0.5mm

(b) H=1.5mm

(c) H=3mm

(d) H=6mm

图 6.12　不同狭缝间距下火焰在狭缝装置内的传播图像 2

由图 6.13 和图 6.14 可以看出，随着狭缝间距的改变，起爆容器内及狭缝前的 P_{max} 和（dP/dt）$_{max}$ 存在明显的变化。同时，在 0.5mm、1.5mm、3mm 和 6mm狭缝间距下，起爆容器内的 P_{max} 分别为 0.22MPa、0.24MPa、0.25MPa 和 0.23MPa，这也与容器-狭缝-管道结构的实验结果吻合。狭缝后及传爆容器内的 P_{max} 和（dP/dt）$_{max}$ 均随着狭缝间距的增大而增大。

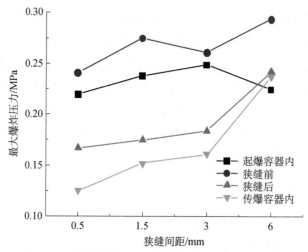

图 6.13　不同狭缝间距下不同位置 P_{max} 的变化曲线

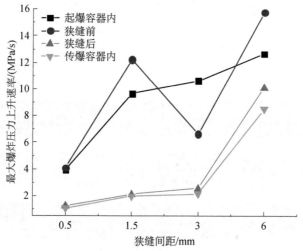

图 6.14　不同狭缝间距下不同位置 $(\mathrm{d}P/\mathrm{d}t)_{max}$ 的变化曲线

3. 狭缝装置位置的影响

考虑到狭缝装置的安放位置对密闭空间内的气体爆炸强度具有影响，本节分别将狭缝装置安放在三个不同位置来研究狭缝装置位置对气体爆炸强度的影响，即在 22L 圆柱形容器连接圆柱形管道（长度为 2m，内径为 59mm）再连接 11L 圆柱形容器的连通结构形式中，分别将狭缝装置安放在 22L 圆柱形容器后、圆柱形管道后和 11L 圆柱形容器后，对比淬熄效果及其各容器和管道中相关爆炸参数的变化规律。狭缝装置安放在不同位置时狭缝内的火焰传播图像如图 6.15 所示。图中，B1 为狭缝装置安放在起爆容器后；B2 为狭缝装置安放在圆柱形管道后；B3 为狭缝装置安放在传爆容器后。

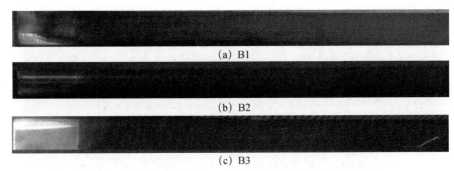

(a) B1

(b) B2

(c) B3

图 6.15　狭缝装置安放在不同位置时狭缝内的火焰传播图像

由图 6.15 可以看出，狭缝装置位于 B1、B2、B3 位置时，火焰在狭缝装置内均发生淬熄现象；当狭缝装置位于 B3 位置时，狭缝装置内的火焰亮度最大。狭缝装置位于 B3 位置时，起爆容器中心、狭缝前、狭缝后和传爆容器中心处的 P_{max} 和（dP/dt）$_{max}$ 均明显高于 B1 和 B2 位置。这是因为狭缝装置位于 B3 位置时，压力波和火焰在到达狭缝装置前，爆炸火焰受到起爆容器和管道的加速作用，爆炸强度逐渐增大，使得此处的压力远大于其他工况[11-16]。

因此，在工业生产中，采用容器-管道-容器结构形式时，应将淬熄装置尽量安装在连通结构中。若侧重保护起爆容器，则可将淬熄装置安装于管道末端；若侧重保护传输管道或者传爆容器，则可将淬熄装置安装于起爆容器后。

6.3　连通容器尺寸对气体爆炸火焰淬熄的影响

6.3.1　容器容积的影响

在连通容器内燃爆火焰淬熄的尺寸效应研究中，除了研究管道的尺寸变化对气体爆炸火焰淬熄的影响规律，还应研究容器的尺寸对气体爆炸火焰淬熄的影响。本节研究容器容积对连通容器内火焰淬熄和各位置处的压力变化的影响，连通装置的连接形式为起爆容器-狭缝装置-管道。起爆容器容积 $V_{起}$ 分别为 11L、22L 和 55L，管道均为长度为 2m、内径为 59mm 的圆柱形直管道。高频压力传感器分别设置于起爆容器、狭缝装置前端和后端。

图 6.16 为不同起爆容器容积下狭缝装置内的火焰传播图像。由图可以看出，

在三种容器容积下，爆燃火焰在狭缝装置内均发生淬熄。从火焰亮度来看，容器容积越大，在狭缝内所能看到的火焰亮度越高，即能够进入狭缝内的火焰越多。同时说明容器容积越小，火焰淬熄效果越好。

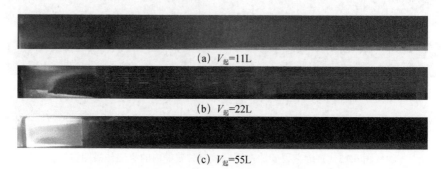

(a) $V_{起}$=11L

(b) $V_{起}$=22L

(c) $V_{起}$=55L

图 6.16　不同起爆容器容积下狭缝装置内的火焰传播图像

图 6.17 和图 6.18 分别为起爆容器内、狭缝前、狭缝后三个位置的 P_{max} 和 $(dP/dt)_{max}$ 随容器容积的变化曲线。表 6.11 为不同容器容积下不同位置的相关爆炸参数。由图 6.17 可以看出，随着起爆容器容积的增加，三个位置的 P_{max} 均呈逐渐增大的趋势。由图 6.18 可以看出，起爆容器内和狭缝前的 $(dP/dt)_{max}$ 随着容器容积的增大而减小，但是狭缝后的 $(dP/dt)_{max}$ 随着容器容积的增大而增大。起爆容器容积越小，火焰从点火中心传播到容器壁面的距离就会越短，所以容积越小的容器其压力变化越快，$(dP/dt)_{max}$ 也就越大。

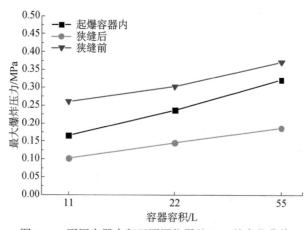

图 6.17　不同容器容积下不同位置处 P_{max} 的变化曲线

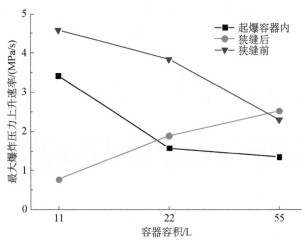

图 6.18　不同容器容积下不同位置处（dP/dt）$_{max}$ 的变化曲线

表 6.11　不同容器容积下不同位置的相关爆炸参数

参数	起爆容器内			狭缝前			狭缝后		
	11L	22L	55L	11L	22L	55L	11L	22L	55L
P_{max}/ MPa	0.17	0.24	0.32	0.26	0.30	0.37	0.10	0.15	0.19
（dP/dt）$_{max}$/（MPa/s）	3.49	1.58	1.34	4.58	3.84	2.29	0.77	1.89	2.53

　　由表 6.11 可以看出，经过狭缝装置后的压力峰值均较小，表明平行板狭缝装置的淬熄效果均较为理想。然而，起爆容器容积为 55L 时的狭缝后的压力大于起爆容器容积为 11L 时的狭缝后的压力，这也说明只要起爆容器容积足够大，即使爆炸火焰被淬熄，淬熄后的压力峰值也可能较大。因此，在化工生产过程中，采取阻火或淬熄措施后，还需要采取压力泄放，减小爆炸压力波对装置造成的危害。

6.3.2　管道长度的影响

　　本节设计不同管道长度来研究管道长度对气体爆炸火焰淬熄的影响，装置连接形式为容器-管道-狭缝装置。容器选用 22L 圆柱形容器，管道为内径为 59mm、长为 2000mm 的三段圆柱形直管道，每段管道可通过法兰进行连接，形成长度 L 分别为 2m、4m、6m 的管道。在起爆容器正上方、管道入口处、狭缝装置前均设置了高频压力传感器。图 6.19 为不同管道长度下狭缝装置内的火焰传播图像。

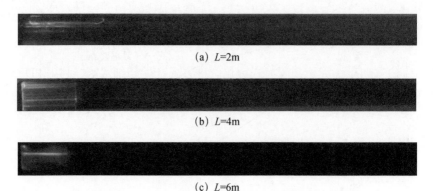

(a) *L*=2m

(b) *L*=4m

(c) *L*=6m

图 6.19　不同管道长度下狭缝装置内的火焰传播图像

由图 6.19 可以看出，管道长度对火焰淬熄存在尺寸效应。当管道长度为 2m、4m、6m 时，火焰在狭缝装置内均发生淬熄现象。由图 6.20、图 6.21 可知，起爆容器内、管道入口处、狭缝装置前的压力均经历了先快速上升后缓慢下降的过程。由表 6.12 可知，管道入口处的 P_{max}、起爆容器内的 P_{max} 和（dP/dt）$_{max}$ 都随着管长的增加而减小。管道越长，传播到狭缝装置内的能量越少，压力波和火焰被淬熄后，经由壁面等反射回去的压力波和气流大量减少，使得管道和起爆容器内的湍流度大大减小，因此起爆容器内的（dP/dt）$_{max}$ 也随着管道长度的增长而减小[17, 18]。

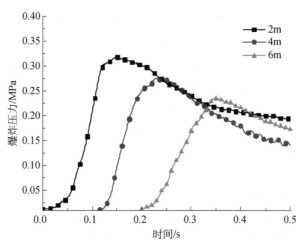

图 6.20　不同管道长度下起爆容器内爆炸压力变化曲线

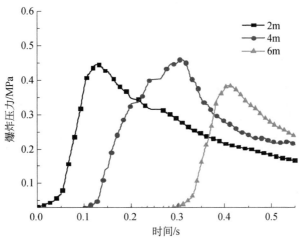

图 6.21　不同管道长度下管道入口处爆炸压力变化曲线

6.3.3　管道内径的影响

选取三种管道内径（20mm、59mm、108mm）的圆柱形直管道，长度均为 2m，起爆容器为 22L 圆柱形容器，狭缝装置连接于管道末端，在起爆容器、管道入口处、管道末端（狭缝前）分别设置了高频压力传感器，以测量各个位置的压力变化。

图 6.22 为不同管道内径下狭缝装置内的火焰传播图像。可以看出，三种管径下的爆燃火焰在狭缝装置内均发生淬熄现象。从火焰亮度来看，管径 D 越大。在狭缝内所看到的火焰亮度越大，即能够进入狭缝内的火焰越多。这也表明管径越小，火焰淬熄效果越好。

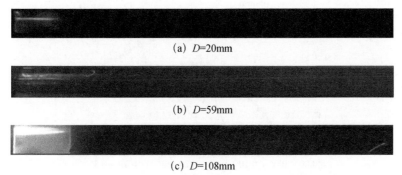

(a) D=20mm

(b) D=59mm

(c) D=108mm

图 6.22　不同管道内径下狭缝装置内的火焰传播图像

图 6.23 和图 6.24 为不同管径下起爆容器内和狭缝前的爆炸压力随时间变化

曲线。由图可知，起爆容器内 P_{max} 和狭缝前的 P_{max} 均随着管径的增加而增大。此外，由图 6.25 可知，起爆容器、狭缝前的（dP/dt）$_{max}$ 随着管径的增加而增大。这是因为管道内壁面表面积和管道容积的比值与管道内径成反比，管径越大，内壁面表面积和管道容积的比值越小，进而管道壁面的热耗散作用就越小，爆炸火焰传播过程中的热量损失越少，传向狭缝前的爆炸能量也就越大。同时，传向起爆容器的反向压力波能量增大，导致管道内和起爆容器湍流度增大。因此，起爆容器的 P_{max} 和（dP/dt）$_{max}$ 会增大。

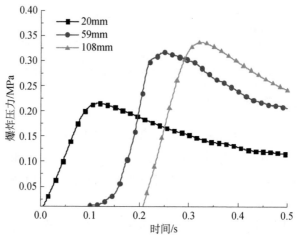

图 6.23　不同管径下起爆容器内压力变化曲线

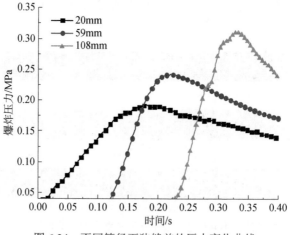

图 6.24　不同管径下狭缝前的压力变化曲线

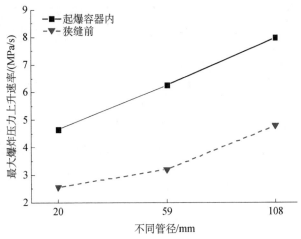

图 6.25　不同管径下连通容器不同位置处的（dP/dt）$_{max}$ 变化曲线

表 6.12 表明，管道入口处的 P_{max} 随着管径的增大而增大，同时不同管径下的管道入口处的 P_{max} 均明显大于同一管径下起爆容器内的压力，这与管道长度的变化规律一致。因此，在工业生产中，储运可燃气体的连通容器装置，其管道内径应尽可能小。

表 6.12　不同管径下不同位置处的相关爆炸参数

参数	起爆容器内			管道入口处			狭缝前		
	20mm	59mm	108mm	20mm	59mm	108mm	20mm	59mm	108mm
P_{max}/ MPa	0.22	0.32	0.34	0.32	0.46	0.47	0.19	0.24	0.31
（dP/dt）$_{max}$/（MPa/s）	4.65	6.26	7.99	3.13	8.31	5.03	2.57	3.20	4.80

6.4　连通容器结构对气体爆炸火焰淬熄的影响

6.4.1　容器形状的影响

1. 单容器结构

本节起爆容器选取 22L 圆柱形容器和球形容器，狭缝装置连接于起爆容器后。图 6.26 为圆柱形容器和球形容器爆炸后狭缝装置内的火焰传播图像。由图可知，单容器内的爆燃火焰均能够被狭缝装置淬熄，当起爆容器为球形时，平行板狭缝内火焰的亮度更大，说明能进入狭缝内的火焰数量更多。

（a）圆柱形容器

（b）球形容器

图 6.26　不同容器形状下火焰在狭缝装置内的传播图像 1

图 6.27 和图 6.28 为起爆容器内和狭缝前的爆炸压力变化曲线。由图 6.27 可知，球形容器内的 P_{max}（0.37MPa）大于圆柱形容器（0.32MPa）。同时，由图 6.28

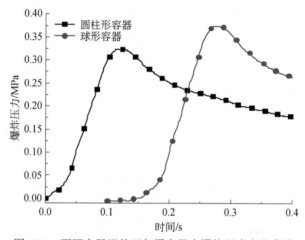

图 6.27　不同容器形状下起爆容器内爆炸压力变化曲线

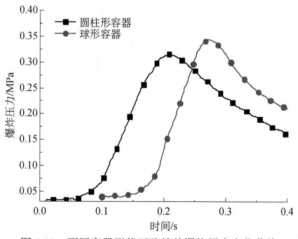

图 6.28　不同容器形状下狭缝前爆炸压力变化曲线

可知，球形容器狭缝前的 $P_{\max}$ 也大于圆柱形容器。此外，由表 6.13 可以看出，球形容器、起爆容器和狭缝前的（dP/dt）$_{\max}$ 均大于圆柱形容器。这是由于在球形容器内，爆炸火焰是以圆球形状向四周均匀扩散燃烧的，同时球形容器是中心对称结构，反向压力波传到起爆容器后爆炸压力达到最大值[19-21]。此外，圆柱形容器的径向距离小于横向距离，点火后爆炸传到各个点的距离和时间不一，最先到达径向壁面，然后反射回容器中心与横向传播的爆炸波相遇，导致其 $P_{\max}$ 和（dP/dt）$_{\max}$ 均小于球形容器。

表 6.13　单容器结构火焰淬熄状态下不同容器形状不同位置处的爆炸参数

参数	起爆容器内		狭缝前	
	圆柱形容器	球形容器	圆柱形容器	球形容器
$P_{\max}$/ MPa	0.32	0.37	0.32	0.34
（dP/dt）$_{\max}$/（MPa/s）	5.45	5.96	3.57	5.06

由表 6.13 可知，球形容器狭缝前的 $P_{\max}$ 大于圆柱形容器，狭缝前的（dP/dt）$_{\max}$ 也大于圆柱形容器，这说明狭缝装置对单容器装置淬熄时，球形容器内的爆炸强度大于圆柱形容器，球形容器的淬熄难度大于圆柱形容器。

2. 容器-管道结构

基于单容器结构火焰淬熄的研究，本节对容器-管道结构的火焰淬熄情况进行实验研究。容器分别选用 22L 圆柱形容器和球形容器，管道为长为 2m、内径为 59mm 的圆柱形直管道，狭缝装置连接在管道末端。图 6.29 为不同容器形状下火焰在狭缝装置内的传播图像。由图中可以看出，容器-管道结构下两种容器内的爆燃火焰均被淬熄。

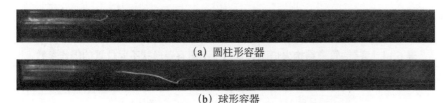

(a) 圆柱形容器

(b) 球形容器

图 6.29　不同容器形状下火焰在狭缝装置内的传播图像 2

图 6.30 和图 6.31 分别为不同容器形状下起爆容器和狭缝前的爆炸压力变化曲线。由图可以看出，起爆容器为球形容器时，起爆容器内和狭缝前的 $P_{\max}$ 均大于圆柱形容器。同时，由表 6.14 可知，起爆容器为球形容器时，起爆容器内和狭缝前的（dP/dt）$_{\max}$ 也均大于圆柱形容器。这与单容器装置淬熄时的变化规律一致。

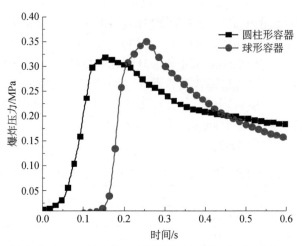

图 6.30　不同容器形状下起爆容器内爆炸压力变化曲线

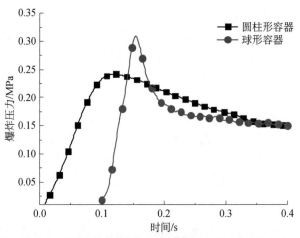

图 6.31　不同容器形状下狭缝前爆炸压力变化曲线

表 6.14　容器-管道结构火焰淬熄状态下不同容器形状不同位置的爆炸参数

参数	起爆容器内		狭缝前	
	圆柱形容器	球形容器	圆柱形容器	球形容器
P_{max}/MPa	0.32	0.35	0.24	0.31
$(dP/dt)_{max}$/(MPa/s)	6.26	9.73	3.20	7.97

3. 容器-管道-容器结构

本节研究球形容器和圆柱形容器对容器-管道-容器连通结构内火焰淬熄的

影响，实验装置的连接形式分别为 22L 圆柱形容器-管道-113L 圆柱形容器、22L 球形容器-管道-113L 球形容器。两组实验的实验装置保持总容积不变，管道均为长为 2m、内径为 59mm 的圆柱形直管道，狭缝装置均连接于传爆容器末端。

图 6.32 为容器-管道-容器连通结构中，不同容器形状下火焰在狭缝装置内的传播图像。由图可以明显看出，两种容器形状下连通容器内的爆燃火焰在狭缝内均被成功淬熄。容器为球形容器时，狭缝内的火焰明亮程度会更大。

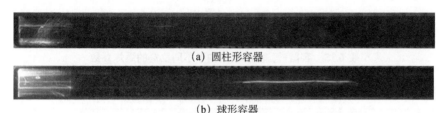

（a）圆柱形容器

（b）球形容器

图 6.32　不同容器形状下火焰在狭缝装置内的传播图像 3

图 6.33 为不同容器形状的容器-管道-容器结构下不同位置的爆炸压力变化曲线。由图 6.33（a）可以看出，当容器为球形容器时，起爆容器内的 P_{max} 大于圆柱形容器。由表 6.15 可知，当容器为球形容器时，起爆容器内的 $(dP/dt)_{max}$ 也大于圆柱形容器。同时，狭缝装置在容器-管道-容器结构下进行火焰淬熄时，起爆容器的 P_{max} 和 $(dP/dt)_{max}$ 均远大于狭缝装置对单容器和容器-管道结构下火焰淬熄时的爆炸强度。

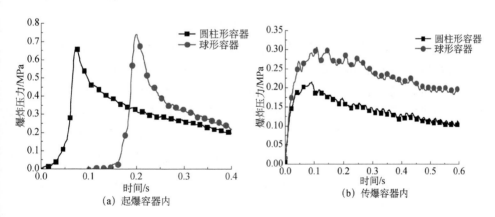

（a）起爆容器内　　　　　　　　　　　　（b）传爆容器内

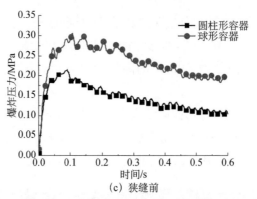

（c）狭缝前

图 6.33　容器-管道-容器结构下不同位置的爆炸压力变化曲线

表 6.15　容器-管道-容器结构下不同位置的爆炸参数

参数	起爆容器内		传爆容器内		狭缝前	
	圆柱形容器	球形容器	圆柱形容器	球形容器	圆柱形容器	球形容器
P_{max}/ MPa	0.70	0.74	0.21	0.31	0.43	0.49
$(dP/dt)_{max}$/（MPa/s）	42.10	47.03	10.66	11.60	54.08	63.20

由图 6.33（b）可以看出，两种形状下，球形容器内的 P_{max} 大于圆柱形容器，但在圆柱形容器内传爆容器的 P_{max} 远小于起爆容器内 P_{max}。这是因为起爆容器内发生爆炸，压力波和火焰达到传爆容器后导致发生二次爆炸，传爆容器内压力迅速达到峰值。但是由于传爆容器后连接狭缝装置，传爆容器内发生二次爆炸后形成的高温高压气体和压力波被狭缝装置迅速淬熄，反射回传爆容器内的爆炸波能量被大大削减，导致传爆容器内气流湍流度大大减小，传爆容器内的爆炸强度也被大大减小。因此，传爆容器内的爆炸强度要远小于起爆容器。

由表 6.15 可以看出，容器为球形容器时，狭缝前的 P_{max} 和（dP/dt）$_{max}$ 均大于圆柱形容器的 P_{max} 和（dP/dt）$_{max}$，狭缝前的也要大于圆柱形容器。然而，由图 6.33（c）可以看出，不同容器形状下容器-管道-容器结构火焰淬熄时，狭缝前的压力曲线经历了一次波峰。这是由于爆炸波的传播比火焰传播更快，当起爆容器内预混气体发生爆炸后，爆炸波先于火焰到达狭缝前，使得狭缝前产生第一次压力峰值。当压力波进入狭缝装置内时立即被削弱，狭缝前压力短暂下降，随后火焰传播到传爆容器后引发传爆容器内的二次爆炸，所形成的爆炸波使狭缝前形成第二次压力波峰。

综上所述，首先，无论是单容器结构、容器-管道连通结构，还是容器-管道-容器连通结构，无论是圆柱形容器还是球形容器，爆燃火焰在经过间距为

0.5mm、长度为 2000mm 的平行板狭缝后均能够被淬熄；其次，容器为球形结构时，各个位置的 P_{max} 和（$\mathrm{d}P/\mathrm{d}t$）$_{max}$ 要大于圆柱形容器，狭缝装置对圆柱形容器的淬熄效果更好。此外，容器-管道-容器连通结构下即使爆燃火焰被成功淬熄，但各位置的爆炸压力远大于单容器结构和容器-管道连通结构，尤其是起爆容器内压力仍然较高。通过大量实验研究发现，容器-管道-容器连通结构下，传爆容器内会发生二次爆炸，导致传爆容器内爆炸强度增强[22-24]。通过实验发现，由于狭缝装置具有淬熄效果，传爆容器内的二次爆炸强度要远小于起爆容器。这说明，在此结构下狭缝装置的效果较显著，尤其是对传爆容器的保护。

6.4.2　管道形状的影响

1. Y 形和 T 形管道的对比分析

本节选用 T 形管道和 Y 形管道研究管道形状对连通容器内火焰淬熄的影响，实验装置的连接形式为 22L 圆柱形容器-T 形管/Y 形管道-狭缝装置。T 形管道分为三段，每段长度均为 1m，连接起爆容器和狭缝装置的两段管道称为主管道，分叉处的管道称为分叉管道。

图 6.34 为不同管道形状下火焰在狭缝装置内的传播图像。图中可以明显看出，火焰均能被成功淬熄，管道为 T 形管道时的狭缝内火焰亮度和剧烈程度均大于 Y 形管道。因此，从狭缝装置内火焰淬熄效果来看，相比于 T 形管道，Y 形管道的狭缝装置对连通装置内爆燃火焰的淬熄效果更好。

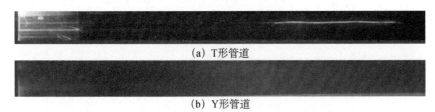

(a) T形管道

(b) Y形管道

图 6.34　不同管道形状下火焰在狭缝装置内的传播图像

图 6.35 为连接管道为 T 形管道和 Y 形管道情况下不同位置的压力变化曲线。由图可知，管道形状变化对连通容器内爆燃火焰淬熄过程存在明显的影响。由图 6.35（a）可以看出，两种管道形状下起爆容器内爆炸压力均经历了一个先快速上升到峰值然后振荡下降的过程，其中 T 形管道-起爆容器内的振荡程度更剧烈。同时，T 形管道-起爆容器内的 P_{max} 为 0.42MPa，明显大于 Y 形管道-起爆容器内的 P_{max}（0.21MPa）。这是由于采用 T 形管道，当爆炸波和火焰传播至管道分叉口处时，主管道对爆炸传播阻碍作用小于 Y 形管道，使得流向分叉管道的爆炸波少

于Y形管道，随后分叉管道反向流回主管道的爆炸压力波又会被管道壁消损。因此，当管道采用T形管道时，起爆容器的P_{max}会大于Y形管道。

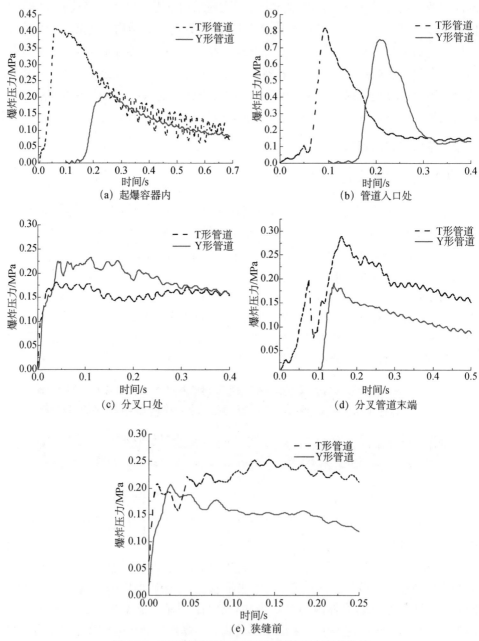

(a) 起爆容器内

(b) 管道入口处

(c) 分叉口处

(d) 分叉管道末端

(e) 狭缝前

图6.35　不同管道形状下不同位置的压力变化曲线

图 6.35（c）为分叉口处的压力随时间变化曲线。由图可知，Y 形管道分叉口处的 P_{max} 略大于 T 形管道。同时，T 形管道和 Y 形管道入口处的 P_{max}（0.82MPa、0.75MPa）均大于管道分叉口处的 P_{max}（0.18MPa、0.23MPa），这也说明在管道分叉处对爆炸具有明显的阻碍作用。图 6.35（d）为分叉管道末端的压力变化曲线，T 形管道分叉管道末端经历了两次波峰后振荡下降，而 Y 形管道分叉管道末端仅出现一次波峰。这是由于采用 T 形管道时，起爆容器爆炸后形成的爆炸波传播至分叉管和主管道的时间不一致，爆炸波经过分叉管段末端形成第一个小波峰，随后火焰到达分叉管段引爆可燃气体形成第二次波峰。然而，采用 Y 形管道，当爆炸波传播到分叉处时，由于分叉管和主管道是对称的，爆炸波传播至主管道和分叉管道的时间相同。图 6.36 为不同管道形状下不同位置的 $(dP/dt)_{max}$ 变化曲线。由图可以看出，当采用 Y 形管道时，起爆容器、管道入口处、狭缝前的 $(dP/dt)_{max}$ 均小于 T 形管道。这是由于采用 T 形管道时主管道对爆炸传播的阻碍作用小于 Y 形管道。不同管道形状下不同位置的爆炸参数如表 6.16 所示。

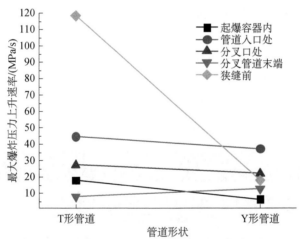

图 6.36　不同管道形状下不同位置的 $(dP/dt)_{max}$ 变化曲线

表 6.16　不同管道形状下不同位置的爆炸参数

参数	T 形管					Y 形管				
	起爆容器内	管道入口处	分叉口处	分叉管道末端	狭缝前	起爆容器内	管道入口处	分叉口处	分叉管道末端	狭缝前
P_{max}/MPa	0.42	0.82	0.18	0.29	0.25	0.21	0.75	0.23	0.19	0.21
$(dP/dt)_{max}$/(MPa/s)	18.09	44.88	20.66	8.08	23.36	6.43	37.47	22.32	12.93	17.19

　　综上所述，两种管道形状下狭缝装置均能有效淬熄连通装置内的爆炸火焰。同时，采用 T 形管道时的连通容器内狭缝前的 P_{max}、$(dP/dt)_{max}$ 均大于采用 Y 形管道。此外，采用 T 形管道时的起爆容器内、管道入口处、分叉管道末端的 P_{max}、$(dP/dt)_{max}$ 均小于采用 Y 形管道。因此，在相同工况下，狭缝装置对 Y 形管道的淬熄效果更佳。

2. 不同弯曲角度 U 形管道的对比分析

　　相关学者对弯曲管道内气体爆炸进行了研究，发现管道内弯曲越多，气体爆炸的强度就会越高，表明弯曲角对爆炸具有增强作用；而当管道内无爆炸火焰时，管道弯曲角能够削弱爆炸强度[25]。同时，管道弯曲角会加剧燃烧区域的气流紊乱程度，从而对爆炸具有增强作用[24]。本节主要研究管道的弯曲角度对火焰淬熄的影响规律。管道选用 U 形管道，长度为 2m，选用不同弯曲角度（$\alpha=30°$、$45°$、$60°$、$90°$ 和 $120°$）的 U 形管道，分别在起爆容器、管道入口处和狭缝前三个位置设置压力传感器。

　　图 6.37 为不同弯曲角度下狭缝装置内的火焰传播图像。由图可知，当采用任意弯曲角度的 U 形管道时，平行板狭缝内的爆炸火焰均能够被淬熄。由图 6.38 可以看出，不同管道弯曲角度下起爆容器内的爆炸压力均经历了一个先快速上升后振荡下降的过程。当管道弯曲角度为 90° 时，起爆容器内、管道入口处和狭缝前的 P_{max} 最大。起爆容器内和管道入口处的 $(dP/dt)_{max}$ 也呈现同样的变化规律。这与景国勋等 [23] 的研究结论一致。

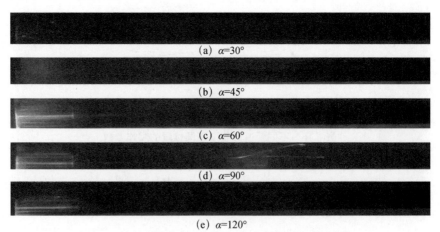

(a) $\alpha=30°$

(b) $\alpha=45°$

(c) $\alpha=60°$

(d) $\alpha=90°$

(e) $\alpha=120°$

图 6.37　不同弯曲角度下狭缝装置内的火焰传播图像

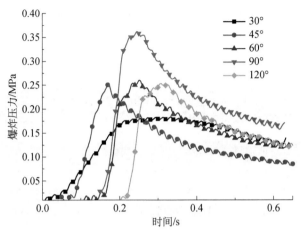

图 6.38　不同管道弯曲角度下起爆容器内的压力变化曲线

综上分析发现,管道弯曲角度会对容器内火焰淬熄效果产生影响。当 U 形管道弯曲角度为 90°时,狭缝装置内火焰淬熄效果最差,各位置的 P_{max} 和 $(dP/dt)_{max}$ 最大;而当管道弯曲角度小于 90°时,弯曲角度越小越有利于火焰淬熄。因此,在工业生产中,对弯曲管道进行设计时应尽量避免 90°的弯曲。

6.4.3　连接形式的影响

本节主要研究实验装置连接形式对火焰淬熄特性的影响,连接形式如图 6.39 所示。起爆容器均为 22L 圆柱形容器,传爆容器为 11L 圆柱形容器,管道均为长度为 2m、内径为 59mm 的圆柱形直管道。

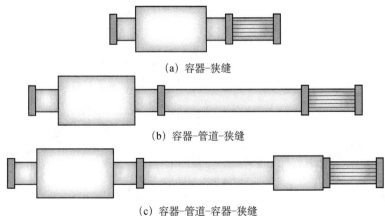

(a) 容器-狭缝

(b) 容器-管道-狭缝

(c) 容器-管道-容器-狭缝

图 6.39　不同连接形式的实验装置示意图

图 6.40 为三种结构下爆炸火焰在狭缝装置内的传播图像。由图可知,三种连

接形式下爆炸火焰均被成功淬熄。同时，当采用容器-管道-容器-狭缝连通结构时，狭缝装置内的火焰亮度最高，甚至有少量火焰通过狭缝传播到了较远的位置，说明在该连接形式下，狭缝通道对爆炸火焰的淬熄能力较弱。

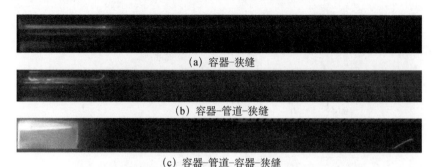

(a) 容器–狭缝

(b) 容器–管道–狭缝

(c) 容器–管道–容器–狭缝

图 6.40　实验装置不同连接形式下火焰在狭缝装置内的传播图像

图 6.41（a）为不同连接形式下起爆容器内爆炸压力变化曲线。由图可知，容器-管道-容器-狭缝连通结构下，起爆容器内的 P_{max} 要远大于其他两种结构。而容器-管道-狭缝内的 P_{max} 最小，这是因为相较于单容器装置，采用容器-管道-狭缝时起爆容器内发生爆炸后，连接管道起到了一定的泄爆作用，爆炸火焰经管道泄放出来，随后在狭缝装置作用下发生淬熄，使得反射回起爆容器的反向压力波减小，导致起爆容器内爆炸压力小于单容器装置工况。由图 6.41（b）可以看出，在容器-管道-容器-狭缝连通结构下，狭缝前的 P_{max} 最大，且压力变化曲线出现了两次波峰。图 6.42 和表 6.17 分别为不同连接形式下不同位置的（$\mathrm{d}P/\mathrm{d}t$）$_{max}$ 变化曲线和爆炸参数。由图 6.42 可知，容器-管道-容器-狭缝连通结构下，起爆容器和狭缝前的（$\mathrm{d}P/\mathrm{d}t$）$_{max}$ 远大于另外两种结构。这也表明，连通容器的连接形式越复杂，容器内的爆炸强度越大，进而导致狭缝装置对爆炸火焰的淬熄作用越弱。

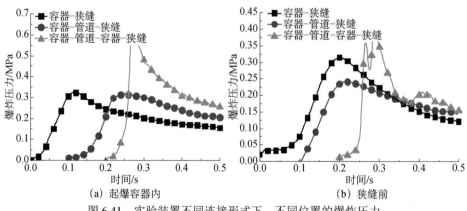

(a) 起爆容器内

(b) 狭缝前

图 6.41　实验装置不同连接形式下，不同位置的爆炸压力

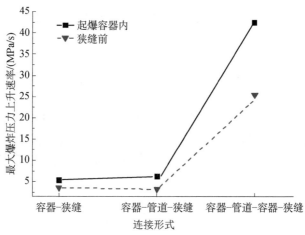

图 6.42　不同连接形式下不同位置的（dP/dt）$_{max}$变化曲线

表 6.17　不同连接形式下不同位置的爆炸参数

参数	容器-狭缝		容器-管道-狭缝		容器-管道-容器-狭缝		
	起爆容器	狭缝前	起爆容器	狭缝前	起爆容器	传爆容器	狭缝前
P_{max}/ MPa	0.32	0.32	0.32	0.24	0.66	0.18	0.40
（dP/dt）$_{max}$/（MPa/s）	5.45	3.57	6.26	3.20	42.58	18.92	26.43

通过对上述实验结果的分析发现，虽然三种连通容器连接形式下狭缝装置均能够成功将爆炸火焰淬熄，但在容器-管道-容器连通结构下，狭缝装置的火焰淬熄效果要弱于单容器和容器-管道结构。因此，在工业生产中，应尽量避免采用复杂形式的连通容器，同时将淬熄装置安装于起爆容器或者管道末端，可有效阻断连通容器内的传爆过程。

6.5　本 章 小 结

本章基于搭建的连通容器火焰淬熄特性实验平台，研究了狭缝装置、实验装置尺寸和结构等因素对连通容器内火焰淬熄的影响。在狭缝装置对连通容器爆燃火焰淬熄的影响研究中发现，相较于无狭缝装置，有狭缝装置对连通容器内气体爆燃火焰有较好的淬熄效果。同时，安装狭缝装置后起爆容器、传爆容器和管道末端的压力振荡现象消失。狭缝后的 P_{max} 和（dP/dt）$_{max}$ 均随着狭缝间距的增大而增大。在容器-管道连通结构中，狭缝装置位于管道前端时的淬熄效果最好；而在容器-管道-容器的连通结构中，狭缝装置位于传爆容器后的淬熄效果弱于另外两种结构。在连通容器爆燃火焰淬熄的尺寸效应研究中，起爆容器内的 P_{max} 和（dP/dt）$_{max}$ 都随着管长的增大而减小，而狭缝前的 P_{max} 和（dP/dt）$_{max}$ 随着管长的增大而增大。管径越小,狭缝装置对火焰淬熄效果越好。随着起爆容器容积的增大,起爆容器内和狭缝前、后三个位置的 P_{max} 均呈增加趋势;起爆容器内和狭缝前的 $(dP/dt)_{max}$ 随着容器容积的增大而减小,而狭缝后的 $(dP/dt)_{max}$ 随着容器容积的增大而增大。在连通容器爆燃火焰淬熄的结构效应研究中发现,相比于T形管道,采用Y形管道的狭缝装置对连通装置内爆燃火焰的淬熄效果更好。当U形管道弯曲角度为90°时,狭缝装置内火焰淬熄效果最差。在相同工况下,狭缝装置对圆柱形容器的淬熄效果要优于球形容器。在三种连接形式下,狭缝装置均能够成功淬熄爆炸火焰,但容器-管道-容器连通结构的火焰淬熄效果弱于单容器和容器-管道结构。

参 考 文 献

[1] 周蓉芳,魏若男,周竹杰,等. 点火能量对天然气空气预混合气层流燃烧的影响. 西安交通大学学报,2012,46(7):21-25.

[2] 崔瑞,程五一. 点火能量对煤粉爆炸行为的影响. 煤矿安全,2017,48(4):16-19.

[3] 仇锐来,张延松,张兰,等. 点火能量对瓦斯爆炸传播压力的影响实验研究. 煤矿安全,2011,42(7):8-11.

[4] Randeberg E. Electric Spark ignition of sensitive dust clouds of MIE<1mJ. Journal of Loss Prevention in the Process Industries,2007,20(4-6):396-401.

[5] 吴松林,杜扬,张培理,等. 点火方式对受限空间油气爆燃规律的影响. 化工学报,2016,67(4):1626-1632.

[6] von Kármán T,Emmons H W,Taylor G I,等. 燃烧与爆轰的气体动力学. 北京:科学出版社,1988.

[7] 崔东明,叶经方,杜志敏. 泄爆过程内外流场的压力测量. 流体力学实验与测量,2003,17(1):64-67.

[8] Spalding D B. A theory of inflammability limits and flame-quenching. Proceedings of the Royal Society of London. Series A,Mathematical and Physical Sciences,1957,240(1220):83-100.

[9] 胡畔. 石化装置设计中阻火器的选用. 炼油技术与工程,2002,32(6):37-39.

[10] 赵涛. 惰性气体对管道内预混火焰淬熄的研究. 大连:大连理工大学,2009.

[11] 喻健良,高远. 预混火焰在平板狭缝内淬熄性能分析. 中国职业安全健康协会 2009 年学术年会,厦门,2009.

[12] 孙少辰,毕明树,刘刚,等. 爆轰火焰在管道阻火器内的传播与淬熄特性. 化工学报,2016,5(5):2176-2184.

[13] Spalding D B. A theory of inflammability limits and flame-quenching. Proceedings of the

Royal Society of London. Series A，Mathematical and Physical Sciences，1957，240（1220）：83-100.

[14]　Kindracki J，Kobiera A，Rarata G. Influence of ignition position and obstacles on explosion development in methane-air mixture in closed vessels. Journal of Loss Prevention in the Process Industries，2007，20（4-6）：551-561.

[15]　Zhang K，Wang Z R，Jiang J C，et al. Effect of pipe length on methane explosion in interconnected vessels. Process Safety Progress，2016，35（3）：241-247.

[16]　张锏. 连通装置甲烷爆炸尺寸效应的实验研究. 南京：南京工业大学，2017.

[17]　Yan C，Wang Z R，Jiao F，et al. Numerical simulation on structure effects for linked cylindrical and spherical vessels. Simulation：Journal of the Society for Modeling and Computer Simulation，2018，94（9）：849-858.

[18]　崔益清. 结构和尺寸对容器与管道甲烷-空气预混气体爆炸的影响研究. 南京：南京工业大学，2013.

[19]　左青青. 容器与管道气体爆炸的结构效应数值模拟研究. 南京：南京工业大学，2016.

[20]　崔洋洋. 连通容器甲烷爆炸结构效应研究. 南京：南京工业大学，2017.

[21]　林柏泉，朱传杰. 煤矿井下巷道拐角效应及其对瓦斯爆炸传播的影响作用. 中国职业安全健康协会 2009 年学术年会，厦门，2009.

[22]　顾金龙，翟成. 爆炸性气体在连续拐弯管道中传播特性的实验研究. 火灾科学，2011，20（1）：16-20.

[23]　景国勋，史果，贾智伟. 瓦斯爆炸冲击波在管道拐弯处传播规律的实验研究. 中国科技论文，2009，2（12）：1-6.

[24]　王汉良，周凯元，夏昌敬. 气体爆轰波在弯曲管道中传播特性的实验研究. 火灾科学，2001，10（4）：209-212.

[25]　Ohyagi S，Obara T，Nakata F，et al. A numerical simulation of reflection process of detonation wave on a wedge. Shock Waves，2000，10：185-194.

第7章 受限空间气体爆炸抑爆特性

随着现代化工业的快速发展,尤其是近年来,石油化工和天然气行业重大燃烧爆炸事故频发,给社会造成了人身和财产的重大损失。工业上常采用抑爆和泄爆技术来预防和降低气体爆炸的危害。因此,本章基于多孔材料、金属丝网以及泄爆技术研究其对连通容器内甲烷-空气预混气体爆炸的抑制作用,获取不同因素对容器内爆炸压力的影响规律,明确连通容器内泄爆与丝网抑爆联合作用的规律与机制,为连通容器内抑爆及泄爆技术的应用及改进提供理论依据和技术支撑。

7.1 实 验 设 计

7.1.1 实验系统

1. 实验装置

分别采用球形连通容器和柱形连通容器连通实验装置。在球形连通容器实验装置中,球形容器的内径为 0.6m(容积 $V=0.113\text{m}^3$),管道长 2m($D=0.06\text{m}$),球形容器与管道的设计压力为 20MPa,实验容器采用 16MnR 钢铸造,实验装置示意图如图 7.1 所示。泄爆位置分别为管道末端、球形容器顶部,抑爆位置为球形容器和管道法兰的连接处。泄爆面积通过选用不同开孔直径的爆破片来做实

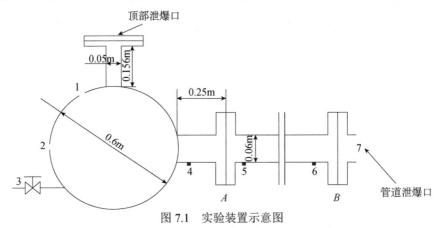

图 7.1 实验装置示意图

1. 点火器接口;2. 压力传感器接口;3. 混合气体输入输出接口;4~6. 火焰传感器接口;*A*、*B*. 法兰

验，所选用的开孔直径分别为 0.06m、0.05m、0.04m、0.03m、0.013m。

在柱形连通实验装置中，容器和管道均采用 16MnⅢ钢材料铸造而成，壁面厚度为 15mm，最大承压为 20MPa，实验装置分别如图 3.1 和图 3.3 所示。实验选用 113L 和 11L 的圆柱形容器，选用四段圆形截面管道（长度为 2m，内径为 0.006m）。容器和管道两端均配有法兰，可形成不同管道长度的容器-管道结构连通容器和容器-管道-容器结构连通容器。选取 113L 和 11L 等长径比的圆柱形容器分别作为起爆容器和传爆容器。

实验系统采用 KTD-A 型可调节高能点火器，其电源电压为 220（±10%）VAC，功率为 400W。同时，选用高频压力传感器（型号为 HM90-H3-2）和 CKG100 型火焰传感器。该高频压力传感器量程为 0～5MPa，采集频率为 200kHz，测量精度为±0.25%F.S.。

2. 抑爆与泄爆系统

1）非金属多孔材料

选取泡沫 Fe-Ni、泡沫陶瓷 SiC、泡沫陶瓷 Al_2O_3 三种多孔材料作为实验对象，进行甲烷-空气预混气体爆炸抑制实验。多孔材料的几何参数如表 7.1 所示。

表 7.1　多孔材料的几何参数

序号	多孔材料	厚度/mm	孔隙/PPI	体积密度/（g/cm³）	开孔率
1	Fe-Ni	10	90	0.4172	≥98%
		10	40	0.2694	≥98%
2	SiC	20	20	0.6030	80%～90%
		20	10	0.5795	80%～90%
3	Al_2O_3	10	50	0.5803	80%～90%
		10	30	0.7249	80%～90%

注：PPI 为每英寸孔隙数。

多孔材料如 Fe-Ni、SiC、Al_2O_3 的形态和结构如图 7.2 所示。这些材料表现出由孔隙和支柱组成的三维框架结构，具有健全的连接性、大孔隙率和比表面积等特性。这些特性对抑制气体爆炸至关重要。当气体爆炸火焰通过多孔材料时，由于多孔材料具有孔隙，爆炸火焰立即被分割成大量的火焰流；此外，气体在燃烧和爆炸反应中从孔隙中流出，并在传导、对流和辐射的基础上与孔壁进行热交换。

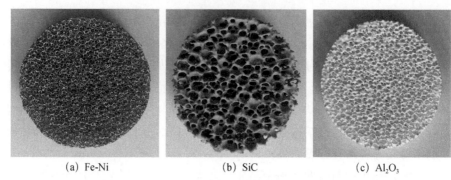

(a) Fe-Ni　　　　　　　　　(b) SiC　　　　　　　　　(c) Al_2O_3

图 7.2　Fe-Ni、SiC、Al_2O_3 多孔材料的形态和结构

2）金属丝网

金属丝网是指具有一定目数和层数的单层丝网，可按照实验的需求进行重叠组合。金属丝网结构对爆炸产生的冲击波及火焰传播具有一定的抑制作用，而且对于同一种目数的丝网，随着丝网层数的增加，抑爆效果更加明显，这是由于金属丝网增加了气体在装置内的流通阻力。为了研究丝网结构对连通容器外部泄爆压力的影响规律，本节选取 20 目、40 目、60 目三种不同目数的金属丝网进行实验研究，丝网结构放置在法兰 A 号位。三种不同目数金属丝网的几何参数如表 7.2 所示。

表 7.2　金属丝网的几何参数

序号	目数	孔数/cm	孔径/mm	丝径/mm	金属体积分数
1	20	7.86	0.95	0.31	0.3894
2	40	15.60	0.44	0.19	0.4776
3	60	23.40	0.30	0.15	0.5736

图 7.3　硅酸铝棉固定图

3）硅酸铝棉

本节选取的内衬多孔材料硅酸铝棉为棉状结构，实物如图 7.3 所示。硅酸铝棉质地较软，利用最左端外径为 90mm、内径为 60mm 的铁环、支杆和螺栓将其进行支撑。硅酸铝棉外部利用铁丝将其固定，放置在第一段管道末端，进行连通容器抑爆实验。

7.1.2　实验方法

经过前期大量的实验探索和总结，在保证实验安全有效的情况下，实验详细操作步骤如下：

（1）根据预先设计的实验方案组装实验系统，连接容器与管道，并安装金属丝网、多孔材料以及爆破片等。实验系统组装完毕后检查系统的气密性以及各部分的工作状态。

（2）利用真空泵将装置内部抽真空至−0.09MPa（表压），静置 2min，等待充入可燃性混合气体。

（3）打开配气系统，将气体输出管道与容器进气口相连，充入预先按设定浓度预混的可燃气体，静置 5min，使气体充分混合。

（4）打开数据采集系统，现场人员应移至安全区域，准备引爆。

（5）打开点火系统，引爆容器内的混合气体。

（6）保存采集到的数据，并利用空气压缩机将容器内的废气清理干净，准备进行下一组实验。

7.1.3 实验条件

1. 非金属多孔材料的抑爆特性研究

本节研究非金属多孔材料对连通容器内甲烷-空气预混气体爆炸的抑制作用。根据所选多孔材料的性质，将多孔材料组合进行实验研究。详细的实验方案如表 7.3 所示。

表 7.3 多孔材料抑爆实验方案

序号	实验方案		
A	（1）无		（2）铁箍
B	（1）Fe-Ni 10mm/90PPI	（2）Fe-Ni 10mm/40PPI	（3）SiC 20mm/20PPI
	（4）SiC 20mm/10PPI	（5）Al_2O_3 10mm/50PPI	（6）Al_2O_3 10mm/30PPI
C	（1）Fe-Ni 10mm/90PPI + SiC 20mm/20PPI	（2）Fe-Ni 10mm/90PPI + SiC 20mm/10PPI	
	（3）Fe-Ni 10mm/40PPI + SiC 20mm/20PPI	（4）Fe-Ni 10mm/40PPI + SiC 20mm/10PPI	
	（5）Fe-Ni 10mm/90PPI + Al_2O_3 10mm/50PPI	（6）Fe-Ni 10mm/90PPI + Al_2O_3 10mm/30PPI	
	（7）Fe-Ni 10mm/40PPI + Al_2O_3 10mm/50PPI	（8）Fe-Ni 10mm/40PPI + Al_2O_3 10mm/30PPI	
	（9）Al_2O_3 10mm/50PPI + SiC 20mm/20PPI	（10）Al_2O_3 10mm/30PPI + SiC 20mm/20PPI	
	（11）Al_2O_3 10mm/50PPI + SiC 20mm/10PPI	（12）Al_2O_3 10mm/30PPI + SiC 20mm/10PPI	
D	（1）Al_2O_3 10mm/50PPI + Fe-Ni 10mm/90PPI + SiC 20mm/20PPI		
	（2）Al_2O_3 10mm/50PPI + Fe-Ni 10mm/90PPI + SiC 20mm/10PPI		
	（3）Al_2O_3 10mm/50PPI + Fe-Ni 10mm/40PPI + SiC 20mm/20PPI		
	（4）Al_2O_3 10mm/50PPI + Fe-Ni 10mm/40PPI + SiC 20mm/10PPI		
	（5）Al_2O_3 10mm/30PPI + Fe-Ni 10mm/90PPI + SiC 20mm/20PPI		
	（6）Al_2O_3 10mm/30PPI + Fe-Ni 10mm/90PPI + SiC 20mm/10PPI		
	（7）Al_2O_3 10mm/30PPI + Fe-Ni 10mm/40PPI + SiC 20mm/20PPI		
	（8）Al_2O_3 10mm/30PPI + Fe-Ni 10mm/40PPI + SiC 20mm/10PPI		

2. 非金属多孔材料的泄爆特性研究

本节研究非金属多孔材料在连通容器内甲烷-空气预混气体泄放实验中的超压和火焰特性。实验分为四组，其中 A 组代表空白实验，实验方案如表 7.4 所示。

表 7.4　泄爆多孔材料的实验方案

序号	实验方案		
A	（1）空白实验		
B	（1）Fe-Ni 10mm/90PPI	（2）Fe-Ni 10mm/40PPI	（3）Al$_2$O$_3$ 10mm/50PPI
	（4）Al$_2$O$_3$ 10mm/30PPI	（5）SiC 20mm/20PPI	（6）SiC 20mm/10PPI
C	（1）Fe-Ni 20mm/90PPI	（2）Fe-Ni 20mm/40PPI	（3）Al$_2$O$_3$ 20mm/50PPI
	（4）Al$_2$O$_3$ 20mm/30PPI	（5）SiC 40mm/20PPI	（6）SiC 40mm/10PPI
D	（1）Fe-Ni 30mm/90PPI	（2）Fe-Ni 30mm/40PPI	（3）Al$_2$O$_3$ 30mm/50PPI
	（4）Al$_2$O$_3$ 30 mm/30PPI	（5）SiC 60mm/20PPI	（6）SiC 60mm/10PPI

3. 金属丝网与硅酸铝棉对连通容器爆炸抑制研究

选用的金属丝网层数分别为 5 层、9 层、13 层、17 层、21 层和 25 层，具体实验方案如表 7.5 和表 7.6 所示。

（1）金属丝网对连通容器 DDT 抑爆特性研究。

表 7.5　金属丝网对连通容器 DDT 的影响

序号	丝网目数	丝网层数	起爆容器	管道长度/m	障碍物情况	监测点（压力）
1		5				
2		9				
3	40	13	113L 圆柱形容器	6	8 个阻塞率为 75% 的障碍物；障碍物组放置在位置 A	容器 丝网前后 管道末端
4		17				
5		21				
6		25				
7		5				
8		9				
9	60	13	113L 圆柱形容器	6	8 个阻塞率为 75% 的障碍物；障碍物组放置在位置 A	容器 丝网前后 管道末端
10		17				
11		21				
12		25				

（2）硅酸铝棉对连通容器 DDT 抑爆特性研究。

表 7.6　硅酸铝棉对连通容器 DDT 的影响

序号	长度/mm	厚度/mm	起爆容器	管道长度/m	障碍物情况	监测点（压力）
1	900	5	113L 圆柱形容器	6	8 个阻塞率为 75%的障碍物；障碍物组放置在位置 A	容器 丝网前后 管道末端
2		10				
3	1200	5	113L 圆柱形容器	6	8 个阻塞率为 75%的障碍物；障碍物组放置在位置 A	容器 丝网前后 管道末端
4		10				

4. 连通容器丝网抑爆与泄爆联合作用研究

表 7.7 为不同影响因素对抑爆特性影响的实验方案。其中，Y-A 组实验主要研究有无丝网结构的影响，Y-B 组实验主要研究丝网层数和丝网目数的影响。在本节实验中，除特殊说明外均采用大球容器连接管道，甲烷浓度为 9.5%，丝网位于 A 处，初始压力为常压，点火能量为 6J，管道端口泄爆，泄爆口内径为 60mm。

表 7.7　抑爆因素的影响研究实验方案

序号	丝网结构	影响因素	备注
Y-A1	无	有无丝网结构	—
Y-A2	60 目 5 层		
Y-B1	20 目 1 层		
Y-B2	20 目 3 层		
Y-B3	20 目 5 层		
Y-B4	20 目 7 层		
Y-B5	20 目 9 层		
Y-B6	40 目 1 层		
Y-B7	40 目 3 层		
Y-B8	40 目 5 层	丝网层数和丝网目数	—
Y-B9	40 目 7 层		
Y-B10	40 目 9 层		
Y-B11	60 目 1 层		
Y-B12	60 目 3 层		
Y-B13	60 目 5 层		
Y-B14	60 目 7 层		
Y-B15	60 目 9 层		

表 7.8 为不同影响因素对泄爆特性影响的实验方案。其中，X-A 组实验主要研究破膜压力的影响，X-B 组实验主要研究泄爆口内径的影响，X-C 组实验主要

研究泄爆位置的影响。在本节实验中，除特殊说明外均采用大球容器连接管道，丝网结构为 60 目 5 层，丝网安装于 A 处，甲烷浓度为 9.5%，初始压力为常压，点火能量为 6J。

表 7.8　泄爆因素的影响研究实验方案

序号	影响因素	参数选择	其他实验条件	备注
X-A1		0MPa		
X-A2		0.05MPa		
X-A3	破膜压力	0.10MPa	泄爆口内径为 0.06m 点火能量为 6J	—
X-A4		0.15MPa		
X-A5		0.30MPa		
X-B1		0.013m		
X-B2		0.03m		
X-B3	泄爆口内径	0.04m	破膜压力为 0MPa 点火能量为 6J	—
X-B4		0.05m		
X-B5		0.06m		
X-C1	泄爆位置	水平管道末端	破膜压力为 0MPa 点火能量为 6J	泄爆口内径为 0.05m
X-C2		顶上泄爆口		

表 7.9 为初始条件对泄爆特性影响的实验方案。其中，C-A 组实验主要研究初始压力的影响，C-B 组实验主要研究甲烷浓度的影响，C-C 组实验主要研究点火能量的影响。在本节实验中，除特殊说明外均采用大球容器连接管道，泄爆口位于水平管道末端，泄爆口内径为 60mm，采用无约束泄爆，丝网结构为 60 目 5层，丝网位于 A 处。

表 7.9　初始条件的影响研究实验方案

序号	影响因素	参数选择	其他实验条件
C-A1		0MPa	
C-A2	初始压力	0.01MPa	点火能量为 6J
C-A3		0.02MPa	甲烷浓度为 9.5%
C-A4		0.03MPa	
C-B1		6%	
C-B2		8%	
C-B3	甲烷浓度	9.5%	初始压力为 0MPa 点火能量为 6J
C-B4		12%	
C-B5		14%	
C-C1		2J	
C-C2		3J	
C-C3	点火能量	4J	初始压力为 0MPa 甲烷浓度为 9.5%
C-C4		5J	
C-C5		6J	

7.2　多孔材料对容器管道气体爆炸的影响

7.2.1　单层型多孔材料的影响

　　为了研究单层型多孔材料对爆炸抑制特性的影响，本节选择 6 个子类别的多孔材料进行研究，实验方案如表 7.3（B 组）所示。图 7.4（a）和（b）分别为 6 种多孔材料在位置6的爆炸压力-时间曲线和位置4、5、6、7的最大爆炸压力（P_{max}）平均值。

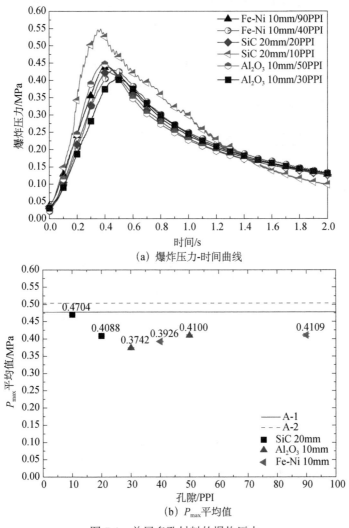

图 7.4　单层多孔材料的爆炸压力

由图 7.4（a）可以看出，在 B-4 工况下使用 SiC 20mm/10PPI 型多孔材料所产生的 P_{max} 是最大的，而在 B-6 工况下使用 Al₂O₃ 10mm/30PPI 型多孔材料所产生的 P_{max} 是最小的。通过与空白实验对比发现，单层多孔材料对甲烷-空气预混气体爆炸具有明显的抑制作用，而 B-4 工况下出现了促进爆炸发展的现象。多孔材料对气体爆炸存在两方面的影响，一方面，多孔材料的孔隙可以将爆炸火焰分割为火焰流，从而可以有效实现火焰吸热和熄灭，最终产生抑制爆炸的作用；另一方面，多孔材料会对爆炸火焰产生扰动，从而增强湍流度，可以促进爆炸发展。B-4 工况下的 P_{max} 明显大于其他工况的 P_{max}，几乎与空白实验的测试结果相同。此外，单层多孔材料的抑爆效果越差，容器内爆炸压力到达 P_{max} 的时间越短。

为了进一步定量分析多孔材料的抑爆效果，定义特征参数 K（单位为 MPa²/s）为 P_{max} 与（dP/dt）$_{max}$ 的乘积。一般来说，K 越大，多孔材料的爆炸抑制效果越差。表 7.10 为不同位置测得的爆炸强度参数 K，图 7.5 为位置 4、5、6 和 7 的爆炸强度参数变化趋势。

表 7.10　单层型多孔材料的爆炸强度参数　　　　　（单位：MPa²/s）

序号	位置 4	位置 5	位置 6	位置 7
B-1	8.238	0.814	1.066	0.563
B-2	3.285	0.633	0.828	0.787
B-3	8.735	0.655	0.689	0.724
B-4	11.374	1.850	3.618	4.872
B-5	4.196	0.869	1.061	1.115
B-6	5.277	0.574	0.654	0.717

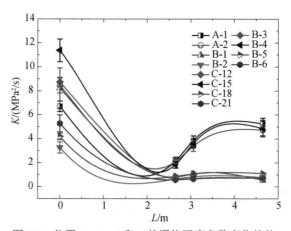

图 7.5　位置 4、5、6 和 7 的爆炸强度参数变化趋势

　　由表 7.10 可知，相较于其他位置，位置 4 的 K 更大。由图 7.5 可知，在加入单层多孔材料后，连通容器内的爆炸强度参数先急剧下降，然后略有上升，随后缓慢下降。根据表 7.10 和图 7.5 对比参数 K 可以发现，在 B-4 工况下位置 4 的爆炸强度参数大于 A-1 和 A-2 工况，表明 B-4 工况下对气体爆炸的抑制效果较差。同时，其他单层多孔材料的爆炸强度优于 A-1 和 A-2 工况。上述结果表明，除了 B-4 工况，单层多孔材料对甲烷-空气预混气体爆炸都能起到较好的抑爆效果。综合来看，采用 B-2 工况下的 Fe-Ni 10mm/40PPI 型多孔材料时抑爆效果最佳。

　　B-4 工况抑爆效果不佳的主要原因是多孔材料的孔径过大，当燃烧的火焰通过多孔材料时，多孔材料较大的孔径不能对爆炸火焰实现有效的吸热和熄灭作用，反而增强了火焰燃烧的湍流度。同时，还可以发现 B-1 工况多孔材料的孔径小于 B-2 工况多孔材料的孔径，但 B-1 工况的抑制爆炸强度的效果不如 B-2 工况。这是由于多孔材料的孔隙结构不仅能淬熄爆炸火焰，还能阻碍爆炸压力的传播。根据动量守恒定律，爆炸火焰通过多孔介质时会造成黏度损失和能量损失，表现为火焰熄灭，这与多孔材料的特性、厚度、孔隙大小和组合方式密切相关。因此，B-2 工况下多孔材料对爆炸火焰和压力传播的综合抑爆效果最优。

　　图 7.6 为 BX53M 系统显微镜观察到的爆炸抑制实验后的单层多孔材料的微观结构，由此分析多孔材料的抗烧结能力和抗冲击能力。可以发现，泡沫 Fe-Ni 多孔材料的表面形貌有明显的燃烧痕迹。SiC 多孔材料的表面形貌也有轻微的燃烧痕迹，而 Al_2O_3 多孔材料具有较强的抗烧结能力，表面没有出现烧焦现象。6 个亚类的多孔材料均没有出现内部结构破坏，表明多孔材料的抗冲击能力较强。此

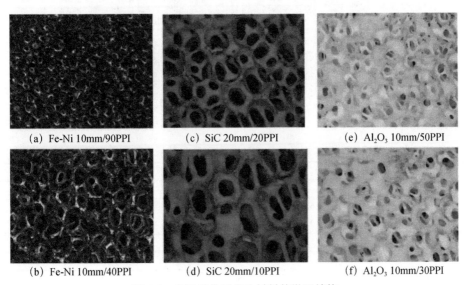

(a) Fe-Ni 10mm/90PPI　　　　(c) SiC 20mm/20PPI　　　　(e) Al_2O_3 10mm/50PPI

(b) Fe-Ni 10mm/40PPI　　　　(d) SiC 20mm/10PPI　　　　(f) Al_2O_3 10mm/30PPI

图 7.6　实验后单层多孔材料的微观结构

外，多孔材料由孔隙和支座组成，多孔材料的空间骨架结构为三维网络结构，连通性好、孔隙率大。同时，比表面积越大表明材料的散热作用越大。这些材料特性在抑制气体爆炸方面发挥了重要作用。

由上述分析可知，不同材料的爆炸抑制能力和抗烧结能力不同，而各多孔材料的组合可以发挥出更好的抑制效果。因此，采用多种多孔材料的组合，研究组合型多孔材料对球形-管道连通容器内气体爆炸的抑爆特性，实验方案如表 7.3 所示。

7.2.2　组合型多孔材料的影响

1. 两层复合多孔材料的影响

实验方案如表 7.3（C 组）所示，本节研究两层复合多孔材料的抑爆效果。图 7.7 为采用两层复合多孔材料时在位置 4、5、6、7 的 $P_{\max}$，表 7.11 为不同位置测得的 $P_{\max}$ 的最大值和最小值。

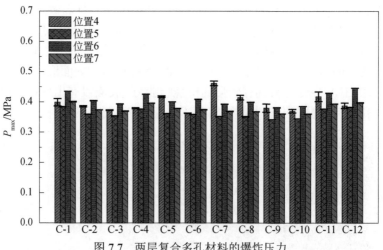

图 7.7　两层复合多孔材料的爆炸压力

表 7.11　加入两层复合多孔材料时 $P_{\max}$ 的最大值和最小值

P/MPa	$K/（\mathrm{MPa^2/s}）$					
	C-1	C-2	C-3	C-4	C-5	C-6
$(P_{\max})_{\max}$	0.435	0.404	0.393	0.425	0.417	0.408
$(P_{\max})_{\min}$	0.384	0.359	0.353	0.376	0.361	0.359

P/MPa	$K/（\mathrm{MPa^2/s}）$					
	C-7	C-8	C-9	C-10	C-11	C-12
$(P_{\max})_{\max}$	0.461	0.414	0.381	0.385	0.429	0.445
$(P_{\max})_{\min}$	0.352	0.351	0.341	0.345	0.376	0.382

如图 7.7 和表 7.11 所示，所有工况下两层复合多孔材料的 P_{max} 均出现在位置 4 或位置 6，而位置 5 的 P_{max} 最小。此外，位置 4 的 P_{max} 的标准偏差大于其他位置的标准偏差，这说明球形容器内部的爆炸压力更大。其中，C-3 工况、C-6 工况、C-9 工况和 C-10 工况下的两层复合多孔材料的组合模式所产生的爆炸压力抑制效果较好。表 7.12 为不同位置的爆炸强度参数 K，位置 4、5、6 和 7 的爆炸强度趋势如图 7.8 所示。

表 7.12　两层复合多孔材料的爆炸强度参数　　　　（单位：MPa^2/s）

组号	位置 4	位置 5	位置 6	位置 7
C-1	9.452	0.932	0.764	0.899
C-2	3.270	0.866	0.725	0.746
C-3	2.810	0.637	0.722	0.611
C-4	4.554	0.667	0.843	0.876
C-5	9.815	0.626	0.650	0.787
C-6	1.758	0.573	0.570	0.610
C-7	6.484	0.459	0.562	0.603
C-8	7.759	0.964	0.795	0.700
C-9	6.937	0.600	0.621	0.682
C-10	4.319	0.464	0.469	0.506
C-11	10.914	0.957	1.055	1.290
C-12	8.259	0.684	1.001	0.756

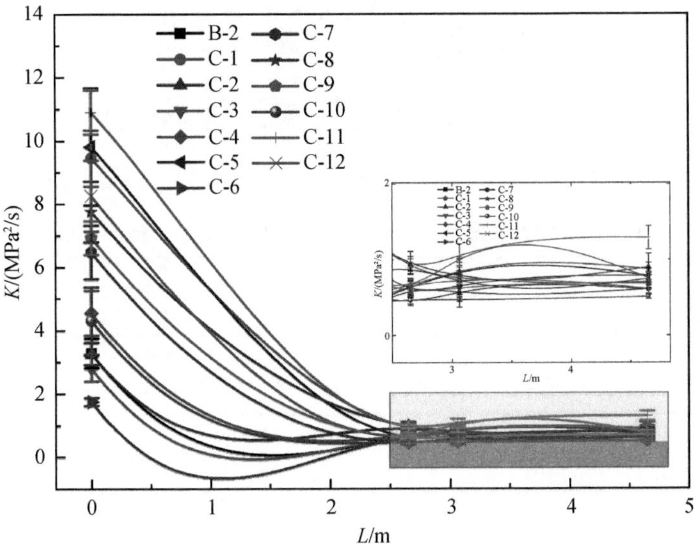

图 7.8　两层复合多孔材料在位置 4、5、6 和 7 的爆炸强度参数

由表 7.12 和图 7.8 可以发现，在两层复合多孔材料影响下的爆炸强度变化趋势基本一致。两层复合多孔材料的加入对位置 5、6、7 的爆炸强度具有很好的抑制效果，大多数两层复合多孔材料影响下的抑制效果明显优于 B-2 工况下的单层多孔材料。同时，除了 C-3 和 C-6 工况的双层复合多孔材料，其他双层复合多孔材料在位置 4 的爆炸强度均大于单层多孔材料 B-2 工况。综合来看，C-11 工况下两层复合多孔材料抑爆效果最差，而 C-3 和 C-6 工况下两层复合多孔材料的抑制作用均大于 B-2 工况下单层多孔材料，这说明这两种复合多孔材料对球形-管道连通容器内的气体爆炸强度具有很好的抑制效果[1, 2]。

2. 三层复合多孔材料的影响

实验方案如表 7.3（D 组）所示，本节研究三层复合多孔材料的抑爆效果。图 7.9 为三层复合多孔材料影响下位置 4、5、6、7 的 P_{max}，表 7.13 为不同位置测得的 P_{max} 最大值和最小值。

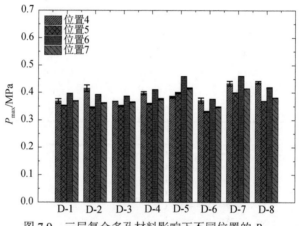

图 7.9　三层复合多孔材料影响下不同位置的 P_{max}

表 7.13　加入三层复合多孔材料时，P_{max} 的最大值和最小值

P/MPa	K/（MPa²/s）			
	D-1	D-2	D-3	D-4
$(P_{max})_{max}$	0.396	0.415	0.385	0.409
$(P_{max})_{min}$	0.351	0.344	0.350	0.358

P/MPa	K/（MPa²/s）			
	D-5	D-6	D-7	D-8
$(P_{max})_{max}$	0.457	0.375	0.459	0.437
$(P_{max})_{min}$	0.383	0.330	0.399	0.368

由图 7.9 和表 7.13 可知，三层复合多孔材料影响下位置 6 的 P_{max} 大于位置 5 和位置 7 的 P_{max}。可以发现，多孔材料层数的增加，使得其对爆炸火焰和压力的阻碍作用增大。通过对比三层复合多孔材料影响下各位置的 P_{max} 可以发现，D-6 工况下三层复合多孔材料具有良好的爆炸抑制效果，而 D-5 和 D-7 工况的爆炸抑制效果较差。表 7.14 为不同位置的爆炸强度参数 K，图 7.10 为位置 4、5、6、7 的爆炸强度参数变化趋势。

表 7.14　三层复合多孔材料的爆炸强度参数　　　　（单位：MPa²/s）

组号	位置 4	位置 5	位置 6	位置 7
D-1	5.367	0.594	0.475	0.476
D-2	5.162	0.946	0.546	0.583
D-3	2.153	1.222	0.515	0.854
D-4	5.086	1.226	0.685	1.057
D-5	3.214	1.013	0.856	1.104
D-6	5.736	1.013	0.514	0.857
D-7	9.088	0.730	1.099	0.929
D-8	5.639	0.489	0.788	0.685

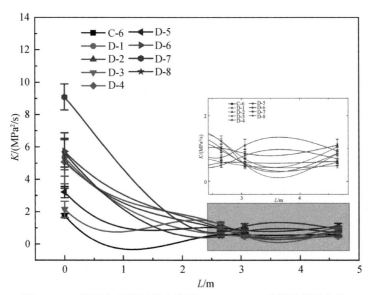

图 7.10　三层复合多孔材料在位置 4、5、6、7 的爆炸强度参数

由表 7.14 和图 7.10 可知，三层复合多孔材料对球形-管道连通容器内气体爆炸的爆炸强度有一定的抑制作用。但复合多孔材料层数的增加，使得其对爆炸压力传播的阻碍也不断增加，这与 Kumar 等[3]和 Oh 等[4]的研究结果一致。在三层

复合多孔材料中，D-3 工况的复合多孔材料组合对爆炸强度的抑制效果优于其他组合。

7.3　多孔材料对容器泄爆的影响

7.3.1　多孔材料对泄爆压力的影响

1. 球形容器的泄爆压力

实验方案如表 7.4（A 组）所示，根据实验数据绘制不同位置的爆炸压力曲线。PT_1、PT_2、PT_3、PT_4 和 PT_5 的爆炸泄压时间曲线如图 7.11 所示。由图 7.11 可知，爆炸火焰以球形结构向四周传播，并在此过程中压缩周围未燃烧的气体，导致球形容器中的压力迅速增加。当 $T = 0.13s$ 时，球形容器中的爆炸压力（P_{stat}）超过了泄爆压力（P_{burst}），泄爆膜瞬间破裂，容器内压力迅速下降。泄爆口产生的爆炸冲击波在外流场中以发散的方式传播。根据空气动力学理论[5]，爆炸口高压侧的临界压力计算如下：

$$P_c = P_0 \left(\frac{2}{k+1} \right)^{\frac{k}{1-k}} \tag{7.1}$$

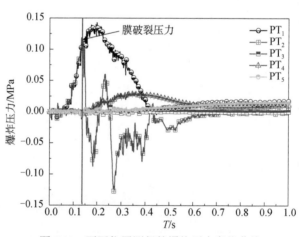

图 7.11　不同位置测得的爆炸压力变化曲线

泄爆过程中排放燃烧和未燃烧可燃气体的混合物，主要包括 CH_4、CO_2、CO、H_2O 和 N_2。这些典型气体的绝热指数变化很小，因此将燃烧和未燃烧介质的绝热指数设定为 $k = 1.30 \sim 1.40$，可计算出 $P_c = 0.185 \sim 0.191MPa$。这意味着在相应条件下，当球形容器中的爆炸压力超过 $0.08MPa$ 时，爆炸泄压波处于临界状态。由图 7.11 可知，当泄爆压力 P_{burst} 为 $0.10MPa$ 时泄爆膜破裂，当高压高速火焰从喷口喷射入静态大气时，喷口的截面压力高于环境压力，在喷口两侧形成膨胀波，导致 PT$_2$ 测得的压力迅速下降[6]。此外，由图 7.11 还可以发现，外部爆炸可以影响容器内部压力。

2. 多孔材料对爆炸压力、泄爆压力和压力峰值的影响

表 7.15 为不同工况下测得的爆炸压力 P_{stat}。为了保证实验数据的可靠性，每组工况实验重复三次，测得的 P_{stat} 标准偏差很小。这表明，添加不同的多孔材料并没有明显影响爆炸泄放实验的 P_{stat}。

表 7.15 不同工况下测得的 P_{stat}

工况	P_{stat}/MPa	工况	P_{stat}/MPa
A-1	0.078	C-4	0.079
B-1	0.080	C-5	0.079
B-2	0.081	C-6	0.078
B-3	0.080	D-1	0.079
B-4	0.079	D-2	0.080
B-5	0.079	D-3	0.080
B-6	0.079	D-4	0.079
C-1	0.081	D-5	0.079
C-2	0.079	D-6	0.080
C-3	0.080	—	—

在泄爆设计中，P_{burst} 能够显著影响爆炸压力和火焰传播。图 7.12 为不同多孔材料厚度下 P_{burst} 变化趋势，可以发现 $P_{burst}>P_{stat}$，这与 Rui 等[7]和 Fakandu 等[8]的研究结果一致。同时，随着多孔材料厚度的增大，泄爆膜破裂的超压也在增大。多孔材料 Al$_2$O$_3$ 50PPI 对应的 P_{burst} 最高，这说明多孔材料 Al$_2$O$_3$ 50PPI 的特性和微观结构对可燃气体爆炸的促进作用较大。当泄爆膜破裂时，球形容器内爆炸火焰被扰动，爆炸火焰加速传播，导致内部压力增加[9]。

图 7.13 为不同多孔材料厚度下球形容器内压力峰值（P_{red}）的变化趋势。由图 7.13 可以发现，多孔材料 SiC 60mm/20PPI 下容器内的 P_{red} 最大，而多孔材料 Fe-Ni 20mm/40PPI 的 P_{red} 最小。同时，随着多孔材料厚度的增大，P_{red} 也在增大，而多孔材料 Al$_2$O$_3$ 30PPI 的 P_{red} 逐渐减小。对比图 7.12 和图 7.13 可以看出，随着多孔材料 Al$_2$O$_3$ 30PPI 的厚度增大，P_{burst} 的增大将导致 P_{red} 减小，而这一实验现象也被 Cao 等[10]所观测到。这是由于在泄爆过程中，在球形容器内压力超过 P_{burst} 后，泄爆膜瞬间破裂。此时，球形容器内的气体爆炸仍处于发展阶段，容器内压力继续增大，导致球形容器的 P_{red} 大于泄爆膜的 P_{burst}，这一现象与 NFPA 68—

2018 标准一致。然而，对于 Al_2O_3 10mm/50PPI 多孔材料，在泄爆过程中大量未燃烧的气体从球形容器中排出，导致球形容器内爆炸程度降低。同时，排放到外界的可燃气体产生二次爆炸，从而形成外部爆炸超压[11]。

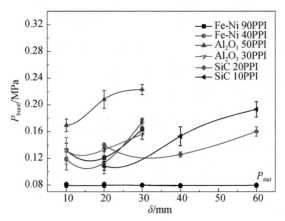

图 7.12　不同多孔材料厚度对 P_{burst} 的影响

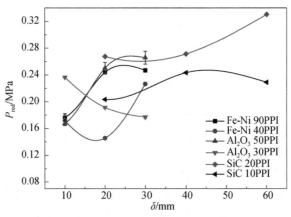

图 7.13　不同多孔材料厚度对 P_{red} 的影响

3. 泄爆的特征压力峰值

图 7.14 为不同多孔材料下 PT_2 测得的连通容器内爆炸压力变化趋势。在泄爆口开启前，球形容器内气体爆炸产生了爆炸压力，且随着爆炸火焰的传播，球形容器内的爆炸压力逐渐增大。当容器内爆炸压力到达泄爆压力时，泄爆口开启后球形容器内的爆炸压力下降，形成第一个超压峰值（P_1），即 P_{burst}。同时，随着火焰锋面的继续扩大，燃烧过程的体积膨胀率大于泄爆口的体积泄放率。因此，当爆炸压力增加时，出现了第二个超压峰值（P_2）。第三次超压峰值（P_3）出现之

后，由于气体流出的惯性和外部二次爆炸产生的热效应，出现了明显的负超压[12]。此外，本研究中峰值超压的产生机制与 Cao 等[10]的报道相似。

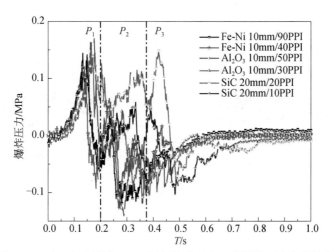

图 7.14　不同多孔材料下 PT2 测得的连通容器内爆炸压力变化趋势

由图 7.14 可以发现，当采用不同多孔材料时，爆炸压力曲线呈现不同的变化趋势。采用多孔材料 SiC 时测得的 P_2 和 P_3 明显高于采用 Fe-Ni 和 Al$_2$O$_3$ 材料时测得的 P_2 和 P_3，这表明 SiC 可以有效地分散爆炸冲击波[13, 14]。当容器内的火焰传播至泄爆口并点燃泄放到外界的未燃烧气体时，就会发生外部爆炸。然而，泄爆口外界气体爆炸形成的高压会阻碍泄爆口的高压泄放，这也将导致容器内部的爆炸压力进一步增强[15]。为了全面评估泄爆过程中外界爆炸风险，需要测量泄爆过程中的外流场最大爆炸压力，即外部峰值压力 P_{ext}，P_{ext} 对可燃气体爆炸泄爆设计至关重要。

图 7.15 为不同多孔材料下泄爆口外界爆炸压力变化曲线。由图 7.15 可知，P_{ext} 出现在距离泄爆口 250～350mm 的位置。根据不同工况下 S_v（外流场出现最大爆炸压力峰值位置与泄爆口的距离）的变化可知，随着多孔材料厚度的增大，S_v 逐渐减小。此外，在 B 组工况测试中，多孔材料 Al$_2$O$_3$ 使得外流场中产生更大的 P_{ext}；而在 C 组工况测试中，多孔材料 Al$_2$O$_3$ 20mm/30PPI 和 SiC 40mm/20PPI 使得外流场中产生更大的 P_{ext}；在 D 组工况测试中，多孔材料 SiC 60mm/10PPI 使得外流场中产生更大的 P_{ext}。当泄爆口喷射火焰与多孔材料相互作用时，爆炸火焰前沿湍流度增大，使得爆炸火焰的表面积迅速增大，爆炸反应速率增大，从而导致外流场的爆炸压力增大[16]。当 $P_{ext} > P_{red}$ 时，可认为外流场中形成了爆炸压力[11]。根据图 7.15 中不同多孔材料下泄爆过程中外界爆炸压力分布，不同厚度的多孔材料 Fe-Ni 90PPI 均未形成外部爆炸压力。随着其他类型多孔材料厚度的变化，

均出现了外界爆炸压力。

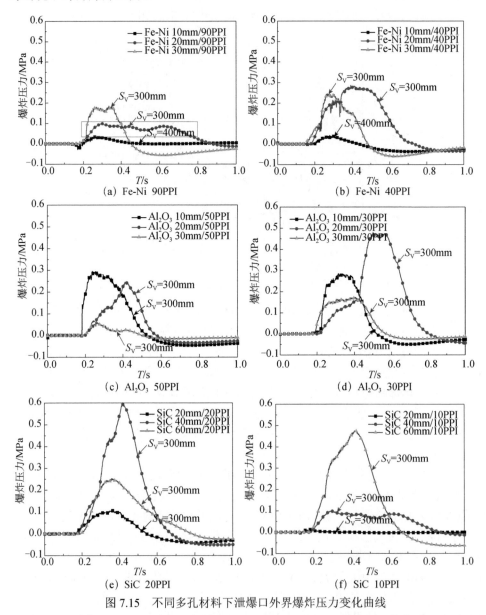

图 7.15　不同多孔材料下泄爆口外界爆炸压力变化曲线

　　图 7.16 为采用不同材质和厚度多孔材料下外界爆炸压力测量结果。由图 7.16 可知，多孔材料 Fe-Ni 具有良好的导热性且孔径较小，这将有效阻碍爆炸火焰在 Fe-Ni 90PPI 材料内部传播，进而导致喷射火焰和泄爆压力迅速衰减。当采用 Fe-Ni 10mm/40PPI 材料时，喷射火焰和爆炸泄放会对外界爆炸压力产生

显著的影响。同时，随着 Fe-Ni 40PPI 材料厚度的增加，其对爆炸火焰的淬熄作用增强。然而，随着多孔材料 Fe-Ni 孔径的增大，其对泄放喷射的火焰淬熄作用减弱，而排放到外界的可燃气体被点燃，形成外界爆炸超压。此外，由于多孔材料 Al_2O_3 的导热性较差，其对喷射火焰和泄放超压的损耗效果减弱。采用 Al_2O_3 10mm/50PPI 材料时，材料的厚度相对较薄，使其无法阻止爆炸火焰的传播，从而在外界形成了二次爆炸。然而，随着 Al_2O_3 50PPI 材料厚度的增加，多孔材料对火焰的热传导和能量耗散效应逐渐增强，使得外界可燃气体无法被引燃。

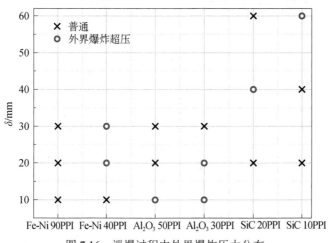

图 7.16　泄爆过程中外界爆炸压力分布

结果表明，随着 SiC 20PPI 材料厚度的增加，喷射火焰被有效抑制，采用 SiC 60mm/20PPI 材料时，火焰被完全熄灭，外部爆炸未形成。采用 SiC 40mm/10PPI 材料时，喷射火焰被有效淬熄，外界未测量到爆炸超压。然而，SiC 60mm/10PPI 材料对爆炸火焰并未表现出良好的抑制作用。当泄爆膜破裂时，大量可燃气体瞬间被排出，并被喷射火焰点燃引起外部二次爆炸，从而测量到外部爆炸压力。

7.3.2　多孔材料对火焰传播的影响

图 7.17 为不同多孔材料下外部喷射火焰。在爆炸泄放过程中，泄放喷射火焰存在三个典型阶段，如图 7.17（a）所示。第一阶段为泄爆口膜破裂初始状态下的泄爆喷射火焰（红色燃烧火焰）；第二阶段为泄爆口喷射火焰的发展阶段，泄爆口喷射火焰由红色逐渐变为亮白色，此时燃烧化学反应最激烈，火焰温度最高[17]；在第三阶段喷射火焰逐渐熄灭，燃烧反应结束，可燃气体被完全燃烧[18]。

第一阶段　　　　　　第二阶段　　　　　　第三阶段

(a) 三个典型阶段

(b) Fe-Ni泄爆喷射火焰图像

(c) Al₂O₃泄爆喷射火焰图像

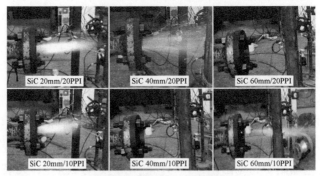

(d) SiC泄爆喷射火焰图像

图 7.17　不同多孔材料下外部喷射火焰

图 7.17（b）～（d）分别为采用多孔材料 Fe-Ni、Al_2O_3 和 SiC 时泄爆喷射火焰的图像。通过与图 7.17（a）火焰图像进行比较可以看出，多孔材料显著影响了喷射火焰的扩散和熄灭过程。由图 7.17（c）和（d）可知，喷射火焰被多孔材料 Al_2O_3 和 SiC 有效扩散。此外，随着多孔材料厚度的增加，喷射火焰的形状出现了类似于反向扭转，导致火焰成为不稳定的传播状态，而这种动态不稳定性对泄爆过程中产生的外部超压至关重要[17]。由图 7.17（d）可以发现，随着多孔材料 SiC 厚度的增大，气体和固相之间的对流传热系数逐渐增大，从而使得喷射火焰被完全淬熄。

图 7.18 为泄爆过程中多孔材料对爆炸火焰的作用机制。火焰在狭缝通道传播过程中，随着狭缝通道高度的减小，其对爆炸火焰的抑制作用增强。根据热爆炸机制和气体爆炸的连锁反应机制，当燃烧火焰在多孔材料的狭缝通道内传播时，狭缝通道具有器壁效应，导致参与燃烧的自由基数量被大量缩减，进而使得爆炸反应被终止[11]。当火焰前沿与多孔材料的多孔结构相互作用时，火焰会发生逆转、折叠和皱折现象。

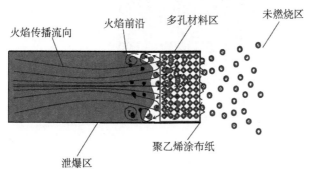

图 7.18　泄爆过程中多孔材料对爆炸火焰的作用机制

7.4　连通容器丝网抑爆与泄爆联合作用机制与规律

7.4.1　抑爆参数的影响

1．丝网参数对火焰结构的影响

图 7.19 为不同目数和层数的金属丝网作用下泄爆口外火焰结构。由图 7.19 可以看出，随着金属丝网目数和层数的增加，泄爆容器的外部火焰长度依次减少。这是由于丝网目数和层数的增加，金属丝网的孔径和开口率逐渐降低，从而导致火焰离散度增加。同时，火焰和金属丝网之间接触面积的增大导致火焰热损失增大，从而有效抑制火焰的传播。当安装 5 层 60 目金属丝网时，泄爆口外并未观

察到火焰，这意味着金属丝网后面的预混气体未被点燃，爆炸火焰被完全抑制。

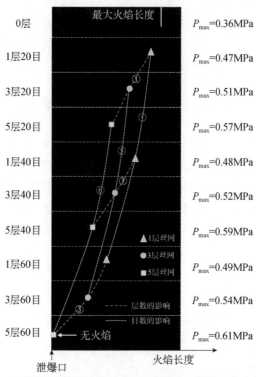

图 7.19　不同目数和层数的金属丝网作用下泄爆口外火焰结构

2. 丝网参数对容器内部压力的影响

图 7.20 和图 7.21 分别为不同目数和层数的金属丝网作用下容器内 P_{max} 变化曲线。由图 7.20 和图 7.21 可以发现，容器内的 P_{max} 随着金属丝网目数和层数的增加而依次增加[10, 11]；随着金属丝网层数从 1 层增加到 5 层，在 20 目、40 目和 60 目金属丝网作用下容器内的 P_{max} 分别增加了 0.10MPa、0.11MPa 和 0.12MPa；同时，随着丝网目数的增加，在 1 层、3 层和 5 层金属丝网作用下容器内的 P_{max} 分别增加了 0.02MPa、0.03MPa 和 0.04MPa。综合对比发现，金属丝网层数对爆炸压力的影响大于金属丝网目数[18]。在火焰传播的过程中，在前驱冲击波和金属丝网之间的相互作用下，一部分冲击波会通过金属丝网，而另一部分冲击波会被容器壁和金属丝网挡住，这会导致冲击波向后传播并与火焰表面接触[19]。随着金属丝网和层数的增加，反向压力波也增加，而容器的内压排放速度减慢，导致容器的内压急剧上升。因此，容器内的 P_{max} 随着金属丝网目数和层数的增加，呈现出上升的变化趋势。

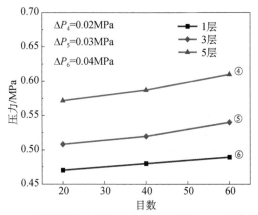

图 7.20　不同目数金属丝网作用下容器内 P_{max} 变化曲线

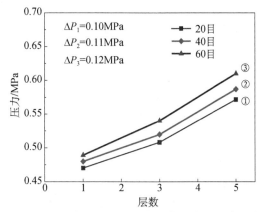

图 7.21　不同层数金属丝网作用下容器内 P_{max} 变化曲线

7.4.2　泄爆参数的影响

1. 泄爆口内径的影响

图 7.22 为不同泄爆口内径下容器内部爆炸压力变化曲线。随着泄爆口内径的增大，P_{max} 呈逐渐增大的趋势（从 0.610MPa 到 0.690MPa）。同时，随着泄爆口直径的增大（从 30mm 到 60mm），实验测得的 P_{max} 的标准偏差分别为 0.029MPa、0.026MPa、0.033MPa 和 0.034MPa，可以看出实验测得的压力较准确。当泄爆口内径为 30mm 时，容器内的爆炸压力峰值达到最大值（$P_{max} = 0.690MPa$）。这是由于随着泄爆口内径的增大，爆炸火焰的通风率明显增大，进而导致容器内的热量积累率降低[20]。此外，当爆炸压力波通过泄爆口时，其反射效果随着泄爆口内径的减小而增强，爆炸火焰的湍流和热量积聚也会增加[18]。因此，容器内的 P_{max} 会随着泄爆口内径的减小而增大。

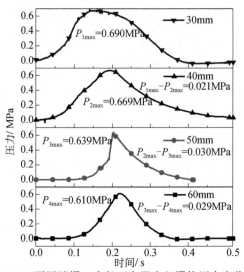

图 7.22　不同泄爆口内径下容器内部爆炸压力变化曲线

2. 破膜压力的影响

图 7.23 为不同泄爆压力作用下容器内爆炸压力变化曲线。由图 7.23 可知，容器内的 P_{max} 随着泄爆压力的增大而增大（从 0.610MPa 到 0.655MPa）[21]。同

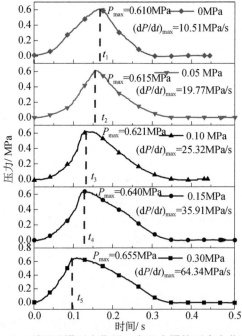

图 7.23　不同泄爆压力作用下容器内爆炸压力变化曲线

样，容器内的 $(dP/dt)_{max}$ 也随着泄爆压力的增大而增大。与无透气膜相比，当泄爆压力为 0.10MPa 和 0.30MPa 时，容器中的 P_{max} 分别增加了 1.8%和 7.4%，而 $(dP/dt)_{max}$ 增加了 141%和 512%。随着泄爆压力的增加，P_{max} 的标准偏差分别为 0.034MPa、0.034MPa、0.035MPa、0.036MPa 和 0.036MPa。这是由于随着泄爆压力的增加，容器内的爆炸压力不能有效泄放，导致爆炸热量迅速积累，使得容器内的压力呈增大趋势。

7.4.3 初始条件的影响

1. 初始浓度的影响

图 7.24 为不同初始浓度（甲烷浓度）下容器内爆炸压力随时间变化曲线。实验中甲烷浓度分别为 6%、8%、9.5%、12%和 14%，相应的当量比（Φ）分别为 0.61、0.83、1、1.30 和 1.55。由图 7.24 可以发现，随着甲烷浓度的增加，容器内的爆炸压力峰值呈现先上升后下降的趋势[22]。在爆炸泄放过程中，当甲烷浓度为 9.5%（$\Phi=1$）时，甲烷可以与空气爆炸完全反应，爆炸压力峰值达到最大（$P_{max}=0.610MPa$）。当 $\Phi<1$ 时，由于燃料不足，爆炸强度下降（从 0.610MPa 降至 0.114MPa）。当 $\Phi>1$ 时，爆炸反应处于贫燃状态，使得爆炸强度下降（从 0.610MPa 降至 0.168MPa）。随着甲烷初始浓度的增加（从 6%到 14%），P_{max} 的标准偏差分别为 0.005MPa、0.011MPa、0.030MPa、0.007MPa 和 0.007MPa，可以看出实验数据较为准确。同时，泄放作用使得容器内的爆炸压力降至大气压后，惯性作用使得爆炸性气体继续向容器外泄放，导致容器内出现负压。

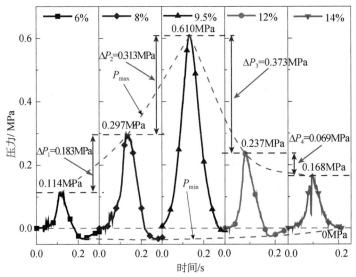

图 7.24 不同初始浓度（甲烷浓度）下容器内爆炸压力随时间变化曲线

2. 初始压力的影响

图 7.25 为不同初始压力下容器内爆炸压力随时间变化曲线。可以发现，在泄爆过程中，容器内的爆炸压力明显受到容器内初始压力的影响，且容器内的 P_{max} 与初始压力成正比。随着初始压力（0MPa 到 0.03MPa）的增加，P_{max} 明显增加（从 0.610MPa 到 1.132MPa）。相较于常压实验数据，初始压力为 0.01MPa、0.02MPa 和 0.03MPa 时，P_{max} 分别增加了 13.61%、38.36% 和 85.57%。随着初始压力的增加，P_{max} 的标准偏差分别为 0.015MPa、0.021MPa、0.019MPa 和 0.024MPa，表明实验数据具有较高的准确性。根据理想气体定律，随着初始压力的增大，预混气体分子之间的距离减小，从而导致单位体积内的分子数量增加。可燃气体分子活动的增强，导致碰撞可能性增加，使得甲烷爆炸反应速率增大，进而导致爆炸强度增大[22]。在泄爆过程中，当泄放量超过燃烧产生的膨胀气体量时，容器内的压力逐渐下降。而爆炸产生的气体由于泄放惯性继续排出，使得容器内形成负压状态。此外，随着初始压力的增大，爆炸强度逐渐增大，容器内出现的负压也逐渐增大。

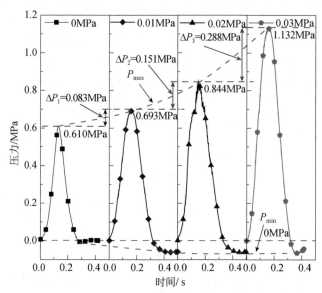

图 7.25　不同初始压力下容器内爆炸压力随时间变化曲线

3. 点火能量的影响

图 7.26 为不同点火能量下容器内爆炸压力随时间变化曲线。可以看出，在金属丝网抑爆和管道泄放相结合的情况下，P_{max} 随着点火能量 E 的增大而增大（从 0.298MPa 到 0.610MPa）。当点火能量 E 为 2~4J 时，随着点火能量的增大，P_{max} 呈线性增加（从 0.298MPa 到 0.517MPa）。当点火能量 E 为 4~6J 时，随着点火

能量的增加，P_{max} 增幅减缓（从 0.517MPa 到 0.610MPa）。与点火能量为 2J 的工况相比，随着点火能量的增加，P_{max} 分别增加了 40.60%、73.49%、89.93%和 104.70%。由图 7.26 可知，随着点火能量的增加（从 2J 到 6J），P_{max} 的标准偏差分别为 0.012MPa、0.019MPa、0.023MPa、0.023MPa 和 0.017MPa，表明实验数据具有较高的准确性。由于爆炸过程是一个复杂的多步骤连锁反应过程，且甲烷爆炸反应的发生需要一定的能量来打破化学键，并产生自由基，随着点火能量的增加，爆炸链式反应会产生更多的自由基，单位体积内的活化分子数量也会增加。同时，参加爆炸链式反应的自由基越多，爆炸反应越剧烈，爆炸强度越大。因此，P_{max} 随着点火能量的增大而逐渐增大。

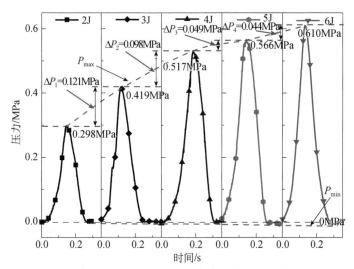

图 7.26　不同点火能量下容器内爆炸压力随时间变化曲线

4. 泄爆位置的影响

本节研究泄爆位置对容器内爆炸压力的影响，甲烷浓度、初始压力和点火能量分别为 9.5%、0MPa 和 6J，采用 5 层 60 目金属丝网结构。图 7.27 为不同泄爆位置下容器内和管道末端爆炸压力变化曲线。由图 7.27 可知，点火后容器内爆炸压力经历了一个上升过程，随后爆炸压力从泄爆口排出容器外。然而，当容器内燃烧反应产生的爆炸能量大于泄放能量时，容器内爆炸压力持续上升。同时，随着容器内燃料的减少，内部的爆炸强度也减弱，当爆炸反应产生的膨胀压力小于泄爆口排出的气体压力时，容器内爆炸压力下降[21]。由实验结果可以发现，在容器顶部泄放条件下容器内和管道末端的 P_{max} 的标准偏差分别为 0.014MPa 和 0.009MPa，而管道末端泄放条件下容器内和管道末端的 P_{max} 的标准偏差分别为 0.031MPa 和 0.015MPa，这表明实验数据具有较高的准确性。与管道末端泄放相

比，容器顶部泄放方式更有利于爆炸压力的高效泄放，容器内和管道末端的 P_{max}
降幅分别为 35.5% 和 44.7%。

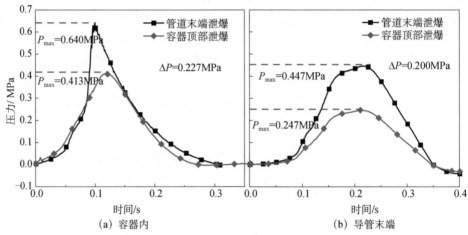

图 7.27　不同泄爆位置下容器内和管道末端爆炸压力变化曲线

7.5　本　章　小　结

　　本章基于多孔材料、金属丝网以及泄爆技术研究了其对连通容器内甲烷-空气预混气体爆炸的抑制作用，明确了连通容器内泄爆与丝网抑爆联合作用的规律，揭示了多孔材料、金属丝网以及泄爆技术对连通容器内甲烷-空气预混气体爆炸的作用机制。

　　在多孔材料对容器-管道内气体爆炸的影响研究中发现，多孔材料的孔隙可以将爆炸火焰分割为火焰流，从而可以有效实现火焰吸热和熄灭，且单层多孔材料为 B-2 工况下的 Fe-Ni 10mm/40PPI 型多孔材料的抑爆效果最佳。多孔材料层数的增加导致其微观结构更加复杂，从而增大了对爆炸火焰和压力的阻碍作用。在多孔材料对容器泄爆作用的影响研究中发现，多孔材料对容器内的爆炸火焰存在抑制作用，同时也会对喷射火焰起到抑制作用。而泄爆过程使得大量未燃气体扩散至外界，被点燃后形成二次爆炸。随着多孔材料厚度的增加，喷射火焰被完全抑制。

　　在丝网抑爆与泄爆联合作用对连通容器气体爆燃转爆轰的影响研究中发现，随着丝网目数和层数的增加，金属丝网的孔径和开口率逐渐降低，从而导致火焰离散度增加。火焰和金属丝网之间接触面积的增加，导致火焰热损失增加。同时，金属丝网层数和目数的增加导致孔径和开口率减小，使得容器内的热量不能快速释放。随着泄爆压力的增加，容器内的爆炸压力不能有效泄放，导致爆炸热量迅速积累，进而导致容器内的压力呈增加趋势。

参 考 文 献

[1] 王志荣，蒋军成，周超. 连通装置气体爆炸特性实验. 爆炸与冲击，2011，31（1）：69-74.

[2] 崔洋洋. 连通装置甲烷爆炸尺寸效应的实验研究. 南京：南京工业大学，2017.

[3] Kumar R K，Tamm H，Harrison W C. Combustion of hydrogen at high concentrations. Including the effect of obstacles. Combustion Science and Technology，1983，35（1-4）：175-186.

[4] Oh K，Kim H，Lee S E. A study on the obstacle-induced variation of the gas explosion characteristics. Journal of Loss Prevention in the Process Industries，2001，14（6）：597-602.

[5] Yu J Z，Vuorinen V，Kaario O，et al. Visualization and analysis of the characteristics of transitional under expanded jets. International Journal of Heat and Fluid Flow，2013，44：140-154.

[6] Jiang X H，Fan B C，Ye J F，et al. Experimental investigations on the external pressure during venting. Journal of Loss Prevention in the Process Industries，2005，18：21-26.

[7] Rui S，Li Q，Guo J，et al. Experimental and numerical study on the effect of low vent burst pressure on vented methane-air deflagrations. Process Safety and Environmental Protection，2021，146：35-42.

[8] Fakandu B M，Andrews G E，Phylaktou H N. Vent burst pressure effects on vented gas explosion reduced pressure. Journal of Loss Prevention in the Process Industries，2015，36：429-438.

[9] Molkov V，Makarov D，Puttock J. The nature and large eddy simulation of coherent deflagrations in a vented enclosure-atmosphere system. Journal of Loss Prevention in the Process Industries，2006，19：121-129.

[10] Cao Y，Li B，Gao K H. Pressure characteristics during vented explosion of ethylene-air mixtures in a square vessel. Energy，2018，151：26-32.

[11] Chen Z H，Fan B C，Jiang X，et al. Investigations of secondary explosions induced by venting. Process Safety Progress，2006，25：255-261.

[12] Russo P，Benedetto A D. Effects of a duct on the venting of explosions-critical review. Process Safety and Environmental Protection，2007，85：9-22.

[13] Cooper M G，Fairweather M，Tite J P. On the mechanisms of pressure generation in vented explosions. Combustion and Flame，1986，65（1）：1-14.

[14] Guo J，Li Q，Chen D D. Effect of burst pressure on vented hydrogen-air explosion in a cylindrical vessel. International Journal of Hydrogen Energy，2015，40：6478-6486.

[15] Ugarte O J，Akkerman V，Rangwala A S. A computational platform for gas explosion venting. Process Safety and Environmental Protection，2016，99：167-174.

[16] Wen X P, Xie M Z, Yu M G, et al. Porous media quenching behaviors of gas deflagration in the presence of obstacles. Experimental Thermal and Fluid Science, 2013, 50: 37-44.

[17] Zhuang C, Wang Z, Zhang K, et al. Explosion suppression of porous materials in a pipe-connected spherical vessel. Journal of Loss Prevention in the Process Industries, 2020, 65: 104106.

[18] Nie B, He X, Zhang R, et al. The roles of foam ceramics in suppression of gas explosion overpressure and quenching of flame propagation. Journal of Hazardous Materials, 2011, 192 (2): 741-747.

[19] Yu J L, Yan X Q. Suppression of flame speed and explosion overpressure by aluminum silicate wool. Explosion and Shock Waves, 2013, 33 (4): 363-368.

[20] Yu J L, Wang P X, Yan X Q. Effects of aluminum silicate wool on the suppression speed of premixed flame and the explosion overpressure. Journal of Safety and Environment, 2013, 13 (5): 151-154.

[21] Lu Y, Wang Z, Cao X, et al. Interaction mechanism of wire mesh inhibition and ducted venting on methane explosion. Fuel, 2021, 304: 121343.

[22] 钱承锦, 王志荣, 周灿. 初始压力对连通容器甲烷-空气混合物泄爆压力的影响. 安全与环境学报, 2017, 17 (1): 164-168.

第8章 受限空间超细水雾抑制气体爆炸特性

频繁发生的气体爆炸事故严重威胁工业生产的安全，对此国内外开展了大量的研究工作。近年来，利用超细水雾抑制气体爆炸成为研究热点，在实验和数值模拟方面均取得了重大进展。然而，超细水雾与气体爆炸过程的相互作用机理尚未形成统一结论。例如，一些研究结果显示，超细水雾对气体爆炸具有抑制作用，另外一些研究结果显示，超细水雾对气体爆炸具有增强作用。本章以超细水雾抑制甲烷爆炸为研究对象，通过实验与数值模拟相结合的方法，探讨超细水雾抑制气体爆炸的机理。

8.1 实 验 设 计

8.1.1 实验装置

图 8.1 为超细水雾抑制甲烷-空气爆炸过程的可视化实验装置结构示意图。该装置主要包括 7 个子系统，即可视化密闭燃烧室、供气系统、点火系统、高速摄像系统、压力采集系统、水雾生成系统、数据采集系统，以及相应的辅助设备。

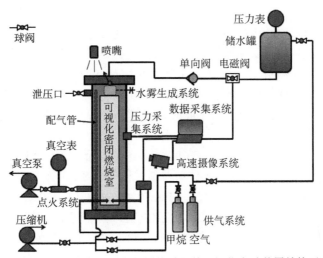

图 8.1 超细水雾抑制甲烷-空气爆炸过程的可视化实验装置结构示意图

1. 可视化密闭燃烧室

燃烧室为立式长方体容器，其内部尺寸为 910mm×150mm×150mm，如图 8.1 所示。容器主体材料为 20 号碳钢，端部采用法兰密封，考虑到甲烷爆炸的最大理论压力为 907kPa（绝压），燃烧室的设计压力为 1.5MPa。根据压力容器设计标准计算并进行强度校核[1]，确定法兰厚度为 30mm，侧壁厚度为 14mm。为了捕捉火焰动态演变过程，燃烧室前后安装光学性能良好的高硼硅钢化玻璃（尺寸为 682mm×100mm×19mm）。为保证实验装置安全可靠，燃烧室与外界连接处的最小承压不低于燃烧室的设计压力。

2. 供气装置

实验中选用甲烷和空气混合气体作为预混气体，采用气瓶供气方式对燃烧室进行甲烷和空气的输送。实验中选用高纯度甲烷气体作为燃料，成分含量如表 8.1 所示（表中数据为大连大特气体有限公司检验结果）。由表可知，杂质气体成分所占比例极小，保证了配制预混气体浓度的精度。

表 8.1　燃料气体成分含量

成分	百分比含量/%	成分	百分比含量/%
甲烷	≥99.99	乙烷	≤15×10⁻⁶
氧气	≤5×10⁻⁶	氢气	≤10×10⁻⁶
氮气	≤15×10⁻⁶	水	≤1×10⁻⁶

为保证配制预混气体浓度的精度并简化配气流程，实验中在燃烧室内部直接进行预混气体配制。甲烷和空气分别通过两条管路进入靠容器侧壁竖立且沿轴向和周向均匀分布 2mm 孔径的配气管，管路长度与容器高度相同，气体沿轴向和周向均匀进入燃烧室，以确保气体进入燃烧室后分布均匀并提高两种气体的混合速率。采用型号为 FY-1.5C-N、抽气速率为 5.4m³/h 的真空泵进行配气前燃烧室内部真空度的抽取。燃烧室与真空泵之间安装精度等级为 0.4 的精密真空表（量程为 -0.1~0MPa），真空表两侧安装球阀，对管路进行开、闭控制。预混气体配制过程如图 8.2 所示。

配气过程：实验前通入 0.5MPa 的压缩空气进行燃烧室密封性的检查，然后配制确定浓度的甲烷-空气预混气体，配制过程如图 8.2 所示。首先，关闭与燃烧室连接的所有阀门使其封闭，燃烧室内部初始压力为常压（P_0），开启与真空泵连接管路上的阀门，采用真空泵对燃烧室抽真空，真空度（P_1）达到 0.095MPa 后关闭阀门，利用真空表再次检查燃烧室的密封性。根据道尔顿分压定律分别通入确定压力和体积的甲烷（P_2, V_1）和空气（P_3, V_2），配气后燃烧室内部为常压（P_0）。

为保证两种气体混合均匀，静置 30min 后再进行点火。

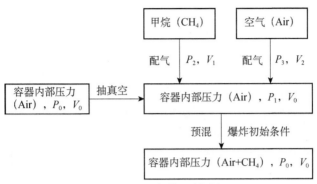

图 8.2 预混气体配制过程

3. 点火装置

实验中采用高压放电点火方式引燃预混气体。点火系统由高压包、交流接触器、固态继电器、点火电极及控制系统组成，如图 8.3 所示。选用直径为 2mm 的钨钢作为电极材料，两根电极尖端的距离为 6mm，距底端高 110mm。点火延迟时间和点火持续时间通过程序化语言控制。

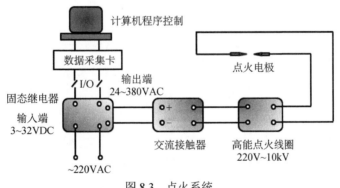

图 8.3 点火系统
I/O 为输入/输出端口

点火系统由计算机程序触发控制，数据采集卡输入/输出端口（I/O）连接固态继电器，固态继电器的输入电路为输入控制信号提供一个回路，启动程序后固态继电器得到高电位信号，固态继电器连通后输出 220V 交流电给交流接触器，使交流接触器吸合并连通高能点火线圈产生感应电动势，进而使电路形成回路，在两个点火电极尖端瞬间产生 8kV 的电压，击穿两电极尖端的空气并产生高压电弧，引燃电极周围的预混气体，点火持续时间设定为 500ms。

4. 水雾生成装置

实验中采用两种雾化方式产生超细水雾，即压力式雾化方式和超声波雾化方式，这两种方式均能保证产生的超细水雾为微米级。两种雾化方式具体介绍如下。

1）压力式雾化方式

压力式雾化系统包括程序控制系统、供气气源、储水罐、精密压力表、电磁阀、单向阀、管路和精细雾化喷嘴等，如图8.1所示。该系统将气瓶作为供气气源，通过储水罐顶部的精密压力表确定储水罐内部的压力，调节供气压力改变雾化压力。喷嘴安装于顶部端盖螺纹孔上并与管路相连。实验中选用 Spraying System（斯普瑞）喷雾系统公司生产的四种型号实心锥喷嘴，分别定义为1号、2号、3号和4号喷嘴。

2）超声波雾化方式

超声波雾化的原理为在高频振荡电压的作用下，通过压电陶瓷片的高频谐振，以超声波的形式将电能转化为机械能，压电陶瓷片发射的超声波使液面发生高频振动，当振动面的振幅达到某临界值时，液滴从波峰飞溅形成超细水雾[1]。实验中采用自行设计的超声波雾化装置产生超细水雾，其结构如图8.4所示。

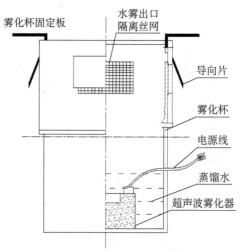

图 8.4　超声波雾化系统示意图

超声波雾化系统包括雾化杯（四周开有雾化出口）、超声波雾化单元、隔离丝网、导向片和雾化杯固定板。超声波雾化系统通过支撑板悬挂于燃烧室顶端，并由端盖压力作用固定。接通电源后，雾化装置中液面发生剧烈振动，并产生大量超细水雾，其生成的水雾粒径为5~10μm。由于超细水雾受到液面振动产生的驱动力作用，其从雾化出口流出并向下流动，逃逸于雾化系统后，在自身重力和曳力的作用下均匀弥散于容器中。

5. 压力测试装置

爆炸压力和压力上升速率是反映爆炸强度的重要参数。因此,实验中选用上海铭动电子科技有限公司生产的高频压阻式压力传感器进行压力数据采集,其响应频率为 50kHz,精度为 0.25%F.S.,量程为 0~2MPa。采集过程中传感器将压力信号转换成电压信号输出与存储,通过数据处理再转换为压力,工作原理如图 8.5 所示。压力传感器安装于容器壁面中部,端面与容器内壁处于同一平面,采集此处爆炸压力数据。

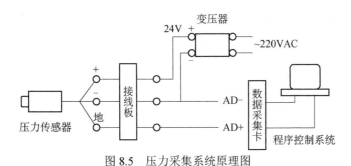

图 8.5 压力采集系统原理图

6. 火焰传播监测装置

实验中采用 Photron 公司生产的 FASTCAM SA4 型高速摄像机记录火焰传播过程,摄像系统由摄像镜头、高速处理器及液晶显示(liquid crystal display,LCD)系统组成。实验中火焰传播速度为 0~100m/s,为了满足火焰动态传播的采集要求,采集频率设置为 1000fps,并以图片和视频格式进行保存。

7. 水雾特性测试装置

1)水雾粒径测量

利用相位多普勒粒子分析仪(phase Doppler particle analyzer,PDPA)测量超细水雾参数,如图 8.6 所示。该仪器依据的光学原理是 Lorenz-Mie 散射理论[2],其主要由激光器、光发射单元、光电接收单元、光电转换单元、数字信号处理器和微处理器等组成。PDPA 依靠运动粒子的散射光与照射光之间的频差获得速度信息,通过分析穿越激光测量体的球形粒子反射光、折射光或散射光产生的相位移动距离来确定粒径尺寸,具有空间分辨率高、动态响应快和测量量程大等特点。

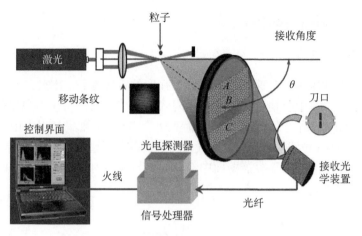

图 8.6　相位多普勒粒子分析仪结构示意图

PDPA 能够准确获得水雾动态流动信息，速度测量范围为$-90\sim283\text{m/s}$，粒径测量范围为 $0.5\sim150\mu\text{m}$。借助 PDPA 对水雾雾场参数进行测定，测量水雾的尺度与分布和运动速度等参数，实现在可控的粒径尺寸和水雾速度下对影响爆炸过程的因素进行研究，保证了实验间的可比性。同时，水雾参数的确定为数值模拟中离散相模型的建立提供了依据。

（1）压力雾化方式下的水雾参数测定。

采用 PDPA 测定喷嘴下方 30mm 处的水雾参数，选用索特平均直径 d_{32}（Sauter mean diameter，SMD）作为水雾粒径的表示方式，即全部超细水雾的体积与总表面积的比值。图 8.7 为在 0.6MPa 雾化压力下 1～4 号喷嘴的雾化过程和粒

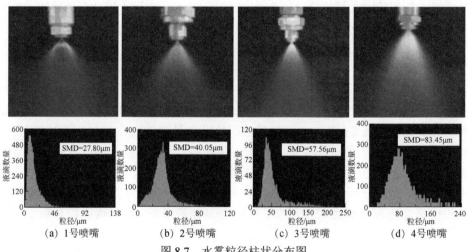

图 8.7　水雾粒径柱状分布图

径柱状分布图。由图可知，水雾粒径呈良好的状态分布。喷嘴型号的增大使水雾粒径和水雾速度明显提高，如图 8.8 所示。随着雾化压力的提高，2 号喷嘴下的水雾速度依次增大，但水雾粒径依次减小，如图 8.9 所示。

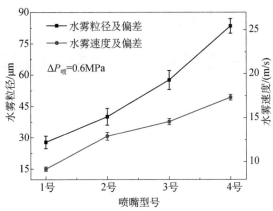

图 8.8　喷嘴型号对粒径和速度的影响

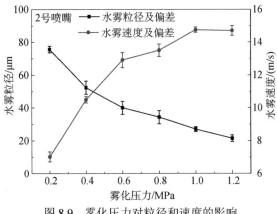

图 8.9　雾化压力对粒径和速度的影响

（2）超声波雾化方式下的水雾参数测定。

图 8.10（a）和（b）分别为超声波雾化方式下水雾粒径与液滴数量的柱状图，以及测量结果的有效性图。由图可知，水雾粒径呈现较好的状态分布，且分布范围较窄，测量结果的有效性较高。通过测量可知，超细水雾的粒径为 10.03μm，在加入碱金属添加剂后，水雾粒径的最大减小量为 2.97μm。该粒径下的超细水雾逃逸于雾化杯后弥散于容器中，与火焰面接触后汽化速率极高，能够较好地发挥吸热、冷却作用。

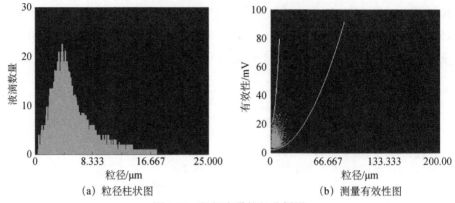

（a）粒径柱状图　　　　　　　　（b）测量有效性图

图 8.10　超细水雾粒径分析图

2）水雾浓度测量

水雾浓度即容器内部悬浮的水雾量与容器容积的比值。采用精度为 0.01g 的精密电子天秤对超声波雾化器的雾化速率进行测定，测得雾化速率为 1.146g/min 且雾化速率稳定。为消除水中杂质的干扰，采用去离子水进行实验。超声波雾化装置置于容器顶端，逃逸于雾化杯的超细水雾由于仅受自身重力和曳力的作用均匀悬浮于容器中，并与爆炸火焰作用。压力式喷嘴雾化方式产生的水雾流量采用"收集法"进行测定。

8. 系统控制与采集装置

数据采集系统的核心是 PCI8348AJ 型数据采集卡，通过该采集卡可以实现程序控制和信号的输入与输出，它是一款高速并行模拟量输入、数字量输入/输出及可编程数字量输入/输出的数据采集卡，具有 8 路并行模拟输入、14 路可编程数字量输入/输出，8 通道同时 AD 最高转换速率为每通道 500kbit/s，完全能够满足爆炸过程中点火系统信号的输入、压力数据的采集以及喷雾系统程序的控制要求。同时，通过 C 语言编写控制程序，实现点火持续时间、雾化时间、点火与喷雾的先后以及间隔时间等的控制，从而实现不同工况条件下超细水雾对甲烷-空气爆炸的抑制研究。

8.1.2　实验方法

（1）采用高速摄像系统对超细水雾作用下爆炸火焰传播过程进行采集。

采用高速摄像机对不同水雾参数下的火焰动态演变过程进行采集，准确而直观地记录不同水雾参数下爆炸火焰在管道内的动力学发展特性，包括超细水雾作用后火焰结构和火焰明暗、强弱，以及火焰传播速度的变化规律等。

（2）采用高频压力传感器测量容器内部受超细水雾作用后爆炸压力的响应。

采用高频压力传感器记录水雾参数对甲烷-空气爆炸压力随时间响应的影响，结合高速摄像采集的图像，分析水雾参数对容器内部压力上升与火焰传播对应关系的影响。

8.1.3　实验条件

本节主要开展超细水雾对甲烷-空气爆炸过程的抑制机理研究，旨在揭示超细水雾导致爆炸增强与抑制的影响因素，以及水雾参数对爆炸强度和火焰传播特性的影响规律。首先，在可视化燃烧室中，开展超细水雾抑制甲烷-空气爆炸的研究，将火焰传播、压力上升和火焰结构相结合，分析水雾参数（水雾粒径、水雾速度和水雾浓度）、添加剂种类和浓度等对爆炸强度和火焰传播过程的影响。该实验的研究技术路线如图 8.11 所示。

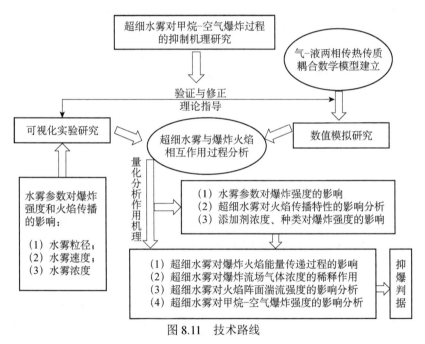

图 8.11　技术路线

具体研究内容如下：

（1）搭建密闭容器内部超细水雾抑制甲烷-空气爆炸过程的可视化实验装置，包括密闭燃烧室、配气装置、点火装置、水雾生成装置以及测试与控制装置，并通过程序化语言实现点火与喷雾的自动控制，开展超细水雾抑制甲烷-空气爆炸的可视化实验研究。

（2）通过超声波雾化和压力式雾化两种方式产生超细水雾，利用 PDPA 测定水雾参数，利用高速摄影仪记录火焰动态演变过程，利用高频传感器采集爆炸压力响应。根据爆炸压力、压力上升速率、火焰传播速度以及火焰结构的变化规律，分析水雾参数对爆炸强度和火焰传播特性的影响机理。建立超细水雾作用下甲烷-空气爆炸过程的物理模型，为后续数值模型的建立与验证提供依据。

（3）为有效提高超细水雾对爆炸的抑制效果，在超声波雾化基础上将碱金属添加剂加入超细水雾中，研究添加剂的浓度和种类对爆炸强度和火焰传播特性的影响，探讨碱金属添加剂超细水雾对气体爆炸的物理和化学抑制机理。

（4）在实验基础上，建立描述超细水雾抑制甲烷-空气爆炸过程的三维数值模型，包括水雾的汽化、爆炸流场的湍流流动、燃烧和传热传质等物理过程的耦合。通过超细水雾对甲烷-空气爆炸流场作用过程等物理问题的特征分析，确定求解气-液两相湍流流动、传热传质问题、非稳态压力-速度耦合问题及火焰阵面追踪问题的数值算法，并通过实验值验证数值模型的有效性和准确性。

（5）通过数值模型计算，研究超细水雾与爆炸流场之间的相互作用机理，分析水雾参数对气-液两相间的热量传递、气体浓度稀释和火焰面湍流强度的影响，量化分析超细水雾对爆炸过程的影响机理，以及水雾参数对爆炸流场热力学参数的影响规律，提出超细水雾导致爆炸增强与抑制的影响机制并探讨抑爆判据，确定最佳抑爆条件。

8.2　压力式喷嘴雾化条件下的抑爆特性

8.2.1　喷嘴的影响

在压力式喷嘴雾化实验中，喷嘴不同，产生的超细水雾就不同；雾化压力不同，产生的超细水雾也不同。表 8.2 为雾化压力为 0.6MPa 下四种喷嘴产生的超细水雾参数。由表可知，1～4 号喷嘴产生的水雾粒径、水雾流量和水雾速度均依次提高。

表 8.2　四种喷嘴下的水雾参数（$\Delta P_{喷} = 0.6MPa$）

参数	1 号	2 号	3 号	4 号
水雾粒径/μm	27.80	40.05	57.56	83.45
水雾流量/（g/s）	3.21	5.42	8.83	40.25
水雾速度/（m/s）	9.20	12.92	14.59	17.33

1）爆炸压力

图 8.12 给出了雾化压力为 0.6MPa 时，四种喷嘴产生的超细水雾对浓度分别为 8%、9.5%、11%和 12.5%的甲烷-空气爆炸压力影响的实验结果。可以看出，与无超细水雾情况相比，四种喷嘴产生的超细水雾均导致爆炸压力增大，在 1～4 号喷嘴下，随着水雾粒径、水雾速度和水雾流量的提高，甲烷-空气爆炸压力依

次增大,这表明超细水雾对甲烷-空气爆炸有增强作用,且爆炸强度与水雾参数有关。受水雾粒径和水雾速度增大的影响,爆炸强度明显提高[3-5],在 3 号喷嘴下最大爆炸压力 P_{max} 最大,而在 4 号喷嘴下最大爆炸压力 P_{max} 稍有降低,这是喷嘴受较大水雾流量的影响所致[6-9]。虽然在 4 号喷嘴下最大爆炸压力 P_{max} 有所降低,但最大爆炸压力 P_{max} 出现的时刻明显提前,爆炸压力的上升速率明显增大,这表明爆炸依然是增强的,进而说明水雾粒径和水雾速度的提高能够促使甲烷-空气爆炸反应速率不断增大。

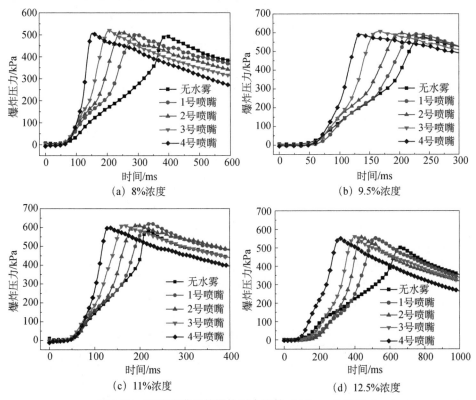

图 8.12　四种喷嘴下的爆炸压力比较（$\Delta P_{喷} = 0.6\text{MPa}$）

2）爆炸压力上升速率

通过对爆炸压力随时间变化曲线求导可获得爆炸压力上升速率曲线。图 8.13 为雾化压力为 0.6MPa 下,四种喷嘴产生的超细水雾对浓度为 9.5%的甲烷-空气爆炸压力上升速率的影响。可以看出,与无超细水雾情况相比,四种喷嘴产生的超细水雾均导致爆炸压力上升速率增大。爆炸压力上升速率曲线出现两个峰值且第二峰值明显大于第一峰值,通常称第二峰值为最大压力上升速率,即（dP/dt）$_{max}$。随着水雾粒径、水雾速度和水雾流量的增大,两个峰值均增大,但第二峰值增大的程度更加显著。同时，第二峰值出现的时刻不断提前，两个峰值出现时刻的差值也不断减小。这是因为水雾粒径和水雾速度的提高增大了甲烷-空气爆炸反应速率，且二者的增强作用明显大于水雾流量增大所产生的抑制作用。

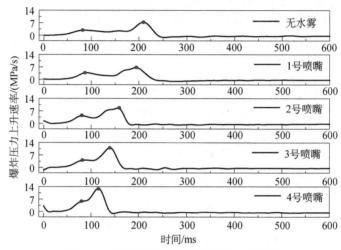

图 8.13　四种喷嘴下的爆炸压力上升速率

表 8.3 给出了无水雾和四种喷嘴雾化条件下，甲烷浓度分别为 8%、9.5%、11%和 12.5%时甲烷-空气爆炸的最大压力上升速率（dP/dt）$_{max}$ 及其出现时刻。可以看出，随着水雾粒径、水雾速度和水雾流量的依次提高，（dP/dt）$_{max}$ 明显增大且出现的时刻明显提前。这表明压力式喷嘴雾化产生的超细水雾对四种浓度甲烷爆炸均产生增强作用，且爆炸反应速率随着水雾粒径、水雾速度和水雾流量增大的综合作用不断增大。

表 8.3　四种喷嘴下的（dP/dt）$_{max}$ 及其出现时刻

甲烷浓度/%	参数	无水雾	1 号喷嘴	2 号喷嘴	3 号喷嘴	4 号喷嘴
8	（dP/dt）$_{max}$/（MPa/s）	5.32	5.82	6.36	7.54	12.16
	出现时刻/ms	367	336	203	187	146
9.5	（dP/dt）$_{max}$/（MPa/s）	7.32	7.13	8.58	11.30	13.30
	出现时刻/ms	209	194	154	141	115
11	（dP/dt）$_{max}$/（MPa/s）	7.47	8.20	8.71	8.89	13.56
	出现时刻/ms	202	182	158	146	112
12.5	（dP/dt）$_{max}$/（MPa/s）	2.76	3.84	5.38	5.24	5.49
	出现时刻/ms	616	473	397	347	270

3）火焰传播过程

1928 年，Ellis 等[10]首次拍摄到了管道内 CO-O₂ 预混气体爆炸火焰传播过程，发现向未燃气体凸起的火焰形状反转为向已燃气体凹陷的火焰形状，并将其称为"郁金香"火焰，随后也有学者捕捉到了"郁金香"火焰的发展过程[11, 12]。预混气体火焰传播动力学和"郁金香"火焰结构特性经典研究始于 Clanet 和 Searby[13]，并将火焰传播过程划分为四个阶段：①半球形/球形火焰传播阶段，此阶段火焰自由膨胀燃烧且不受管道侧壁约束；②指形火焰传播阶段，此阶段受侧壁约束阻挡后火焰以指形加速传播；③触壁火焰传播阶段，此阶段火焰接触侧壁后壁面附近火焰面积减小，火焰传播速度降低；④"郁金香"火焰传播阶段，此阶段火焰以轴线为中心形成"V"形火焰结构。

　　图 8.14 为无超细水雾情况下，浓度为 9.5%的甲烷-空气爆炸火焰传播过程。由图可知，火焰经历了球形、指形、平面形和"郁金香"形四种结构。预混气体被点燃后呈淡蓝-金黄色球形火焰，在 t 为 0~32ms 火焰自由膨胀。因此，随着球形火焰直径的增大，火焰传播速度随着火焰表面积的增大而增大。在 $t=32ms$ 时，受容器侧壁的阻挡，燃烧产物的径向传播受到极大限制，火焰轴向传播速度明显高于径向传播速度，且随着火焰表面积的增大，火焰以指形结构加速向上传播。火焰阵面高度占容器总高度的 64.7%时开始出现"郁金香"火焰，且随着火焰的传播，"郁金香"火焰呈先增大后减小的变化趋势。"郁金香"火焰的形成机理为：①火焰与反射压力波的相互作用[14, 15]；②已燃气体中涡旋运动效应[16, 17]；③火焰阵面发生的不稳定性（Darrieus-Landau 不稳定性或 Taylor 不稳定性）[13, 18]。在此，"郁金香"火焰的形成机理解释为受火焰阵面、阵面诱导流场反向流动和涡旋运动的相互作用，此内容在 8.4.2 节中进行详细介绍。

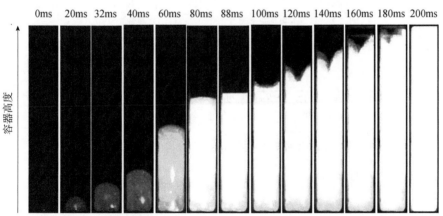

图 8.14　无超细水雾条件下 9.5%浓度甲烷-空气爆炸火焰传播过程

　　图 8.15 给出了 0.6MPa 雾化压力下，四种喷嘴产生的超细水雾对浓度为 9.5%

的甲烷-空气爆炸火焰传播过程的影响。从 1 号喷嘴到 4 号喷嘴，水雾参数均不断增大，这表明水雾流量、水雾速度和水雾粒径增大的综合作用使火焰传播速度不断增大。同时，在四种喷嘴产生的超细水雾条件下，浓度为 8%、11% 和 12.5% 的甲烷-空气爆炸火焰均发生明显变形且传播速度也明显增大。喷嘴对火焰阵面高度和火焰传播速度的影响如图 8.16 所示。

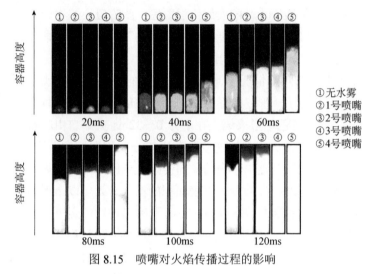

图 8.15　喷嘴对火焰传播过程的影响

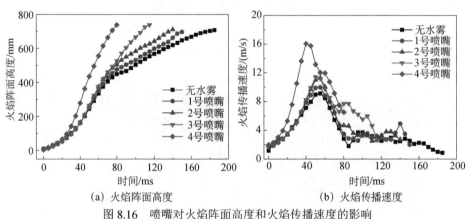

(a) 火焰阵面高度　　　　　　(b) 火焰传播速度

图 8.16　喷嘴对火焰阵面高度和火焰传播速度的影响

8.2.2　雾化压力的影响

表 8.4 给出了 2 号喷嘴在雾化压力为 0.2～1.2MPa 下产生的超细水雾参数。可以看出，随着雾化压力的提高，2 号喷嘴产生的水雾粒径依次减小，水雾流量和水雾速度依次提高。

表 8.4　雾化压力为 0.2～1.2MPa 下的超细水雾参数 （2 号喷嘴）

参数	0.2MPa	0.4 MPa	0.6 MPa	0.8 MPa	1.0 MPa	1.2 MPa
水雾粒径/μm	75.60	52.38	40.05	34.30	26.98	21.04
水雾流量/（g/s）	3.35	4.45	5.42	6.26	6.97	7.64
水雾速度/（m/s）	7.03	10.50	12.92	13.51	14.76	14.72

1）爆炸压力

图 8.17 给出了雾化压力在 0～1.2MPa 下，2 号喷嘴产生的超细水雾对浓度分别为 8%、9.5%、11% 和 12.5% 的甲烷-空气爆炸压力影响的实验结果。可以看出，与无水雾情况相比，2 号喷嘴产生的超细水雾均能够导致甲烷-空气爆炸压力增大。同时，随着雾化压力的增大，最大爆炸压力 P_{max} 不断增大且出现的时刻不断提前。这是因为雾化压力的增大使水雾流量和水雾速度均不断增大，水雾粒径不断减小。水雾流量的增大和水雾粒径的减小是增强爆炸抑制作用的重要因素[4, 19-21]，在三种影响因素的综合作用下爆炸压力依次增大，这表明水雾速度增大对爆炸产生的增强作用大于水雾流量增大和水雾粒径减小所产生的抑制作用。当达到一定雾化压力时，最大爆炸压力 P_{max} 的上升程度明显减小。

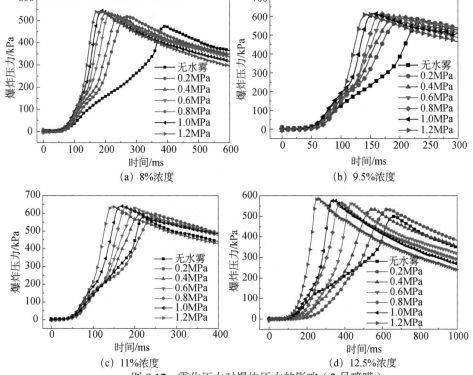

(a) 8%浓度　　　　　　　　(b) 9.5%浓度

(c) 11%浓度　　　　　　　　(d) 12.5%浓度

图 8.17　雾化压力对爆炸压力的影响（2 号喷嘴）

2）爆炸压力上升速率

雾化压力的提高不仅增大了爆炸压力，也增大了爆炸压力上升速率。图 8.18 为雾化压力在 0～1.2MPa 下，2 号喷嘴产生的超细水雾对浓度为 9.5%的甲烷-空气爆炸压力上升速率的影响。可以看出，与无超细水雾情况相比，2 号喷嘴产生的超细水雾导致爆炸压力上升速率明显增大。随着雾化压力的增大，压力上升速率依次增大，压力上升速率曲线的第一峰值和第二峰值均依次上升，但第二峰值上升的程度更大。同时，两个峰值出现时刻的差值明显减小，这表明随着雾化压力的增大，爆炸反应速率不断提高。表 8.5 为雾化压力在 0～1.2MPa 下，2 号喷嘴产生的超细水雾对浓度分别为 8%、9.5%、11%和 12.5%的甲烷-空气最大爆炸压力上升速率（$\mathrm{d}P/\mathrm{d}t$）$_{max}$ 及其出现时刻的影响。数据表明随着雾化压力的增大，四种浓度甲烷爆炸的最大压力上升速率（$\mathrm{d}P/\mathrm{d}t$）$_{max}$ 均依次增大且出现的时刻依次提前。

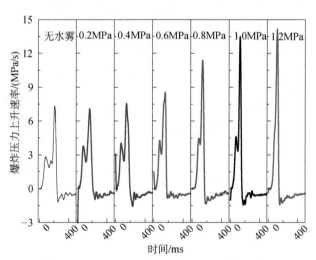

图 8.18　雾化压力对爆炸压力上升速率的影响

表 8.5　雾化压力对（$\mathrm{d}P/\mathrm{d}t$）$_{max}$ 及其出现时刻的影响

甲烷浓度/%	参数	无水雾	0.2MPa	0.4MPa	0.6MPa	0.8MPa	1.0MPa	1.2MPa
8	（$\mathrm{d}P/\mathrm{d}t$）$_{max}$/（MPa/s）	5.32	5.23	5.62	6.36	8.46	9.26	10.1
	出现时刻/ms	367	216	194	203	161	157	144
9.5	（$\mathrm{d}P/\mathrm{d}t$）$_{max}$/（MPa/s）	7.32	7.15	7.65	8.58	11.4	13.5	14.1
	出现时刻/ms	209	165	156	154	140	128	120
11	（$\mathrm{d}P/\mathrm{d}t$）$_{max}$/（MPa/s）	7.47	6.37	7.39	8.71	9.96	11.1	13.4
	出现时刻/ms	202	218	174	158	144	143	122
12.5	（$\mathrm{d}P/\mathrm{d}t$）$_{max}$/（MPa/s）	2.76	2.51	3.26	5.38	5.61	7.45	8.83
	出现时刻/ms	616	538	463	397	341	306	232

3）火焰传播过程

图 8.19 给出了雾化压力在 0～1.2MPa 下，2 号喷嘴产生的超细水雾对浓度为 9.5%的甲烷-空气爆炸火焰传播过程的影响。由图可知，与无水雾情况相比，2 号喷嘴产生的超细水雾导致火焰阵面不再光滑，而是发生了明显变形，火焰传播过程不再呈现规则的球形、指形和平面结构特征。同时，随着雾化压力的增大，火焰变形更加显著且未形成"郁金香"火焰结构，火焰传播后期阵面高度随时间变化明显加快，达到容器顶端的时间明显缩短，这表明雾化压力的提高使火焰传播速度明显加快。

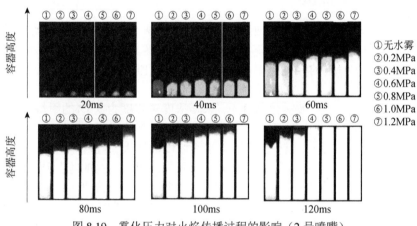

①无水雾
②0.2MPa
③0.4MPa
④0.6MPa
⑤0.8MPa
⑥1.0MPa
⑦1.2MPa

图 8.19　雾化压力对火焰传播过程的影响（2 号喷嘴）

图 8.20（a）和（b）分别为在 2 号喷嘴下，雾化压力对浓度为 9.5%的甲烷-空气爆炸火焰阵面高度和火焰传播速度随时间变化曲线。可以看出，2 号喷嘴产生的超细水雾导致火焰阵面高度随时间的变化明显加快，火焰传播速度明显增

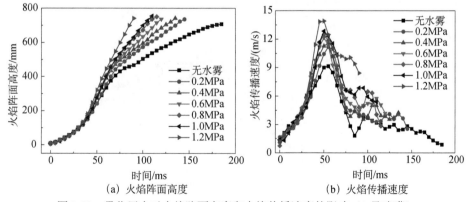

（a）火焰阵面高度　　　　　　（b）火焰传播速度

图 8.20　雾化压力对火焰阵面高度和火焰传播速度的影响（2 号喷嘴）

大。同时，火焰阵面高度和火焰传播速度随着雾化压力的增大均依次增大，主要
表现在火焰阵面到达容器顶端时间的缩短、峰值速率（v_{max}）的增大以及出现时
刻的提前。这表明雾化压力的提高导致爆炸反应速率明显增大。此外，在 2 号喷
嘴产生的超细水雾作用下，随着雾化压力的提高，浓度为 8%、11%和 12.5%的甲
烷-空气爆炸火焰均发生明显变形且传播速度均依次增大。

8.3　超声波雾化条件下的抑爆特性

8.3.1　爆炸压力变化趋势

在超声波雾化实验中，超细水雾通过超声波雾化装置产生，水雾粒径均匀
且微小（d_{32}=10.03μm），逃逸于雾化装置的超细水雾在自身重力和曳力作用下弥
散于容器中。在恒定的雾化速率下，通过改变雾化时间实现容器内部水雾浓度
的调控。

图 8.21 给出了超声波雾化条件下，水雾浓度对浓度为 9.5%的甲烷-空气爆炸
压力影响的实验结果。由图可以看出，与无超细水雾情况相比，超声波雾化产生
的超细水雾能使爆炸压力减小，且随着水雾浓度的增大，爆炸压力不断减小。由
图还可以看出，压力变化过程可划分为三个阶段，即第一次加速上升过程（阶段
Ⅰ）、第二次加速上升过程（阶段Ⅱ）和压力下降过程（阶段Ⅲ）[22]。随着水雾浓
度的提高，压力上升的时刻明显增大，即从 32ms 增大到 95ms。在第一次和第二
次加速上升过程中，压力曲线斜率均依次减小，且第二次加速上升出现的时刻不
断延迟。同时，随着水雾浓度的增大，最大爆炸压力 P_{max} 依次减小，出现的时刻
依次延迟。这表明超声波雾化产生的超细水雾对甲烷-空气爆炸有明显的抑制作
用，且随着水雾浓度的增大，抑制作用不断增强。

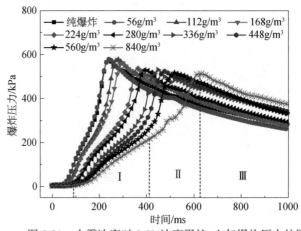

图 8.21　水雾浓度对 9.5%浓度甲烷-空气爆炸压力的影响

图 8.22 为超声波雾化条件下,水雾浓度对浓度分别为 6.5%、8%、11%和 13.5%的甲烷-空气最大爆炸压力 P_{max} 及其出现时刻的影响。实验数据表明,当水雾浓度达到 336g/m³ 时,浓度为 6.5%和 13.5%的甲烷-空气爆炸能被完全抑制。这表明超声波雾化产生的超细水雾能够有效抑制甲烷-空气爆炸强度,且达到一定的水雾浓度后可实现爆炸的完全抑制。

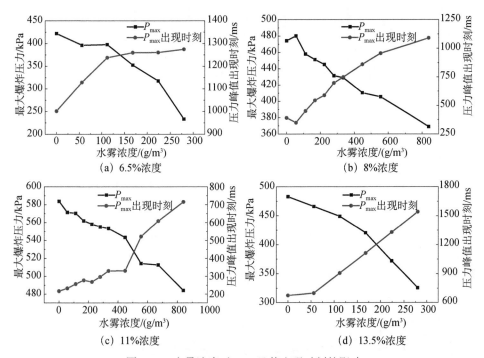

图 8.22 水雾浓度对 P_{max} 及其出现时刻的影响

8.3.2 爆炸压力上升速率变化规律

图 8.23 为超声波雾化条件下,水雾浓度对浓度为 9.5%的甲烷-空气爆炸压力上升速率的影响。由图可知,随着水雾浓度的增大,爆炸压力上升速率不断减小。压力上升速率曲线出现两个峰值和一个谷值,对应图 8.22 中压力经历的两次加速上升过程。随着水雾浓度的增大,峰值和谷值均依次减小,其出现的时刻均依次增大,分别如图 8.24(a)和(b)所示。随着水雾浓度的增大,第一峰值从 2.82MPa/s 减小到 0.95MPa/s,出现的时刻从 85ms 增大到 244ms;第二峰值从 7.33MPa/s 减小到 3.52MPa/s,出现的时刻从 209ms 增大到 574ms;谷值从 1.88MPa/s 减小到 0.58MPa/s,出现时刻从 134ms 增大到 422ms。这表明随着水雾浓度的不断增大,

爆炸抑制作用不断增强。

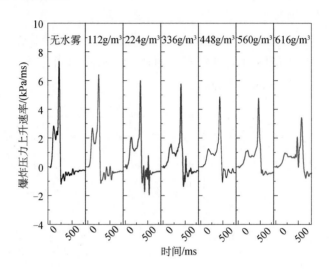

图 8.23　水雾浓度对 9.5%浓度甲烷-空气爆炸压力上升速率的影响

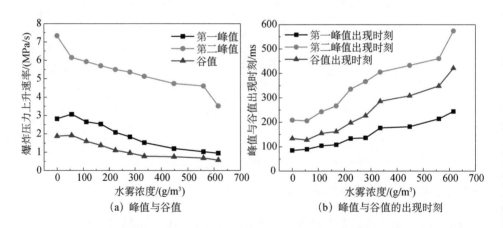

（a）峰值与谷值　　　　　　　　（b）峰值与谷值的出现时刻

图 8.24　水雾浓度对 9.5%浓度甲烷-空气爆炸压力上升速率曲线峰值与谷值的影响

图 8.25 为与无水雾情况相比，随着水雾浓度的增大，浓度为 9.5%的甲烷-空气爆炸压力上升速率曲线第一峰值和第二峰值的减小程度，以及两个峰值出现时刻的差值的变化。超细水雾对第一峰值的抑制程度大于对第二峰值的抑制程度，这表明超细水雾对爆炸前期的抑制程度更大。同时，双峰值时差随着水雾浓度的增大不断增大。

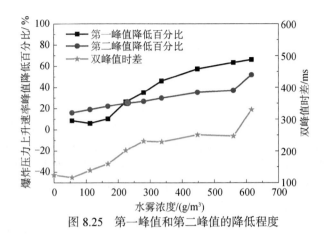

图 8.25　第一峰值和第二峰值的降低程度

8.3.3　火焰传播特性

图 8.26 为超声波雾化条件下，水雾浓度对浓度为 9.5%的甲烷-空气爆炸火焰传播过程的影响。由图可知，相同时刻超声波雾化产生的超细水雾使火焰阵面高度降低。同时，随着水雾浓度的增大，火焰阵面高度依次减小，火焰阵面高度随时间的变化也依次减小。例如，在 40~60ms，火焰阵面高度的变化分别为 106mm、64mm、53mm、38mm 和 31mm。指形火焰加速传播出现的时刻从 32ms 增大到 58ms；"郁金香"火焰出现的时刻从 88ms 增大到 231ms。

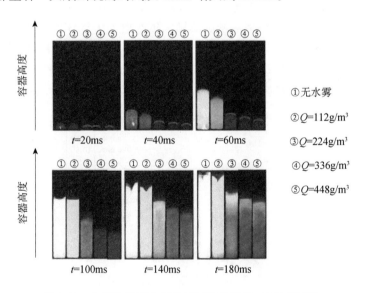

图 8.26　水雾浓度对火焰传播过程的影响（9.5%浓度）

8.4　添加剂对超细水雾抑制气体爆炸的影响

8.4.1　添加剂浓度的影响

超声波雾化产生的超细水雾能够抑制甲烷-空气爆炸，且抑制作用随着水雾浓度的增大而增大。为进一步提高超细水雾的抑爆作用，添加化学抑制剂是一种有效的方法[23]。对于碱金属盐，其与火焰接触后能够发挥显著的化学作用，且抑制效果优于 CF_3Br 的抑制效果[24]，因此被选为超细水雾添加剂，研究碱金属盐类添加剂的浓度和种类对抑爆效果的影响。

实验中选取质量分数为0%、5%、8%和15%四种浓度氯化钠溶液，通过超声波雾化方式产生超细水雾，四种浓度氯化钠溶液的超细水雾粒径分别为10.03μm、8.40μm、8.27μm 和 7.06μm。实验中选取 $56g/m^3$、$112g/m^3$、$168g/m^3$、$224g/m^3$ 和 $280g/m^3$ 五种水雾浓度，探究氯化钠溶液浓度对爆炸过程的影响。

1）爆炸压力

图 8.27 给出了无水雾和 $112g/m^3$ 水雾浓度条件下，质量分数为0%、5%、8%和15%的氯化钠 NaCl 溶液超细水雾（图中简称 0% NaCl mist、5% NaCl mist、8% NaCl mist 和 15% NaCl mist）对浓度为 9.5%的甲烷-空气爆炸压力的影响。由图可以看出，与纯超细水雾情况相比，氯化钠溶液超细水雾使爆炸压力进一步减小，且随着氯化钠溶液浓度的增大，爆炸压力依次减小。由图还可以看出，压力曲线上升的时刻随着氯化钠溶液浓度的增大依次增大（从 32ms 增大到 90ms）。在第一次和第二次压力上升阶段，虽然压力急剧上升，但是随着氯化钠溶液浓度的提高，压力曲线斜率依次减小，最大爆炸压力 P_{max} 也依次减小，减小的程度从0.11%增大到17.73%，且出现的时刻从 230ms 增大到 754ms。这表明添加氯化钠

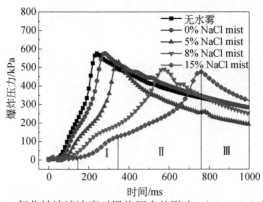

图 8.27　氯化钠溶液浓度对爆炸压力的影响　（$Q=112g/m^3$，9.5%浓度）

溶液能够提高超细水雾的抑爆效果，且随着氯化钠溶液浓度的增大，抑制作用不断增强。

　　氯化钠溶液水雾浓度的增大也能够增强超细水雾对甲烷-空气爆炸的抑制作用。图 8.28 给出了质量分数为 8%的氯化钠溶液超细水雾下，水雾浓度对浓度为 9.5%的甲烷-空气爆炸压力的影响。可以看出，氯化钠溶液水雾浓度对爆炸压力的影响与无氯化钠添加时水雾浓度对爆炸压力的影响一致。随着水雾浓度的增大，爆炸压力依次减小，压力曲线上升的时刻明显增大（从 32ms 增大到 167ms），第一次和第二次加速上升过程中，压力曲线的斜率依次减小。同时，最大爆炸压力 P_{max} 也依次减小，减小的程度从 10.58%增大到 27.04%，出现的时刻从 230ms 增大到 929ms。

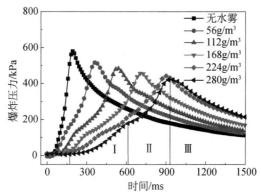

图 8.28　氯化钠溶液水雾浓度对爆炸压力的影响（8% NaCl mist，9.5%浓度）

　　2）爆炸压力上升速率

　　氯化钠溶液浓度的提高能够减小爆炸压力上升速率。图 8.29 为无水雾和 112g/m³ 水雾浓度下，氯化钠溶液浓度对浓度为 9.5%的甲烷-空气爆炸压力上升速率的影响。由图可知，与无氯化钠溶液情况相比，氯化钠溶液的添加使爆炸压力上升速率进一步减小。同时，随着氯化钠溶液浓度的增大，压力上升速率不断减小，这表明随着氯化钠溶液浓度的增大，甲烷-空气爆炸反应速率不断减小。

　　图 8.30（a）～（c）分别为水雾浓度和氯化钠溶液浓度对浓度分别为 8%、9.5%和 11%的甲烷-空气最大爆炸压力上升速率$(dP/dt)_{max}$及其出现时刻的影响。由图可知，氯化钠溶液浓度和水雾浓度对最大爆炸压力上升速率$(dP/dt)_{max}$的影响规律与对最大爆炸压力 P_{max} 的影响规律一致。添加氯化钠溶液后，最大爆炸压力上升速率$(dP/dt)_{max}$明显减小，且随着氯化钠溶液浓度的增大不断减小，出现的时刻不断延迟。同时，随着水雾浓度的增大，最大爆炸压力上升速率$(dP/dt)_{max}$呈现下降的趋势。

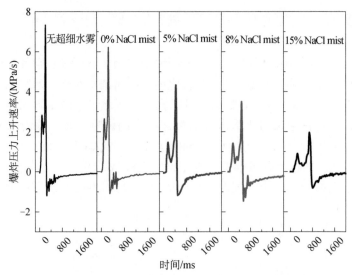

图 8.29　氯化钠溶液浓度对爆炸压力上升速率的影响

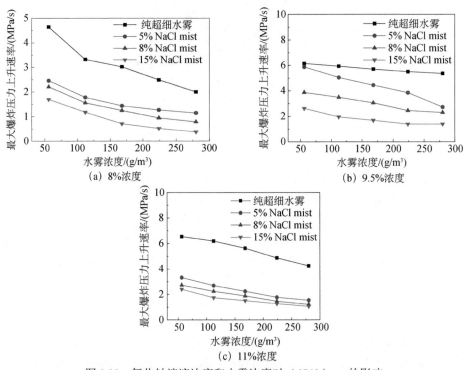

图 8.30　氯化钠溶液浓度和水雾浓度对（$\mathrm{d}P/\mathrm{d}t$）$_{max}$ 的影响

3）火焰传播过程

图 8.31 为 112g/m³ 水雾浓度下，质量分数分别为 0%、5%、8% 和 15% 的氯化

钠溶液超细水雾对浓度为 9.5%的甲烷-空气爆炸火焰传播过程的影响。由图可知，与纯超细水雾相比，相同时刻超声波雾化产生的氯化钠溶液超细水雾使火焰阵面高度减小。同时，火焰阵面高度随着氯化钠溶液浓度的增大依次减小。这表明氯化钠溶液浓度的增大使超细水雾对火焰传播的抑制作用不断增大。

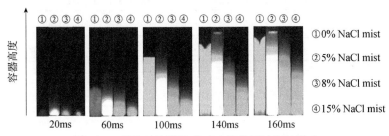

图 8.31　氯化钠溶液浓度对火焰传播过程的影响

　　图 8.32（a）～（c）给出了 112g/m³ 水雾浓度下，质量分数分别为 0%、5%、8%和 15%的氯化钠溶液超细水雾对浓度分别为 8%、9.5%和 11%的甲烷-空气爆炸火焰传播速度的影响。可以看出，随着氯化钠溶液浓度的增大，8%、9.5%和 11%浓度下甲烷-空气爆炸火焰传播速度均依次减小，特别表现为峰值速度 v_{max}

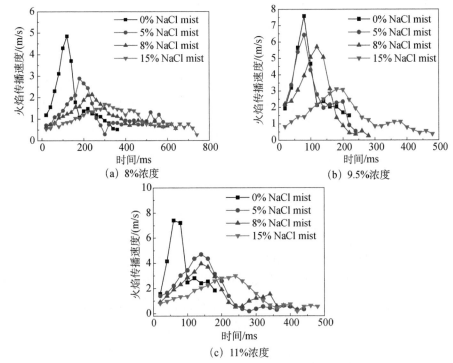

图 8.32　氯化钠溶液浓度对火焰传播速度的影响

的减小及其出现时刻的延迟。这又一次表明，氯化钠溶液浓度的增大能够增强超细水雾对火焰传播的抑制作用。不同水雾浓度和氯化钠溶液浓度下的 v_{max} 如表 8.6 所示。

表 8.6 不同水雾浓度和氯化钠溶液浓度下的 v_{max}

甲烷浓度/%	氯化钠溶液浓度/%	不同水雾浓度下的 v_{max}/（m/s）				
		56g/m^3	112g/m^3	168g/m^3	224g/m^3	280g/m^3
8	5	3.58	2.89	1.79	1.64	1.54
	8	3.21	2.14	1.59	—	—
	15	2.56	1.53	1.46	—	—
9.5	5	8.11	6.43	5.37	3.69	3.27
	8	7.17	5.71	4.14	2.29	1.82
	15	6.22	3.12	2.15	2.01	1.79
11	5	5.69	4.12	3.25	2.24	1.72
	8	5.65	4.08	3.24	2.08	1.60
	15	5.18	3.00	2.39	0.93	0.87

总之，爆炸压力和火焰传播速度的减小表明，氯化钠溶液的加入能够增强超细水雾对甲烷-空气爆炸的抑制作用，且随着氯化钠溶液浓度和水雾浓度的提高，抑制作用不断增强，两种浓度的增大能够增强超细水雾对甲烷-空气爆炸的物理和化学抑制作用[25]。

8.4.2 添加剂种类的影响

1）爆炸压力

8.4.1 节已经证实氯化钠溶液的加入能够增强超细水雾对甲烷-空气爆炸的抑制作用。不同种类的添加剂对爆炸的抑制效果不同，掌握不同种类的添加剂对爆炸的抑制效果有助于更好的实现爆炸抑制。图 8.33（a）为 56g/m^3 水雾浓度下，质量分数为 5% 的氯化钾（KCl）和氯化钠溶液超细水雾对 9.5% 浓度甲烷-空气爆炸压力的影响。由图可以看出，与氯化钠溶液超细水雾相比，氯化钾溶液超细水雾下的爆炸压力明显减小，特别是爆炸压力上升速率和最大爆炸压力 P_{max} 的减小。这表明氯化钾溶液超细水雾对甲烷-空气爆炸的抑制作用优于氯化钠溶液超细水雾的抑制作用，还表明钾离子对爆炸的抑制作用优于钠离子。

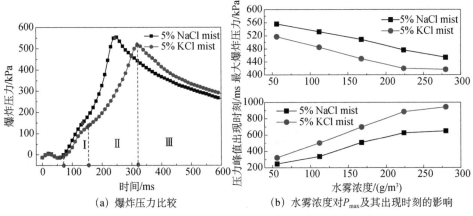

图 8.33 NaCl 与 KCl 溶液超细水雾对爆炸压力的影响

为进一步说明钾离子的抑制作用优于钠离子，实验中对碳酸钾（K_2CO_3）和碳酸钠（Na_2CO_3）溶液超细水雾的抑制作用进行对比。图 8.34（a）为 $56g/m^3$ 水雾浓度下，质量分数为 5%的碳酸钾和碳酸钠溶液超细水雾对浓度为 9.5%的甲烷-空气爆炸压力的影响。同时，随着水雾浓度的增大，碳酸钾溶液超细水雾下的 P_{max} 均小于碳酸钠溶液超细水雾下的 P_{max}，且出现的时刻在碳酸钾溶液超细水雾下更大，如图 8.34（b）所示。数据表明，碳酸钾溶液超细水雾的抑制作用更强，再一次说明钾离子的抑制作用优于钠离子。

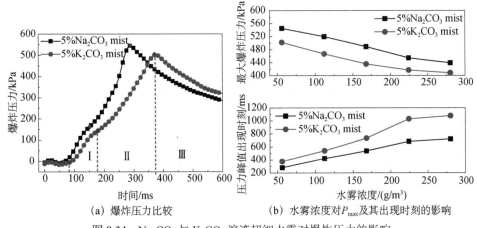

图 8.34 Na_2CO_3 与 K_2CO_3 溶液超细水雾对爆炸压力的影响

碱金属盐类添加剂对爆炸抑制的影响不仅与阳离子有关，还与阴离子有关。图 8.35（a）为质量分数为 5%的碳酸氢钾（$KHCO_3$）溶液和氯化钾溶液超细水雾对 9.5%浓度甲烷-空气爆炸压力的影响。可以看出，与碳酸氢钾溶液超细水雾相比,氯化钾溶液超细水雾的抑制作用更强。通过对比两种添加剂的抑制效果可知,氯离子对爆炸的抑制作用优于碳酸氢根离子。

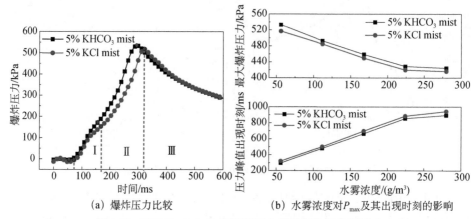

（a）爆炸压力比较　　　　　　（b）水雾浓度对P_{max}及其出现时刻的影响

图 8.35　$KHCO_3$ 与 KCl 溶液超细水雾对爆炸压力的影响

图 8.36（a）和（b）分别为随着水雾浓度的提高,质量分数为 5%的五种碱金属盐溶液超细水雾对浓度为 9.5%的甲烷-空气最大爆炸压力 P_{max} 及其出现时刻的影响。可以看出,随着水雾浓度的提高,五种添加剂超细水雾下的最大爆炸压力 P_{max} 均依次减小,出现的时刻均依次增大,其抑制的强弱顺序为 K_2CO_3 > KCl > $KHCO_3$ > Na_2CO_3 > NaCl。同时,通过分析可知,K^+ > Na^+ 的抑制作用大于 Cl^- > HCO_3^- 的抑制作用。

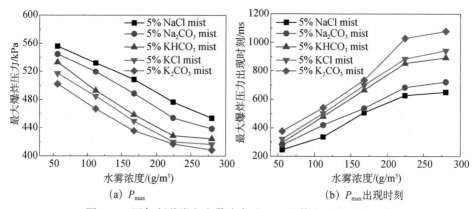

（a）P_{max}　　　　　　　　　（b）P_{max} 出现时刻

图 8.36　添加剂种类和水雾浓度对 P_{max} 及其出现时刻的影响

2）爆炸压力上升速率

图 8.37（a）和（b）分别为随着水雾浓度的增大,质量分数为 5%的五种碱金属盐溶液超细水雾对浓度为 9.5%的甲烷-空气爆炸压力上升速率曲线第一峰值和

第二峰值的影响。由图可知，随着水雾浓度的增大，两个峰值均依次减小，添加剂种类对两个峰值的影响规律相同，即碳酸钾溶液超细水雾的抑制作用最强，氯化钠溶液超细水雾的抑制作用最弱，这与对最大爆炸压力 P_{max} 的影响规律相同。

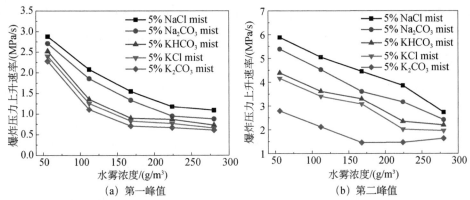

(a) 第一峰值　　　　　　(b) 第二峰值

图 8.37 添加剂种类和水雾浓度对爆炸压力上升速率曲线两个峰值的影响

3）火焰传播速度

图 8.38 给出了 112g/m³ 水雾浓度下，质量分数为 5%的五种碱金属盐溶液超细水雾对浓度为 9.5%的甲烷-空气爆炸火焰传播速度的影响。由图可知，添加剂的种类能够显著影响火焰传播速度，其抑制作用与对爆炸压力的抑制作用一致，即碱金属添加剂表现出的强弱顺序也为 K_2CO_3 > KCl > $KHCO_3$ > Na_2CO_3 > NaCl。Cl^-的抑制作用优于 HCO_3^-，这表明阴离子电离出的离子会影响爆炸的抑制效果。

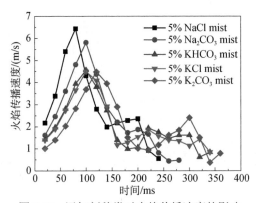

图 8.38 添加剂种类对火焰传播速度的影响

8.5 超细水雾作用下气体爆炸特性及其抑制机理分析

本节采用压力式雾化和超声波雾化两种方式产生超细水雾，对甲烷-空气爆炸进行抑制，但爆炸产生了增强与抑制相反的结果，即压力式雾化产生的超细水雾使爆炸增强，表现为爆炸压力、压力上升速率和火焰传播速度的增大；超声波雾化产生的超细水雾使爆炸抑制，表现为爆炸压力、压力上升速率和火焰传播速度的减小。

8.5.1 雾化方式对水雾参数的影响

（1）水雾粒径的差异：图 8.39 为两种雾化方式产生的超细水雾粒径分布柱状图对比。由图可知，超声波雾化方式产生的超细水雾粒径较小且分布范围也较小，而压力式雾化方式产生的超细水雾粒径较大且分布范围也较大。随着喷嘴的改变和雾化压力的增大，水雾粒径在 20～100μm 变化，而超声波雾化方式产生的超细水雾粒径为 10.03μm，随着添加剂浓度的增大和种类的改变，水雾粒径最大变化值为 2.97μm，相比于压力式雾化方式产生的超细水雾，其具有更大的比表面积。

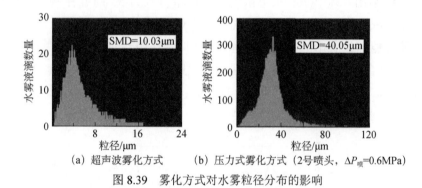

（a）超声波雾化方式　　（b）压力式雾化方式（2号喷头，$\Delta P_{喷}$=0.6MPa）

图 8.39　雾化方式对水雾粒径分布的影响

（2）水雾速度的差异：压力式雾化方式由气源提供动力，水雾速度随着雾化压力的增大而增大，具有较高的运动速度和脉动强度。

（3）水雾浓度的差异：压力式雾化方式产生的超细水雾速度更高且水雾流量更大，随着喷嘴的改变和雾化压力的增大而增大。

上述表明，两种雾化方式下超细水雾导致爆炸增强与抑制的根本原因是水雾粒径、水雾速度和水雾流量的差异，不同水雾参数的超细水雾对爆炸过程的影响程度不同，进而影响爆炸强度。例如，超细水雾对火焰阵面热量的吸收速率，以及水雾汽化后所表现出的稀释、阻隔热量传递等能力均与水雾参数有关（图 8.40）。

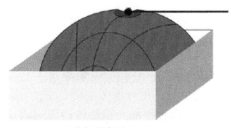

| (a) 示意图 | (b) 实物图 |

图 8.40 玻璃探针悬挂水滴促使火焰面扰动示意图和实物图[26]（5.5%甲烷浓度，d=3mm）

8.5.2 超细水雾对火焰结构的影响分析

超细水雾对爆炸火焰能够产生显著的影响，使火焰阵面发生不同程度的变形。余明高等[27]通过实验指出，水雾作用下的火焰阵面会发生明显的褶皱与变形；Gieras 等[26]也指出，水雾对预混气体火焰传播过程能够产生显著的影响，并通过影响火焰结构提高火焰传播速度。同时，德国学者达姆科勒和苏联学者谢尔金发现，湍流对火焰传播速度有显著的影响，并提出了皱折层流火焰表面燃烧理论，即湍流火焰传播速度增大的原因是湍流的脉动速度使层流火焰表面结构发生褶皱和变形，进而使其燃烧面积增大，通过增大火焰表面积提高火焰传播速度[21]。基于此理论，根据火焰阵面受超细水雾影响程度的不同，本节提出超细水雾与火焰作用后表现为四种结果：①无接触反弹；②有接触反弹；③穿透火焰面；④离散火焰面。四种结果将不同程度地改变火焰结构并影响火焰传播速度，对应的火焰结构变为：①层流火焰；②小尺度湍流火焰；③大尺度弱湍流火焰；④大尺度强湍流火焰，如图 8.41 所示。

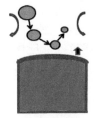
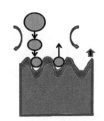

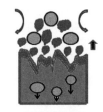

| (a) 层流火焰 | (b) 小尺度湍流火焰 | (c) 大尺度弱湍流火焰 | (d) 大尺度强湍流火焰 |

图 8.41 超细水雾对火焰结构的影响

（1）当水雾粒径和水雾速度均较小时，超细水雾的动量和脉动强度均较小，受压力波作用，超细水雾反向运动且与火焰燃烧区无接触或少量接触，火焰面不发生变化，仍保持层流火焰结构。水雾在运动过程中吸收火焰阵面热辐射放出的热量，汽化成水蒸气后弥散于火焰阵面上方。根据分区近似解法求得层流火焰速率（S_L）为

$$S_L \propto \sqrt{\alpha_M} \tag{8.1}$$

式中，α_M 为分子导温系数。汽化成的水蒸气导致未燃气体的传热系数减小，减小的程度与水雾参数和水雾物性有关，进而减小火焰传播速率。

（2）当水雾粒径和水雾速度增大时，超细水雾的动量和脉动强度也增大，水雾与火焰阵面发生接触，并随之反向运动。此时，受超细水雾作用，火焰阵面不再光滑，而是变成规则的"波浪"结构，即形成小尺寸湍流火焰（$l < \delta_L$，$w' < S_L$）。此时，超细水雾与火焰阵面能够实现良好的热量交换，燃烧反应速率明显减小。火焰传播速度（S_Γ）不仅与传热系数有关，还与超细水雾作用后火焰阵面的脉动速度和湍流尺度有关，即

$$S_\Gamma \propto \sqrt{1 + \frac{lw'}{\alpha_M}} \qquad (8.2)$$

式中，l 为湍流尺度；w' 为脉动速度。

（3）当水雾粒径和水雾速度继续增大时，超细水雾的动量和脉动强度进一步提高，超细水雾能穿透火焰阵面并导致火焰结构发生无规则变形，即形成大尺度弱湍流火焰（$l > \delta_L$，$w' < S_L$）。湍流尺度大于层流火焰宽度，脉动作用促使火焰变得更加弯曲，但火焰阵面的脉动速度远小于层流火焰速度，脉动气团不能冲破火焰阵面，因此表现为扭曲且不清晰的火焰阵面。穿透火焰阵面的超细水雾使其在火焰阵面不能充分发挥冷却作用，且必将引起火焰表面积增大，已燃气体与未燃气体的热量交换速率提高。根据表面燃烧理论：

$$\frac{S_\Gamma}{S_L} \propto \frac{A_L}{A_\Gamma} \qquad (8.3)$$

式中，A_L 和 A_Γ 分别为层流火焰和湍流火焰的表面积。火焰传播速率正比于火焰表面积，因此受扰动后火焰加速传播，容器内部热增速率显著提高。

（4）当火焰受高脉动强度超细水雾作用时，火焰阵面不仅变得更加弯曲、褶皱，湍流涡团能冲破火焰阵面使其破裂，甚至被撕裂成离散的火焰面。燃烧气团能够跃出火焰平均阵面进入未燃气体中，脉动的新鲜气团也能够窜入反应区燃烧，形成"岛状"不连续的火焰结构，即形成大尺度强湍流火焰（$l > \delta_L$，$w' > S_L$）。根据达郎托夫湍流火焰传播公式：

$$S_\Gamma = S_L + \frac{\sqrt{2}Aw'}{\sqrt{\ln\left(1 + \frac{w'}{S_L}\right)}} \qquad (8.4)$$

式中，A 为经验常数。火焰传播速度与脉动速度和层流火焰传播速度有关，而二者均受水雾参数的影响。总之，超细水雾通过吸热冷却作用减小火焰传播速度，还通过火焰湍流尺度、脉动速度以及导温系数影响火焰传播速度。火焰传播速度能够显著影响容器内部的热增速率，进而影响容器内部压力上升速率[21]。

实验中采用超声波雾化和压力式喷嘴雾化两种方式产生超细水雾，水雾粒径、水雾速度和水雾浓度的差异会导致火焰形成上述四种结构。基于 MATLAB 软

件，采用二值化图像处理方法对火焰传播图像进行处理，分析超细水雾对火焰阵面的影响。图 8.42 为无水雾、超声波雾化（Q =112g/m³）和压力式喷嘴雾化（2 号喷嘴，$\Delta P_{喷}$ =0.8MPa）条件下，浓度为 9.5%的甲烷-空气爆炸火焰传播速度和火焰结构的对应关系。这表明随着水雾粒径和水雾速度的增大，火焰变形更加显著，使火焰从小尺度湍流火焰变为大尺度弱湍流火焰，甚至发展为大尺度强湍流火焰，从而导致火焰传播速度增大。

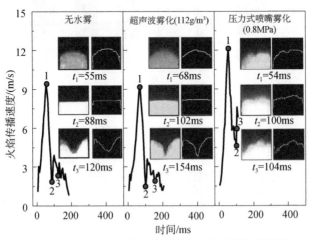

图 8.42 超细水雾对火焰传播速度和火焰结构的影响

火焰经历了球形火焰、指形火焰、平面火焰和"郁金香"火焰四个发展阶段。图 8.43 为随着水雾浓度的提高，浓度为 8%、9.5%和 11%的甲烷-空气爆炸火焰

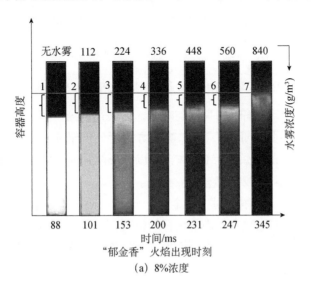

（a）8%浓度

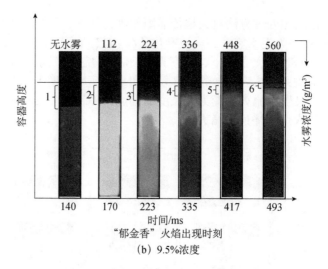

(b) 9.5%浓度

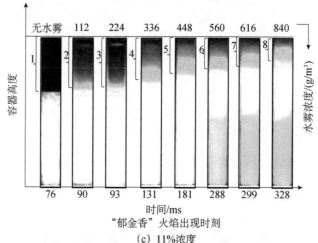

(c) 11%浓度

图 8.43　水雾浓度对"郁金香"火焰出现高度和时刻的影响

开始出现"郁金香"火焰时的高度与时刻。为表述清晰，图中采用实线标注"郁金香"火焰出现时对应的阵面高度。当水雾浓度分别超过 112g/m³ 和 168g/m³ 时，浓度为6%和13.5%的甲烷-空气爆炸火焰以指形结构向上传播且火焰阵面曲率半径不断增大，但并未形成"郁金香"火焰。

图 8.44 给出了水雾浓度对"郁金香"火焰出现的高度与容器总高度的比值，以及出现的时刻与火焰在容器内部传播所需时间比值的影响。由图可以看出，上述两种比值均随着水雾浓度的增大而增大。这表明水雾浓度的提高能够导致"郁金香"火焰出现的时刻明显延迟。

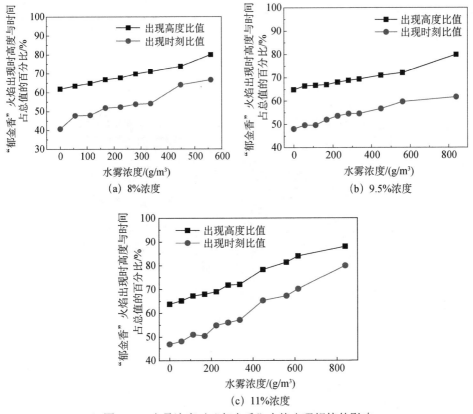

图 8.44　水雾浓度对"郁金香"火焰出现规律的影响

"郁金香"火焰的形成是火焰阵面、阵面诱导流场反向流动和已燃区涡旋运动相互作用导致的[12]。实验中靠近底端点火，受底部端面阻挡后爆炸流场发生反向流动，随着火焰的加速传播，反向流动强度不断增大。在流场涡旋的作用下，靠近侧壁的火焰传播速度大于中心火焰传播速度，最终形成"郁金香"火焰[23]。超细水雾添加后，因超细水雾的吸热冷却作用，爆炸强度明显减小，火焰阵面中心流场的逆向流动强度也减小，两个对称涡旋运动的强度降低，靠近侧壁的火焰传播速度减小，致使"郁金香"火焰出现的时刻延迟。同时，Clanet 等[13]也给出了"郁金香"火焰的形成时间与管道半径和层流火焰传播速度的经验公式：

$$t_{\text{tulip}} = (0.33 \pm 0.02)\frac{H}{S_{\text{L}}} \tag{8.5}$$

式中，H 为容器管道半径；S_{L} 为层流火焰传播速度。由式（8.5）可知，随着水雾浓度的增大，超细水雾的吸热、冷却作用不断增强，火焰传播速度不断减小，因此"郁金香"火焰出现的时刻延迟。

超细水雾能够导致火焰结构发生变化，不仅体现在火焰阵面上，更体现在已燃区火焰结构上。图 8.45 为 336g/m³ 水雾浓度下，浓度为 8%的甲烷-空气爆炸火焰"胞格结构"的演变过程。由图可知，超细水雾作用下火焰出现了皲裂状的"胞格结构"，并经历了胞格形成→胞格发展→胞格减小→胞格消失四个阶段。

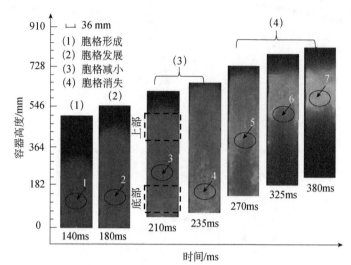

图 8.45　火焰"胞格结构"的演变过程

火焰传播初期，已燃区火焰皲裂成大块的"胞格结构"（t=140ms，点 1），随着火焰的传播，底部大块的"胞格结构"破碎成小块的"胞格结构"，而上部仍为大块的"胞格结构"（t=210ms），即以大块的"胞格结构"向上发展。随着火焰传播的增强，细小的"胞格结构"相互叠加又转变为大块的"胞格结构"（t=380ms，点 7），最终"胞格结构"消失。

无超细水雾时，火焰阵面光滑且连续，反应区与未燃区界面清晰（图 8.45）。在超细水雾作用下，火焰结构发生明显改变（水雾参数参见表 8.2）。随着雾化压力的增大，水雾参数综合作用的增强使火焰变形不断增大，湍流强度不断提高。

8.5.3　火焰传播与爆炸压力上升速率的关系

图 8.46 给出了无水雾条件下，浓度为 9.5%的甲烷-空气爆炸压力上升速率、火焰传播速度和火焰结构的对应关系。由图可以看出，火焰传播与爆炸压力上升速率是相对应的。当 t = 0ms 时，预混气体被引燃，随后火焰以球形结构发展，此阶段火焰自由膨胀且不受侧壁约束。

两种雾化方式产生的超细水雾对火焰传播与爆炸压力上升速率的对应关系有显著的影响。图 8.47（a）和（b）分别为超声波雾化和压力式雾化两种雾化方式下，浓度为 9.5%的甲烷-空气爆炸压力上升过程、火焰传播速度与火焰结构的对应关系。

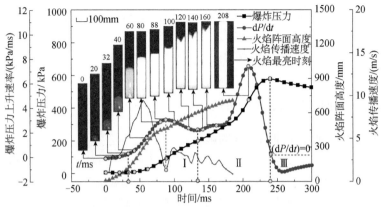

图 8.46　甲烷-空气爆炸压力上升速率与火焰传播对应关系

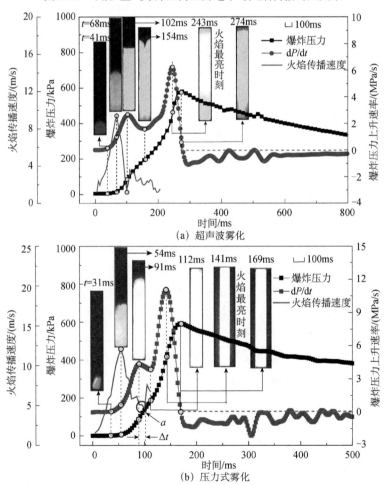

图 8.47　雾化方式对火焰传播与爆炸压力上升速率对应关系的影响

例如，球形火焰过后火焰加速传播的时刻（$t=41\text{ms}$），光滑的指形火焰对应的峰值速率时刻（$t=68\text{ms}$），平面火焰结构对应的火焰传播速度最小极值时刻（$t=102\text{ms}$），压力上升速率曲线出现第一个峰值，以及（$\text{d}P/\text{d}t$）$_{\text{max}}$对应的爆炸最剧烈时刻（$t=274\text{ms}$）。

8.5.4 超细水雾抑制气体爆炸的机理分析

1）雾化方式对爆炸抑制机理的影响

超声波雾化条件下，粒径为10μm的超细水雾具有较大的比表面积且水雾汽化速率极高，与火焰阵面接触后主要通过显热吸热和潜热吸热方式吸收火焰热量。此外，受液面驱动力作用，逃逸于雾化系统的超细水雾在自身重力和曳力的作用下悬浮于容器中，微小粒径的水雾不会引起火焰结构明显扰动，保证火焰在传播过程中不受扰动作用而引入增强因素。同时，在高温条件下，汽化的水蒸气能够产生较大的蒸汽压，作为部分分压影响容器内部压力，且影响程度与水雾参数有关。

压力式雾化条件下，超细水雾对火焰冷却的同时，水雾参数的改变还会不同程度地影响火焰结构，并使其形成湍流火焰。压力式雾化产生的超细水雾具有较大的水雾粒径和速度，粒径的增大使水雾的汽化速率减小，运动速度的增大使水雾具有较大的脉动强度。同时，燃烧速率的增强不仅增大了气-液两相间的热量交换速率，还增大了超细水雾的汽化速率，使容器内部蒸汽压升高。实验中，爆炸的增强表明压力式雾化产生的超细水雾对爆炸火焰扰动引起的增强作用大于超细水雾冷却吸热等产生的抑制作用。

为了实现气体爆炸的有效抑制，超细水雾与火焰阵面应实现第二种接触（图8.46）。水雾粒径和水雾速度的增大使超细水雾在火焰反应区不能够充分发挥冷却吸热作用，反而使火焰发生较大的变形，火焰表面积增大，燃烧速度加快。这正是压力式雾化下爆炸产生增强的重要原因。

2）添加剂的影响

随着氯化钠溶液浓度的提高，火焰传播速度减小的原因是超细水雾冷却吸热、阻隔热量传递和中断爆炸链式反应能力的增强。水雾汽化后产生的氯化钠晶体会吸收火焰面热量并发生汽化，且随着氯化钠溶液浓度的提高，水雾汽化后产生氯化钠晶体的量不断增多，吸热能力不断增强。氯化钠溶液水雾浓度的提高也能增大水雾汽化后产生氯化钠晶体的量，使更多的燃烧热被氯化钠晶体吸收，导致火焰温度明显降低，燃烧速率明显减小。

在高温条件下，氯化钠溶液超细水雾汽化后的产物会阻隔热量从反应区向未燃区传递。随着氯化钠溶液浓度和水雾浓度的增大，水雾汽化后析出氯化钠晶体的量不断增多，广泛分散于反应区和未燃区，削弱火焰热辐射强度和阻隔热量传递的能力不断提高，且对未燃气体的稀释作用不断增强[28-31]。因此，上述因素的综合作用能够明显削弱爆炸火焰热量的传递能力，减小火焰传播速度。

碳酸氢根（HCO_3^-）既可以电离生成碳酸根离子（CO_3^{2-}）和氢离子（H^+），也可水解生成氢氧根离子（OH^-）和碳酸（H_2CO_3），无论发生何种反应过程，都会引起爆炸过程主要活性基元（H^+和OH^-）的生成，而Cl^-对爆炸活性基元主要表现为消耗作用。由上述可知，Cl^-的抑制作用要强于HCO_3^-，实验中表现为KCl溶液超细水雾的抑爆效果强于$KHCO_3$溶液超细水雾的抑爆效果。同时，K^+相比于Na^+的抑制作用大于Cl^-相比于HCO_3^-的抑制作用，导致$KHCO_3$溶液超细水雾的抑制效果强于NaCl溶液超细水雾的抑制效果。

8.6　本 章 小 结

本章通过压力式雾化和超声波雾化两种方式产生超细水雾对甲烷-空气爆炸进行抑制，但爆炸产生了增强与抑制相反的结果。通过分析超细水雾对爆炸压力和火焰传播的影响规律，得出产生两种结果的原因与两种雾化方式产生的水雾参数（水雾粒径、水雾速度和水雾浓度）有关。具体结论如下：

（1）压力式雾化方式产生的超细水雾对甲烷-空气爆炸产生增强作用，具体表现为爆炸压力和压力上升速率增大，火焰传播速度加快，以及火焰结构的变形。压力式雾化条件下，较大水雾粒径和速度的超细水雾促使火焰结构变形所引起燃烧速率的增强作用大于吸热冷却所产生的抑制作用，从而导致爆炸增强。

（2）超声波雾化方式产生的超细水雾对甲烷-空气爆炸产生抑制作用，经历了胞格形成→胞格发展→胞格减小→胞格消失四个阶段。同时，随着水雾浓度的增大，超细水雾的吸热作用不断增强，"郁金香"火焰出现的时刻明显延迟。当水雾浓度达到某临界值时，爆炸能够被完全抑制。

（3）添加剂的加入能够增强超细水雾对甲烷-空气爆炸的抑制作用，抑爆作用的增强不仅与添加剂的浓度有关，还与添加剂的种类有关。不同碱金属添加剂抑爆的强弱顺序为K_2CO_3 > KCl > $KHCO_3$ > Na_2CO_3 > NaCl，且K^+整体优于Na^+。添加剂超细水雾通过物理和化学的双重作用能够更好地实现爆炸抑制。

（4）探讨了超细水雾导致爆炸增强与抑制的影响机理，指出超细水雾促使火焰结构变形、火焰表面积增大、燃烧速率提高是导致爆炸增强的根本原因。为实现爆炸的有效抑制，应保证超细水雾与火焰面实现良好的接触和热量交换，且不会导致火焰明显变形。

参 考 文 献

[1]　张鹏鹏. 超细水雾增强与抑制瓦斯爆炸的实验研究. 大连：大连理工大学，2013.

[2]　贾卫东，李萍萍，邱白晶，等. PDPA 在喷嘴雾化特性试验研究中的应用. 中国农村水利水电，2008，（9）：70-72.

[3]　van Wingerden K，Wilkins B. The influence of water sprays on gas explosions. Part 1：Water-spray-generated turbulence. Journal of Loss Prevention in the Process Industries，1995，29：53-59.

[4]　van Wingerden K，Wilkins B，Bakken J，et al. The influence of water sprays on gas explosions. Part 2：Mitigation. Journal of Loss Prevention in the Process Industries，1995，8：61-70.

[5]　Gieras M. Flame acceleration due to water droplets action. Journal of Loss Prevention in the Process Industries，2008，21：472-477.

[6]　陆守香，刘暄亚. 管道内甲烷火焰穿越水雾区的传播特. 热科学与技术，2004，3（2）：125-128.

[7]　刘暄亚，陆守香，朱迎春. 水雾作用下甲烷/空气预混火焰的光谱特性. 中国安全科学学报，2008，14（1）：44-49.

[8]　Gu R，Wang X S，Xu H L. Experimental study on suppression of methane explosion with ultra-fine water mist. Fire Safety Science，2010，19（2）：546-553.

[9]　秦文茜，王喜世，谷睿，等. 超细水雾作用下瓦斯的爆炸压力及升压速率. 燃烧科学与技术，2012，18（1）：90-95.

[10]　Ellis O C D C，Wheelre R V. Explosion in closed cylinders. Part Ⅲ. The manner of movement of flame. Journal of the Chemical Society，1928：3215-3222.

[11]　Hu J，Pu Y，Jia F，et al. Study of gas combustion in a vented cylindrical vessel. Combustion Science and Technology，2005，177（2）：323-346.

[12]　Xiao H H，Wang Q S，He X C，et al. Experimental and numerical study on premixed hydrogen/air flame propagation in a horizontal rectangular closed duct. International Journal of Hydrogen Energy，2010，35（3）：1367-1376.

[13]　Clanet C，Searby G. On the "tulip flame" phenomenon. Combustion and Flame，1996，105：225-238.

[14]　Kerampran S，Desbordes D，Veyssière B. Propagation of a flame from the closed end of a smooth horizontal tube of variable length. The 18th International Colloquium on the Dynamics of Explosions and Reaction Systems，Seattle，2001.

[15] Guénoche H. Flame Propagation in Tubes and in Closed Vessels. New York: Pergamon Press, 1964.

[16] Matalon M, Metzener E. The propagation of premixed flames in closed tubes. Journal of Fluid Mechanics, 1997, 336: 331-350.

[17] Dunn R D, Sawyer R E. Interaction of a laminar flame with its self-generated flow during constant volume combustion. The 10th International Colloquium on the Dynamics of Explosions and Reaction Systems, Berkley, 1985.

[18] Gonzalez M, Borghi R, Saouab A. Interaction of a flame front with its self-generated flow in all enclosure-the tulip flame phenomenon. Combustion and Flame, 1992, 88: 201-220.

[19] Sapko M J, Furno A L, Kuchta J M. Quenching methane-air ignitions with water sprays. Bureau of Mines Report of Investigations RI-8214, 1977.

[20] Thomas G O. On the conditions required for explosion mitigation by water sprays. Process Safety and Environmental Protection, 2000, 78: 339-353.

[21] Adiga K C, Willauer H D, Ananth R, et al. Implications of droplet breakup and formation of ultrafine mist in blast mitigation. Fire Safety Journal, 2009, 44: 363-369.

[22] 董呈杰. 甲烷-沉积煤尘爆炸实验与大涡模拟. 大连: 大连理工大学, 2012.

[23] Ye J F, Chen Z H, Fan B C, et al. Suppression of methane explosions in a field-scale pipe. Journal of Loss Prevention in the Process Industries, 2005, 18 (2): 89-95.

[24] Gregory L. Final report: Effective non-toxic metallic fire suppressants. 2002.

[25] Jensen D E, Jones G A. Kinetics of flame inhibition by sodium. Journal of the Chemical Society Faraday Transactions, 1982, 178: 2843-2850.

[26] Gieras M. Flame acceleration due to water droplets action. Journal of Loss Prevention in the Process Industries, 2008, 21: 472-477.

[27] 余明高, 安安, 游浩. 细水雾抑制管道瓦斯爆炸的实验研究. 煤炭学报, 2011, 36 (3): 417-422.

[28] Wang J H, Xie Y L, Cai X, et al. Effect of H_2O addition on the flame front evolution of syngas spherical propagation flames. Combustion Science and Technology, 2016, 188: 1054-1072.

[29] Liu J H, Liao G X. Experimental research on CH_4/air fire suppression using water mist with additives. Transaction of Beijing Institute of Technology, 2010, 30: 1240-1244.

[30] King D M, Yang J C, Chien W S, et al. Evaporation of a small water droplet containing an additive. Proceedings of the American Society of Mechanical Engineers National Heat Transfer conference, Baltimore, 1997.

[31] Rosser W A, Inami S H, Wise H. The effect of metal salts on premixed hydrocarbon-air flame. Combustion and Flame, 1963, 7 (63): 107-119.

第9章　受限空间超细水雾抑制气体爆炸机理

采用数学模型和数值方法，针对密闭容器内部超细水雾抑制甲烷-空气爆炸过程进行数值计算，分析超细水雾与爆炸流场的相互作用过程，包括水雾参数对气-液两相间的能量交换、气体浓度稀释和火焰阵面湍流强度的影响，并探讨超细水雾增强与抑制爆炸的判据。

9.1　数　值　模　型

9.1.1　物理模型

为有效降低爆炸强度，利用水雾冷却、吸热的特点对甲烷-空气爆炸进行抑制[1]，研究超细水雾与爆炸火焰的作用过程，物理模型如图9.1所示。水雾均匀弥散于容器内部，与火焰接触后会发生传热、传质过程，降低爆炸强度。水雾参数能够显著影响气-液两相间的作用过程，并对爆炸流场产生显著影响。同时，高温下水雾汽化产生的蒸汽压也会影响容器内部的压力。

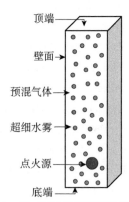

图 9.1　气-液两相作用的物理模型

9.1.2　数学模型与控制方程

近年来，采用大涡模拟对爆炸过程进行数值计算已成为国内外研究的热点[2-4]。大涡模拟的特点决定计算结果是否具有较高的精度，能否准确预测流场的瞬态流动过程[5]。超细水雾对甲烷-空气爆炸抑制过程不仅包含快速的燃烧反应和复杂的湍流流动，还涉及气-液两相间的传热、传质及动量传递过程。超细水雾对爆炸火焰的吸热冷却、阻隔衰减热辐射，以及汽化后对气体浓度的稀释作用能够降低爆炸反应速率和热量传递能力。研究表明，采用大涡模拟对爆炸过程进行计算是有效的，从爆炸流场受超细水雾作用后的流动状态来看，采用该方法计算也是可行的。因此，本节采用大涡模拟对爆炸过程进行数值计算。

1. 气相流动模型

为了揭示超细水雾作用下爆炸流场的瞬态流动特性，本节基于大涡模拟对可压缩爆炸流场流动过程进行求解，三维瞬态连续方程、动量方程和能量方程[6]如下：

$$\frac{\partial \rho}{\partial t} + \frac{\partial}{\partial x_i}(\rho u_i) = 0 \tag{9.1}$$

$$\frac{\partial \rho u_i}{\partial t} + \frac{\partial}{\partial x_j}(\rho u_j u_i) = -\frac{\partial p}{\partial x_j} + \frac{\partial}{\partial x_j}\tau_{ij} + \rho g_i \tag{9.2}$$

$$\frac{\partial}{\partial t}(\rho E) + \frac{\partial}{\partial x_j}\left[u_j(\rho E + p)\right] = \frac{\partial}{\partial x_j}\left(-J_{jE} + \sum_m h_m J_{im} + u_i \tau_{ij}\right) + S_E \tag{9.3}$$

式中，ρ 为密度，$\rho = \dfrac{pM}{R_\mu T}$，$M$ 为摩尔质量，R_μ 为气体通用常数，T 为温度，p 为压力；t 为时间；τ_{ij} 为应力张量；u_i、u_j 为速度分量（i, j=1, 2, 3）；g_i 为重力加速度；E 为总能量，$E = h - \dfrac{p}{\rho} + \dfrac{u^2}{2}$；$h$ 为焓值；J_{jE} 为 j 方向的分子热通量，$J_{jE} = -\dfrac{\mu c_p}{Pr}\cdot\dfrac{\partial T}{\partial x}$，$Pr$ 为普朗特数，$Pr = \dfrac{\mu c_p}{k}$，c_p 为定压比热容，k 为热传导率；J_{jm} 为 m 组分在 j 方向的扩散通量，$J_{jm} = -\dfrac{\mu}{Sc}\cdot\dfrac{\partial Y_m}{\partial x_j}$，$Sc$ 为施密特数，$Sc = \dfrac{\mu}{\rho D}$，D 为扩散系数，Y_m 为 m 组分质量浓度；S_E 为能量守恒方程源项。

大涡模拟是对质量、动量、能量及其相关的控制方程经过滤处理后再进行求解，对函数的过滤采用积分方法实现，具体形式为

$$\overline{\phi(x_i', t)} = \int_D \phi(x_i', t)G(x_i - x_i', \Delta)\mathrm{d}x_i' \tag{9.4}$$

式中，D 为积分区域；Δ 为过滤尺度，$\Delta = (\delta x \delta y \delta z)^{1/3}$，其中 δx、δy 和 δz 分别为计算区域中三维空间方向上的长度尺度；G 为过滤函数，定义为

$$G(x, x') = \begin{cases} \dfrac{1}{V}, & x' \in V \\ 0, & x' \notin V \end{cases} \tag{9.5}$$

根据 G. Erlebacher 等的思想，过滤后的变量函数被分为大尺度变量和相应的亚格子变量[7]，分别用上标 "-" 和 "^" 表示，即任意变量 $\phi(x, t)$ 分解为可求解变量 $\overline{\phi(x, t)}$ 和亚格子变量 $\widehat{\phi(x, t)}$，且 $\phi(x, t) = \overline{\phi(x, t)} + \widehat{\phi(x, t)}$。

密闭容器中甲烷-空气爆炸火焰传播速度一般小于 100m/s，即马赫数小于0.3，但由于反应区温度变化较大，爆炸流场可视为可压缩理想气体[8, 9]。同时，在动量方程中考虑重力作用，过滤后的基本方程如下[10, 11]：

$$\frac{\partial \bar{\rho}}{\partial t} + \frac{\partial}{\partial x_i}(\bar{\rho}\tilde{u}_i) = 0 \tag{9.6}$$

$$\frac{\partial(\bar{\rho}\tilde{u}_i)}{\partial t} + \frac{\partial}{\partial x_j}(\bar{\rho}\tilde{u}_j\tilde{u}_i) = -\frac{\partial \bar{p}}{\partial x_i} + \frac{\partial}{\partial x_j}(\bar{\tau}_{ij}) - \frac{\partial}{\partial x_j}(\overline{\rho u_j u_i} - \bar{\rho}\tilde{u}_j\tilde{u}_i) + \bar{\rho}g_i \tag{9.7}$$

$$\frac{\partial(\bar{\rho}\tilde{E})}{\partial t} + \frac{\partial}{\partial x_j}\left[\tilde{u}_j(\bar{\rho}\tilde{E} + \bar{p})\right] = \frac{\partial}{\partial x_j}\left(-\bar{J}_{jE} - \sum_m \overline{h_m J_{jm}} + \overline{u_i \tau_{ij}}\right) -$$

$$\frac{\partial}{\partial x_j}\left[(\overline{\rho u_j E} - \bar{\rho}\tilde{u}_j\tilde{E}) + (\overline{u_j p} - \tilde{u}_j\bar{p})\right] + \bar{S}_E \tag{9.8}$$

式中，$-\sum_m \overline{h_m J_{jm}}$ 和 $\overline{u_i \tau_{ij}}$ 分别为组分扩散和黏性热的能量源项；$\tau_{ij,\text{SGS}} = \overline{\rho u_j u_i} - \bar{\rho}\tilde{u}_i\tilde{u}_i$ 和 $\overline{\rho u_j E} - \bar{\rho}\tilde{u}_j\tilde{E}$ 分别为亚网格应力项和亚网格能量通量。

$$\tau_{ij,\text{SGS}} = \overline{\rho u_j u_i} - \bar{\rho}\tilde{u}_i\tilde{u}_j = -2\mu_{\text{SGS}}\bar{S}_{ij} = -\mu_{\text{SGS}}\left(\frac{\partial \tilde{u}_i}{\partial x_j} + \frac{\partial \tilde{u}_j}{\partial x_i}\right) \tag{9.9}$$

$$\overline{\rho u_j E} - \bar{\rho}\tilde{u}_j\tilde{E} = -\frac{\mu_{\text{SGS}}C_P}{Pr_{\text{SGS}}}\frac{\partial \tilde{T}}{\partial x_j} \tag{9.10}$$

式中，Pr_{SGS} 为亚网格普朗特数，取 0.85；μ_{SGS} 为亚网格黏性系数。

2. 亚网格应力模型

亚网格应力项和能量通量是关于亚网格黏性系数 μ_{SGS} 的未知量模型，需要建立亚网格模型对其进行封闭求解，使亚网格脉动对可解尺度的影响可以通过亚网格模型计算求得。基于此，本节采用动态 Smagorinsky-Lilly 模型[12]，该模型是以 Smagorinsky 模式为基本模型，模型中的系数是空间和时间的函数，未知系数直接通过大尺度量求得，相比于采用固定系数更合理。其中，亚网格黏性系数求解过程为

$$\mu_{\text{SGS}} = \rho L_s^2 \left|\bar{S}\right| \tag{9.11}$$

式中，$\left|\bar{S}\right| = \sqrt{2\bar{S}_{ij}\bar{S}_{ij}}$；$L_s$ 为亚网格尺度的混合长度，计算如下：

$$L_s = \min(\kappa d, C_s \Delta) \tag{9.12}$$

式中，κ 为 von Karman 常数，取 0.42；d 为火焰与最近壁面的距离；C_s 为 Smagorinsky 系数；Δ 为局部网格尺度，由计算域单元体求得

$$\Delta = V^{1/3} \tag{9.13}$$

$$S_{ij} = \frac{1}{2}\left(\frac{\partial u_i}{\partial x_j} + \frac{\partial u_j}{\partial x_i}\right) \tag{9.14}$$

动态 Smagorinsky-Lilly 模型实质是将确定的 Smagorinsky 系数（C_s）转换为时间和空间的函数，求解的关键在于根据不同过滤宽度求得的亚网格应力差确定 C_s。计算过程引入两个过滤宽度，即 $\overline{\Delta}$ 和 $\hat{\Delta}$，分别称为主滤波器和试验滤波器，取 $\hat{\Delta}=2\overline{\Delta}$。经主滤波器和试验滤波器过滤后变量 ϕ 分别变为 $\overline{\phi}$ 和 $\hat{\phi}$，两种滤波所产生的亚网格应力分别为 τ_{ij} 和 T_{ij}。假设尺度相似，τ_{ij} 和 T_{ij} 以同样的方式采用 Smagorinsky-Lilly 模型建模如下：

$$\tau_{ij} = -2C\overline{\rho}\Delta^2\left|\tilde{S}\right|\left(\tilde{S}_{ij}-\frac{1}{3}\tilde{S}_{kk}\delta_{ij}\right) \tag{9.15}$$

$$T_{ij} = -2C\hat{\overline{\rho}}\hat{\Delta}^2\left|\hat{\tilde{S}}\right|\left(\hat{\tilde{S}}_{ij}-\frac{1}{3}\hat{\tilde{S}}_{kk}\delta_{ij}\right) \tag{9.16}$$

试验滤波器的作用是施加在经主滤波器过滤后的流场上较大尺度的二次过滤，因此有

$$L_{ij} = T_{ij}-\hat{\tau}_{ij} = \overline{\rho\tilde{u}_i\tilde{u}_j}-\frac{1}{\hat{\overline{\rho}}}(\widehat{\overline{\rho}\tilde{u}_i}\,\widehat{\overline{\rho}\tilde{u}_j}) \tag{9.17}$$

式中，L_{ij} 的物理意义是尺度介于 $\overline{\Delta}$ 和 $\hat{\Delta}$ 之间的湍流涡运动产生的应力。动态系数 C_s 为

$$C_s = \sqrt{\frac{L_{ij}-L_{kk}\delta_{ij}/3}{M_{ij}^2}} \tag{9.18}$$

$$M_{ij} = -2\left(\hat{\Delta}^2\hat{\overline{\rho}}\left|\hat{\tilde{S}}\right|\hat{\tilde{S}}_{ij}-\Delta\overline{\rho}\left|\hat{\tilde{S}}\right|\hat{\tilde{S}}_{ij}\right) \tag{9.19}$$

能量方程（9.8）中源项 S_E 包含燃烧释放的热量 q_{chem}，热辐射传递的热量 q_{rad}，爆炸流场与容器壁面间的热量交换 q_w 以及气-液两相间的热量交换 Q。

3. 气相燃烧模型

部分预混燃烧模型是预混燃烧模型和非预混燃烧模型的结合，适用于快速化学反应的紊态扩散火焰计算。容器内部甲烷和空气以分子量级混合，燃烧反应发生在很薄的火焰面上，火焰面的移动使前方气体燃烧。火焰面将爆炸流场分为已燃区和未燃区，火焰面的传播等同于化学反应的传播。通过求解关于标量 "c" 的密度加权平均反应进程变量的输运方程追踪火焰面的传播位置，过滤后的燃烧模型为

$$\frac{\partial}{\partial t}(\overline{\rho}\tilde{c})+\frac{\partial}{\partial x_j}(\overline{\rho}u_j\tilde{c}) = \frac{\partial}{\partial x_j}\left(-\frac{\mu+\mu_{SGS}}{Sc_t}\frac{\partial\tilde{c}}{\partial x_j}\right)+\overline{S}_c \tag{9.20}$$

式中，c 为平均反应进程变量；$c=0$ 代表未燃区域；$c=1$ 代表已燃区域；$0<c<1$ 代表燃烧反应区；μ_{SGS} 为亚网格黏性系数；Sc_t 为湍流施密特数，取 0.85；Sc 为反

应进程源项。平均反应进程变量 c 定义为

$$c = \frac{\sum\limits_{i=1}^{n} Y_i}{\sum\limits_{i=1}^{n} Y_{i,\text{eq}}} \tag{9.21}$$

式中，n 为产物数量；Y_i 为产物组分 i 的质量分数；$Y_{i,\text{eq}}$ 为平衡时产物组分 i 的质量分数。

反应进程变量方程（9.20）中的平均反应速率 S_c（产物生成速率）求解模型如下：

$$S_c = \rho_u U_t |\nabla c| \tag{9.22}$$

式中，ρ_u 为未燃气体密度；U_t 为湍流燃烧速率。点火前预混气体静止于容器中，因此爆炸过程既有层流燃烧也有湍流燃烧，U_t 采用 Zimont 等[12]提出的经验公式求解：

$$U_t = \max[U_l, A(u')^{3/4} U_l^{1/2} \alpha^{-1/4} l_t^{1/4}] \tag{9.23}$$

式中，A 为模型常数，取值为 0.52；u' 为亚网格速度脉动；U_l 为层流燃烧速率；α 为分子扩散系数；l_t 为湍流长度尺度。

湍流长度尺度计算公式如下：

$$l_t = C_s \Delta \tag{9.24}$$
$$u' = l_t \tau_{\text{SGS}}^{-1} \tag{9.25}$$

式中，τ_{SGS}^{-1} 为亚网格尺度混合速率，表达式为

$$\tau_{\text{SGS}}^{-1} = \sqrt{2 S_{ij} S_{ij}} \tag{9.26}$$

水雾汽化成水蒸气后作为难反应气体能够稀释可燃气体，其混合可视为非预混过程。计算过程中不用求解每种组分的输运方程，只需要求解关于混合分数的输运方程，通过混合分数计算各组分的浓度。平均混合分数方程为

$$\frac{\partial}{\partial t}(\rho \bar{f}) + \nabla \cdot (\rho \bar{v} \bar{f}) = \nabla \cdot \left(\frac{\mu_t}{\sigma_t} \nabla \bar{f}\right) + S_m \tag{9.27}$$

式中，源项 S_m 为水雾汽化后进入连续相中的质量。

除了需要求解平均混合分数，还需要求解一个关于平均混合分数均方值的守恒方程 $\overline{f'^2}$。混合分数均方值是描述湍流-化学反应的封闭模型，其方程如下：

$$\overline{f'^2} = C_{\text{var}} L_{\text{SGS}}^2 |\nabla \bar{f}|^2 \tag{9.28}$$

式中，C_{var} 为与黏性有关的系数，取值为 0.5；L_{SGS} 为亚网格尺度。

水雾汽化成水蒸气后作为第二相流，在计算二相混合分数过程中，通过式（9.27）和式（9.28）求得燃料平均混合分数的 $\bar{f}_{\text{fuel}}$ 和 $\overline{f'^2_{\text{fuel}}}$。通过式（9.27）求

得第二相混合分数 $\overline{f_{\text{sec}}}$ ，并根据 $f_{\text{sec}} = p_{\text{sec}} \times (1 - f_{\text{fuel}})$ 求得标准第二相平均混合分数 $\overline{p_{\text{sec}}}$ ，用 $\overline{p_{\text{sec}}}$ 代替 $\overline{f}$ ，通过方程（9.28）可求得 $p_{\text{sec}}'^2$ 。

在计算过程中化学反应减少为关于混合分数的守恒方程，全部的化学标量仅与混合分数有关。通过流场中任一点的瞬时守恒分数值求得各组分的摩尔浓度、密度和温度等。水雾汽化成水蒸气后作为难反应气体参与其中，并影响预混气体混合分数，因此瞬时值依赖于气体混合分数和水雾汽化后的第二相流分数 p_{sec} 。同时，系统中存在壁面散热和水雾吸热过程，局部热化学状态不仅与 f 有关，还与焓值有关。瞬态变量计算时考虑了热损失导致焓值的变化，求解公式为

$$\phi_i = \phi_i(f_{\text{fuel}}, p_{\text{sec}}, H^*) \tag{9.29}$$

式中，ϕ_i 为瞬时组分变量值；H^* 为瞬时焓值，其定义为

$$H^* = \sum_j m_j H_j = \sum_j m_j \left[\int_{T_{\text{ref},j}}^{T} c_{p,j} \mathrm{d}T + h_j^0(T_{\text{ref},j}) \right] \tag{9.30}$$

采用平衡假设方法描述燃烧反应过程中 ϕ_i 与 f 的函数关系。对于紊态反应流动，最重要的参数为预测脉动量的平均时间，其与瞬时值的关系依赖于湍流-化学反应的相互作用，在此采用概率密度函数作为封闭模型，描述流动花在状态 f 的时间分数，求解关于变量 f 的平均时间。应用联合概率密度函数 $p(f)$ 考虑紊动脉动，假设热损失不会影响紊动脉动，且 f_{fuel} 和 p_{sec} 具有统计独立性。各组分变量的平均时间表示为

$$\overline{\phi_i} = \int_0^1 \int_0^1 \phi_i(f_{\text{fuel}}, p_{\text{sec}}, \overline{H^*}) p_1(f_{\text{fuel}}) p_2(p_{\text{sec}}) \mathrm{d}f_{\text{fuel}} \mathrm{d}p_{\text{sec}} \tag{9.31}$$

式中，p_1、p_2 分别为 f_{fuel} 和 p_{sec} 的概率密度函数。采用 β 型概率密度函数计算湍流和化学反应间的相互作用 $p(f)$ ，公式为

$$p(f) = \frac{f^{\alpha-1}(1-f)^{\beta-1}}{\int f^{\alpha-1}(1-f)^{\beta-1}\mathrm{d}f} \tag{9.32}$$

式中，α 和 β 分别表示为

$$\alpha = \overline{f}\left[\frac{\overline{f}(1-\overline{f})}{\overline{f'^2}} - 1 \right] \tag{9.33}$$

$$\beta = (1-\overline{f})\left[\frac{\overline{f}(1-\overline{f})}{\overline{f'^2}} - 1 \right] \tag{9.34}$$

时间平均焓的输运方程如下：

$$\frac{\partial}{\partial t}(\rho\overline{H^*}) + \nabla \cdot (\upsilon\overline{v}\,\overline{H^*}) = \nabla \cdot \left(\frac{k_i}{c_p} \nabla \overline{H^*} \right) + S_{\text{h}} \tag{9.35}$$

式中，H^* 为温度；k_i 为换热系数；源项 S_{h} 包含了壁面散热以及与超细水雾的热量交换。

4. 热辐射模型

甲烷爆炸过程涉及高温火焰热辐射作用，超细水雾与火焰接触后吸收爆炸释放的热量，以降低火焰热辐射强度。采用 P1 热辐射模型描述超细水雾作用后火焰热辐射强度的变化，并假设辐射强度各向同性且表面为散射，则入射辐射输运方程为

$$\nabla\left[\frac{1}{3(\alpha+\sigma_s)}\nabla G\right]-\alpha G+4\alpha\sigma T^4=0 \tag{9.36}$$

式中，G 为入射辐射；α 为吸收系数；σ_s 为散射系数；σ 为 Stefan-Boltzmann 常数，大小为 $5.67\times10^{-8}\mathrm{W/(m^2\cdot K^4)}$。辐射热流量 q_{rad} 的方程如下：

$$q_{rad}=-\frac{1}{3(\alpha+\sigma_s)}\nabla G \tag{9.37}$$

9.1.3　网格划分

爆炸容器为长方体结构，其尺寸为 910mm×150mm×150mm，上下端盖壁厚为 30mm，侧壁厚度为 14mm。采用 ANSYS ICEM 对流体计算域进行六面体结构化网格划分，并通过网格无关性验证，网格尺寸选取 4mm[14]。图 9.2（a）为计算域三维网格结构，图 9.2（b）为容器横截面网格结构，图 9.2（c）为容器侧壁局部网格结构。

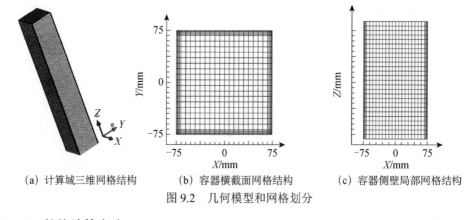

(a) 计算域三维网格结构　　(b) 容器横截面网格结构　　(c) 容器侧壁局部网格结构

图 9.2　几何模型和网格划分

9.1.4　数值计算方法

1. 离散方法

超细水雾作用下的气体爆炸是非稳态三维可压缩流体流动过程，本节的计算模型基于 ANSYS 13.0 软件平台建立。采用控制容积积分法将偏微分方程进行离

散化，其中瞬态项采用二阶隐式方法进行计算；对流项中连续相、能量和反应过程变量方程采用二阶迎风格式求解，而动量方程采用中心差分方法求解；扩散项中的变量梯度采用 Least Squares Cell Based Gradient 方法计算；选用 PRESTO!方法进行压力修正处理；采用 PISO（pressure-implicit with splitting of operators，求解耦合速度压力的非迭代）算法计算压力-速度耦合过程，它是在 SIMPLE 算法的基础上再次进行压力校正，对非稳态压力-速度耦合问题的求解精度更高且收敛性更好。通过交替求解连续相和离散相控制方程，实现气-液两相间的耦合计算。

2. 时间步长确定

甲烷-空气爆炸是非稳态可压缩流动过程，时间步长的确定直接影响计算结果的准确性。特征时间等于特征长度除以特征速度，容器横截面尺寸为 0.15m×0.15m，取声速作为爆炸问题的特征速度 $c=340\text{m/s}$，则计算出的特征时间 $t\approx4.4\times10^{-4}\text{s}$ 理论上的时间步长应小于特征时间的 10^{-2} 数量级，但时间步长和计算机资源占用率是成反比的，综合考虑计算结果的准确性和所需时间，时间步长确定为 10^{-3}s。

9.1.5 边界条件与初始条件

1. 边界条件

在设置边界条件过程中，上下端部法兰厚度均为 30mm，侧壁厚度为 14mm。外壁面温度为 300K，壁面材料比热容为 450J/（kg·K），导热系数为 48W/（m·K）。壁面采用无滑移边界条件和无质量渗透边界条件。假设超细水雾形状为球形且表面光滑，超细水雾不发生破碎过程且辐射作用被忽视。考虑到火焰以辐射传热和对流传热通过壁面向外界环境散失热量，并与超细水雾进行热量交换，计算过程中采用非绝热边界条件。

2. 初始条件

点火前容器内部为确定浓度的甲烷-空气预混气体，预混气体均匀分布于容器内部，并处于静止状态，即 $u_x(t_0)=u_y(t_0)=u_z(t_0)=0$。计算域内预混气体反应进程变量 $c(t_0)=0$，在流场局部区域设置反应进程变量使预混气体局部发生燃烧。设定区域与实验中点火电极的位置相同，即距底端高 110mm 的轴线中心处，且半径为 6mm 的球形区域。设定反应进程变量 $c=1$，表明此区域中可燃气体完全燃烧。依据研究内容设定超细水雾参数。同时，初始压力和温度分别为 0.1MPa 和 300K。

9.2　超细水雾对爆炸火焰能量传递过程的影响

　　为了深入研究超细水雾对爆炸火焰能量传递过程的影响，本节对火焰传播过程进行分析。图 9.3 给出了浓度为 9.5%的甲烷-空气爆炸流场流动过程（下面均以浓度为 9.5%的甲烷-空气爆炸过程进行分析）。由图可知，预混气体被点燃后以球形火焰发展，火焰的自由膨胀使靠近火焰阵面外部流场呈发散的流动状态（ t=20ms ），内部流场则从下部火焰阵面以汇聚状态流向上部火焰阵面。受侧壁的阻挡，火焰以指形结构加速传播（ t=40ms ），已燃区流场以汇聚状态向上流动更加显著。当 t=60ms 时，下部火焰阵面与容器底端接触，导致爆炸流场反向流动增强，随着火焰的继续传播，上部火焰阵面流场也出现反向的流动状态，在上、下火焰阵面反向流场的作用下，火焰后方出现对称的涡旋结构。在对称涡旋的作用下，火焰阵面曲率半径不断增大，最终形成"郁金香"火焰结构[15]。图 9.4 为火焰结构随时间变化的三维图。图中可清晰看到火焰在传播过程中经历了球形火焰、指形火焰、平面火焰和"郁金香"火焰四个阶段。

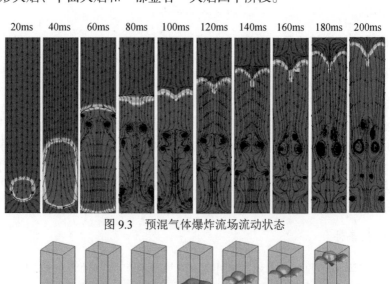

图 9.3　预混气体爆炸流场流动状态

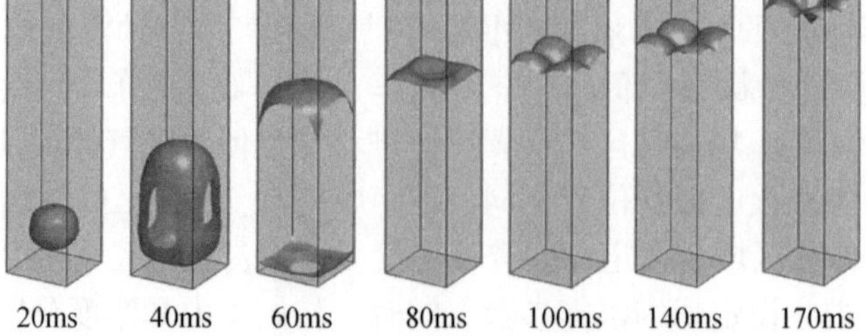

图 9.4　火焰结构随时间的变化

图 9.5 为 Q=224g/m³ 且 d=10μm 条件下，t=90ms 时火焰阵面爆炸参数的变化曲线。c=0 代表未燃气体，c=1 代表已燃气体，c=0~1 为爆炸反应区，在此区域反应进程变量发生急剧变化，爆炸参数也发生显著改变。由图可知，在火焰反应区中，温度急剧增大，压力也明显提高，反应区较高的温度导致气体密度急剧降低，而远离反应区的未燃气体未受热量传递的影响，密度和温度为初始值。由于燃烧后热量未能立刻耗散，已燃区温度较高导致其密度相对较小。超细水雾与火焰阵面接触后吸热并汽化成水蒸气，使反应区水雾浓度急剧减小。当水雾浓度减小到零时，对应的反应进程变量 c=0.38（点 2），温度为 871K（点 1）。这表明超细水雾与火焰阵面发生了一定程度的接触，并在反应区完全汽化。

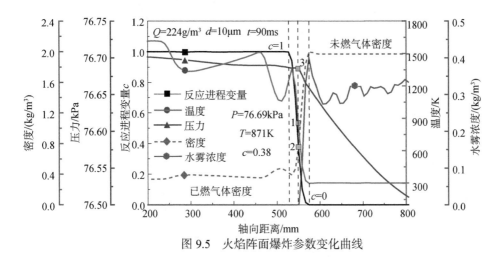

图 9.5　火焰阵面爆炸参数变化曲线

9.2.1　能量吸收方式比较

图 9.6 给出了超细水雾与火焰阵面作用过程示意图。在超细水雾与前驱冲击波作用后，部分超细水雾在冲击波阵面堆积并随之向前运动，部分超细水雾穿过冲击波阵面与反应区接触并进行热量交换，还有部分超细水雾穿过反应区进入已燃区，降低燃烧产物温度[16]。上述情况的发生均与水雾参数有关。

图 9.7 为水雾参数对超细水雾与火焰反应区作用程度影响的示意图。根据反应进程变量（c=0~1）将反应区划分为 10 层，当水雾粒径和水雾速度较小时，超细水雾在靠近火焰阵面外层堆积并随之运动，使到达反应区的水雾量较少，对反应区的影响程度较小。随着水雾粒径和水雾速度的增大，进入反应区的程度不断增大，到达反应区的水雾量不断增多，此时超细水雾与反应区能够实现良好的热量交换。随着水雾粒径和水雾速度的继续增大，超细水雾能够穿过反应区进入已

燃区，这使超细水雾未能在反应区充分发挥冷却、吸热作用。因此，水雾参数对气-液两相间的热量交换具有显著的影响。

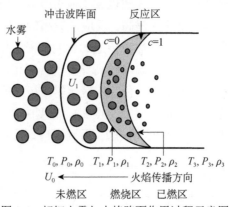

图 9.6　超细水雾与火焰阵面作用过程示意图

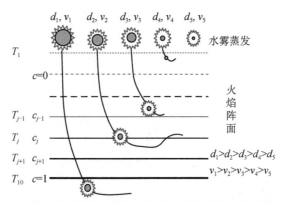

图 9.7　水雾参数对超细水雾与火焰反应区作用程度影响的示意图

　　超细水雾与火焰作用后能够发生传热、传质过程。Yoshida 等[17]和 Lentati 等[18]指出，水雾主要通过冷却、吸热等物理作用削弱爆炸强度，而化学作用小于 10%，因此主要对其物理作用进行分析。Adiga 等[19]指出，超细水雾主要通过汽化潜热和显热吸热，以及动量吸收削弱爆炸强度。为进一步分析三种吸收方式的强弱，图 9.8 给出了 Q=224g/m³ 且 d=10μm 条件下，t=100ms 时容器中心轴线上超细水雾的热量吸收（潜热+显热）速率和动量吸收速率对比曲线。由图可知，潜热吸收、显热吸收和动量吸收均发生在火焰反应区中，潜热吸收速率明显大于显热吸收速率，以潜热吸收为主，同时二者吸收速率远大于动量吸收速率，此结论与 Adiga 等的结论相同[19]。超细水雾对火焰阵面的动量吸收速率与气-液两相间的相对速度有关，也与水雾的质量有关。通过计算，$d<200\mu m$、$v<30m/s$ 和 $Q<899g/m^3$ 情况下的超细水雾对火焰阵面的动量吸收速率远小于汽化潜热和显热吸收速率。同时，火焰阵面和容器内部气-液两相间的能量吸收速率均有相同的结论，表明超细水雾对爆炸流场的削弱作用以吸热为主。

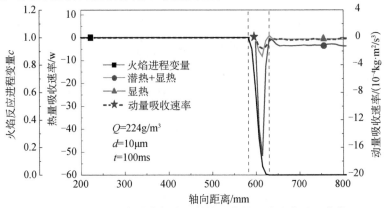

图 9.8　容器内部中心轴线上能量吸收速率对比曲线

9.2.2　水雾参数对热量交换速率的影响

上述结果表明，超细水雾主要以吸热作用削弱爆炸强度。因此，本节主要对超细水雾与爆炸流场之间的热量交换，以及水雾参数对热量交换速率的影响进行研究。

1）水雾粒径对气-液两相热量交换速率的影响

水雾粒径能够影响超细水雾与火焰阵面的作用过程，进而影响气-液两相间的热量交换速率。图 9.9 为 $Q=224g/m^3$ 且 $v=0m/s$ 条件下，$t=80ms$ 时容器中心轴线上反应进程变量、温度和水雾浓度的对应关系。由图可知，当 $d=5\mu m$ 时，超细水雾完全汽化（$Q=0$）对应的反应进程变量为 0.209，温度为 663K（图 9.9（a））；当 $d=10\mu m$ 时，水雾完全汽化对应的反应进程变量为 0.501，温度为 814K（图 9.9（b）），虽然对应的温度增大，但反应区内部的整体温度减小；当 $d=30\mu m$ 时，水雾完全汽化对应的反应进程变量为 0.736，该层温度（1392K）明显增大，且反应区整体温度也明显增大（图 9.9（c））；当 $d=200\mu m$ 时，火焰阵面后方水雾浓度不为零（$Q\neq0$）（图 9.9（d）），这表明较大粒径的超细水雾在反应区未完全汽化，穿过反应区进入已燃区，水雾在反应区未能充分发挥吸热作用，导致反应区温度较高。当水雾粒径较小时，超细水雾未能充分到达反应区，这使水雾对反应区的吸热、冷却作用较小，火焰反应区的温度较高。此外，较大粒径的超细水雾在穿过火焰阵面后必将引起火焰结构的改变，这会导致火焰燃烧速率增大。因此，水雾粒径并非越小越好，也并非越大越好。

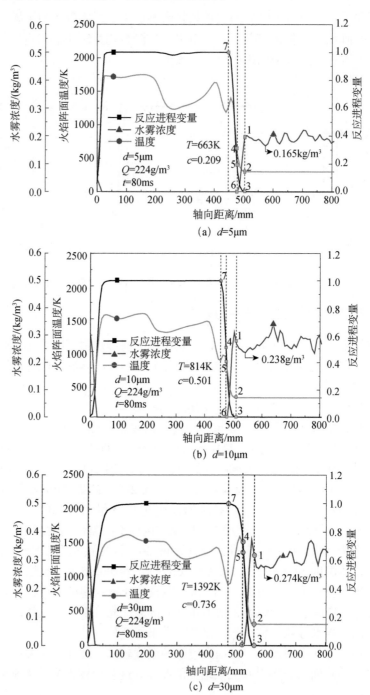

(a) $d=5\mu m$

(b) $d=10\mu m$

(c) $d=30\mu m$

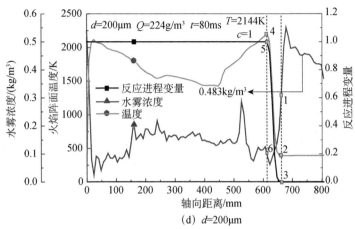

(d) d=200μm

图9.9　水雾粒径对火焰阵面爆炸参数的影响

为进一步分析水雾粒径对超细水雾与火焰反应区作用过程的影响，图9.10给出了容器中心轴线上水雾粒径对超细水雾进入火焰反应区程度的影响，本节取水雾浓度完全汽化时（Q=0）对应的火焰进程变量作为超细水雾到达反应区的程度。可以看出，当水雾粒径较小时，超细水雾到达火焰反应区的程度较小，随着水雾粒径的增大，超细水雾进入反应区的程度不断增大。当水雾粒径达到50μm时，超细水雾能够穿过反应区进入已燃区，且穿透能力随着水雾粒径的增大不断增强。

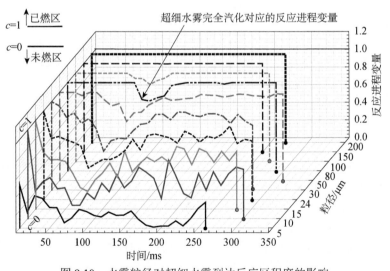

图9.10　水雾粒径对超细水雾到达反应区程度的影响

为了分析水雾粒径对气-液两相间热量交换速率的影响，选取超细水雾与火焰反应区刚接触时（c=0.01）的水雾汽化速率进行对比。图 9.11 给出了水雾粒径对水雾汽化速率的影响。由图可见，水雾汽化速率随着水雾粒径的增大依次减小，根据液滴蒸发公式（d^2−定律）[20]可知：

$$t = \frac{c_p \rho_{\mathrm{f}} r_0^2}{8\lambda \ln \left[1 + \dfrac{\lambda_{\mathrm{s}}}{\lambda} \dfrac{c_p}{L} (T - T_{\mathrm{s}}) \right]} \tag{9.38}$$

式中，L 为水雾汽化潜热；λ_{s} 为温度为 293K 时水雾的导热系数；λ 为最高温度下气体的导热系数；c_p 为水蒸气在 0.5（$T + T_{\mathrm{s}}$）时的定压比热容。由式（9.40）可知，超细水雾完全汽化所需时间随着水雾粒径的增大而增大。较小粒径的超细水雾具有较大的比表面积，与火焰反应区接触后能够快速实现热量交换。

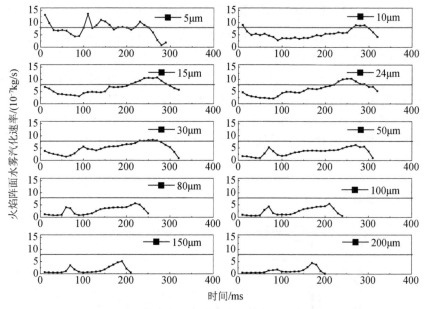

图 9.11　水雾粒径对火焰阵面水雾汽化速率的影响

图 9.12 为水雾粒径对火焰反应区（c=0.01）气−液两相间热量交换速率的影响。由图可知，气−液两相间的热量交换速率随着水雾粒径的增大不断减小。较大粒径的水雾具有较小的比表面积，汽化速率较小，进而导致气−液两相间的热量交换速率较小，对火焰反应区的冷却速率也较小。图 9.13 给出了水雾粒径对容器内部气−液两相间热量交换速率的影响，图中竖线对应的时刻为 $P_{\max}$ 出现的时刻。随着粒径的增大，$P_{\max}$ 出现的时刻呈先增大后减小的变化趋势，对应的热交换量（$Q_{热}$）也呈先增大后减小的变化趋势。当粒径为 50μm 时，$P_{\max}$ 过后依然存在热量的交换，这表明 $P_{\max}$ 出现的时刻超细水雾并未完全汽化，且随粒径的增大，未

汽化的水雾量不断增多。

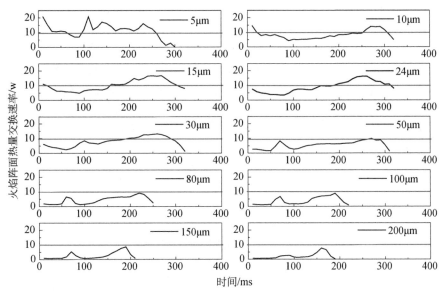

图 9.12　水雾粒径对火焰阵面热量交换速率的影响

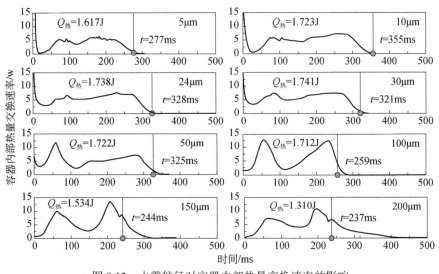

图 9.13　水雾粒径对容器内部热量交换速率的影响

　　为了分析水雾粒径对火焰阵面温度的影响，现对反应进程变量 c=0.01 和 c=0.5 对应的温度进行分析，在此视为预热区和反应区。图 9.14 和图 9.15 分别为水雾粒径对预热区和反应区温度的影响。由图可知，当 d=10μm 时，火焰阵面预热区的温度最低，而在反应区中，d=10μm 和 d=15μm 时温度最低，且与 d=24μm

对应的温度相差较小，这表明水雾粒径对火焰阵面不同区域的冷却程度存在一定的影响。随着水雾粒径的增大，虽然到达反应区的程度不断增大且水雾量不断增多，但水雾的汽化速率明显减小，甚至较大粒径的水雾在反应区不能充分发挥冷却作用，从而使预热区和反应区的温度不断增大。当 d=5μm 时，超细水雾未能充分到达火焰反应区，导致温度相对较高。因此，水雾粒径通过影响水雾的汽化速率、与反应区的作用程度和接触的水雾量，进而影响火焰阵面的温度。

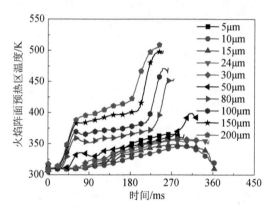

图 9.14　水雾粒径对预热区（c=0.01）温度的影响

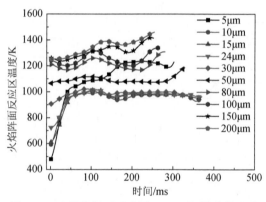

图 9.15　水雾粒径对反应区（c=0.5）温度的影响

　　火焰的热辐射强度主要体现在对未燃气体的热辐射能力，现对火焰阵面 c=0.01 处的热辐射强度进行分析。图 9.16 为水雾粒径对火焰阵面热辐射强度的影响。由图可知，火焰阵面的热辐射强度随着水雾粒径的增大而增大，热辐射强度是火焰温度的函数，水雾粒径对火焰阵面热辐射强度的影响规律与水雾粒径对火焰阵面温度的影响规律一致。

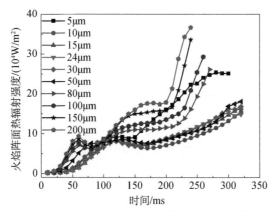

图 9.16　水雾粒径对火焰阵面热辐射强度的影响

2）水雾速度对气-液两相热量交换速率的影响

水雾速度能够影响超细水雾与火焰反应区的作用程度和热量交换速率。图 9.17 为 Q=224g/m³ 且 d=50μm 条件下，水雾速度对火焰阵面（c=0.5）水雾汽化速率的影响。可以看出，水雾汽化速率有相应的提高，完全汽化所需时间逐渐减小。图 9.18 为对应条件下，水雾速度对气-液两相间热量交换速率的影响。由图可知，随着水雾速度的增大，超细水雾与火焰阵面的热量交换速率明显提高。液滴蒸发公式[21]中，有

$$K_1 = \frac{8\lambda \ln\left[1 + \dfrac{\lambda_s}{\lambda}\dfrac{c_p}{L}(T - T_s)\right]}{c_p \rho_f} \quad (9.39)$$

式中，K_1 为蒸发速率因子。若液滴半径 $r_0 = d_0 / 2$，则液滴完全蒸发所需时间为

$$t_0 = \frac{d_0^2}{K_1} \quad (9.40)$$

在液滴蒸发公式（9.39）中，水雾与气相无相对运动，因此主要考虑水雾粒径的影响，但若水雾与气相间存在相对速度，由输运过程的性质可知，超细水雾与周围气体间的热量和质量交换速率则会增强[22]，从而促进超细水雾的蒸发，故蒸发速率因子 K_1 变为

$$K_1' = K_1(1 + \alpha_1 Sc^s Re^n) \quad (9.41)$$

式中，Sc 为施密特数，$Sc = v / D$；v 为水雾周围气体介质的运动黏性系数，D 为扩散系数；α_1、s 和 n 分别为相应的常数，其中 α_1=0.3，s=1/3，n=1/2；K_1' 为 Re 的函数，且 $K_1' > K_1$，因此水雾汽化速率加快，且完全汽化所需时间缩短了 $(1 + \alpha_1 Sc^s Re^n)$ 倍[23]。

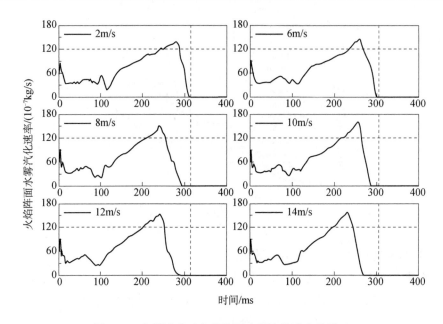

图 9.17　水雾速度对火焰阵面水雾汽化速率的影响

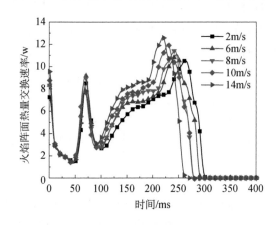

图 9.18　水雾速度对火焰阵面热量交换速率的影响

　　水雾速度的增大不仅提高了火焰阵面气-液两相间的热量交换速率，也促使了火焰燃烧速率显著提高，导致预混气体燃烧热量释放速率显著增大。同时，预混气体燃烧速率的提高使容器内部热量积聚速率不断增大，爆炸流场温度明显提高，进而导致容器内部气-液两相间的热量交换速率显著增大，如图 9.19 所示。此外，火焰燃烧速率的加快也会促使火焰阵面温度升高，导致火焰阵面热辐射强度不断增强，如图 9.20 所示。

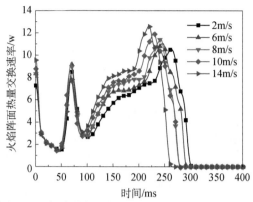

图 9.19　水雾速度对容器内部热量交换速率的影响

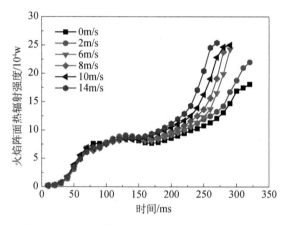

图 9.20　水雾速度对火焰阵面热辐射强度的影响

3）水雾浓度对气-液两相热量交换速率的影响

图 9.21（a）～（c）给出了 $d=10\mu m$ 且 $v=0m/s$ 条件下，随着水雾浓度的增大，$t=80ms$ 时容器中心轴线上反应进程变量、温度和水雾浓度的对应关系。由图 9.21（a）可知，超细水雾与火焰反应区实现了良好的接触，并在反应区完全汽化，已燃区不存在超细水雾。随着水雾浓度的提高，火焰阵面上方水雾浓度不断增大，火焰反应区和已燃区温度明显降低，如图 9.21（b）和（c）所示，特别是水雾浓度达到 $449g/m^3$ 时，已燃区反应进程变量 $c\neq1$，这表明水雾吸热作用和水蒸气稀释作用的增强，使预混气体出现燃烧不完全现象。

超细水雾主要通过吸热方式降低爆炸反应速率。随着水雾浓度的提高，火焰反应区的水雾浓度不断增大，这会对气-液两相间的热量交换速率产生显著的影响。图 9.22 为水雾浓度对火焰反应区（$c=0.5$）水雾汽化速率的影响。水雾汽化

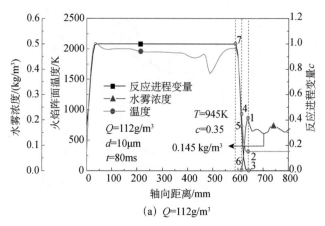

(a) $Q=112g/m^3$

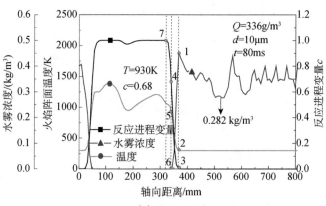

(b) $Q=336g/m^3$

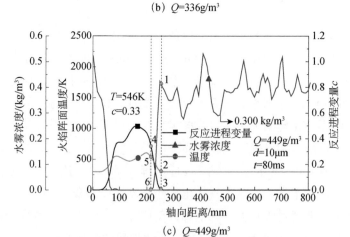

(c) $Q=449g/m^3$

图 9.21 水雾浓度对火焰阵面爆炸参数的影响

速率不仅与水雾浓度有关，还与火焰温度有关。由图可知，在爆炸初期，水雾汽化速率随着水雾浓度的增大明显减小，这是水雾浓度的提高使爆炸初期火焰温度降低而导致的。当 Q=112g/m³ 时，较小的水雾浓度对火焰阵面温度的影响较小，较高的火焰温度使水雾汽化速率较大。初期过后，火焰阵面温度随着火焰的加速传播均明显增大，导致水雾汽化速率也明显增大。与水雾浓度为 112g/m³ 相比，在 224g/m³ 和 336g/m³ 水雾浓度下，受水雾浓度增大的影响，水雾的汽化速率相应提高。然而，随着水雾浓度的继续增大（Q=449～674g/m³），火焰阵面温度显著降低，导致水雾汽化速率明显减小。同时，水雾浓度对气-液两相热量交换速率的影响与水雾浓度对水雾汽化速率的影响是一致的，如图 9.23 所示。

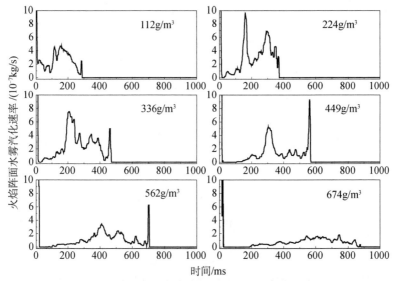

图 9.22　水雾浓度对火焰阵面水雾汽化速率的影响

同时，容器内部气-液两相间的热量交换速率也与容器内部的水雾浓度和爆炸流场的温度有关。图 9.24 为水雾浓度对容器内部气-液两相间热量交换速率的影响。由图可知，当水雾浓度较小（Q=112g/m³）时，气-液两相间的热量交换速率较小。随着水雾浓度的增大（Q=112～562g/m³），热量交换速率明显提高，但上升的速率依次减小。当水雾浓度增大到 674g/m³ 时，虽然水雾浓度有较大的提高，但超细水雾吸热作用的增强使爆炸流场温度明显降低，二者的综合作用导致气-液两相间的热量交换速率明显减小，热量交换的时间明显延长。通过容器内部热量交换速率对时间积分可知，气-液两相间的总换热量随着水雾浓度的增大而增大，即从 0.8619J 增大到 5.1436J。这表明水雾浓度的提高能够增强超细水雾对爆炸流场热量的吸收能力，并降低爆炸反应速率。

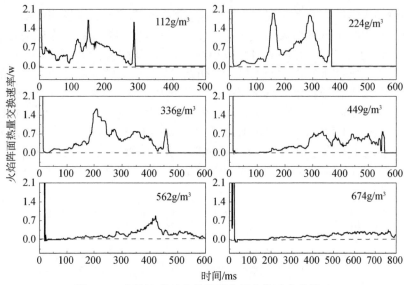

图 9.23　水雾浓度对火焰阵面热量交换速率的影响

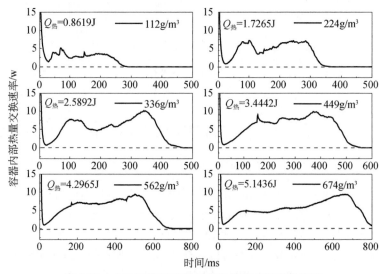

图 9.24　水雾浓度对容器内部热量交换速率的影响

图 9.25 为水雾浓度对火焰阵面（$c=0.5$）温度的影响。由图可知，预混气体被点燃后，火焰阵面温度急剧上升，这表明随着火焰的加速传播，爆炸反应速率明显增大。然而，随着水雾浓度的增大，超细水雾的吸热、冷却作用不断增强，火焰阵面温度不断减小。燃烧反应速率与温度呈指数关系，因此预混气体燃烧速率随着火焰温度的降低而减小，但爆炸反应时间不断增大。

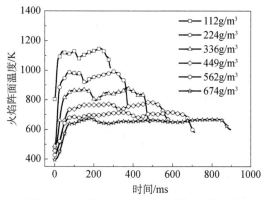

图 9.25　水雾浓度对火焰阵面温度的影响

图 9.26 为水雾浓度对火焰阵面（$c=0.5$）热辐射强度的影响。由图可知，随着火焰的加速传播，火焰阵面热辐射强度明显增大。然而，随着水雾浓度的增大，火焰阵面热辐射强度依次减小，这是超细水雾吸热作用的增强使火焰温度不断降低而导致的。火焰阵面热辐射强度能够显著影响热量从反应区向未燃区传递，随着水雾浓度的提高，火焰热辐射强度的降低，火焰以热辐射方式向外传递热量的能力不断降低。

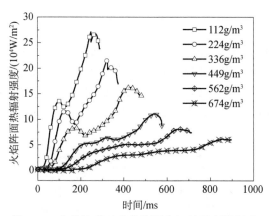

图 9.26　水雾浓度对火焰阵面热辐射强度的影响

9.3　超细水雾对爆炸流场气体浓度的稀释作用

9.3.1　水雾粒径的影响

图 9.27 为 $Q=224\text{g/m}^3$ 且 $v=0\text{m/s}$ 条件下，水雾粒径对火焰阵面反应区（$c=0.5$）可燃气体摩尔浓度的影响。由图可知，当 $d=10\mu\text{m}$ 时，甲烷和氧气的摩尔浓度最

小，这表明此粒径的超细水雾对火焰阵面反应区的稀释作用最强。随着水雾粒径的增大，火焰阵面反应区的甲烷和氧气摩尔浓度明显提高，这是因为水雾汽化速率随着水雾粒径的增大而减小，使水蒸气对甲烷和氧气的稀释作用明显降低。当 d=5μm 时，超细水雾未能充分到达反应区，导致反应区的水蒸气较少，因此对甲烷和氧气的稀释作用相对较弱。

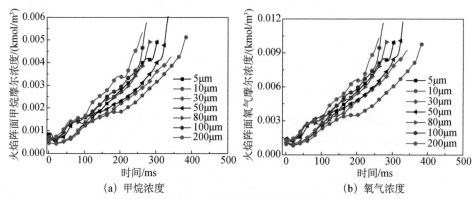

图 9.27　水雾粒径对火焰阵面可燃气体摩尔浓度的影响

9.3.2　水雾速度的影响

图 9.28 为 Q=224g/m³ 且 d=50μm 条件下，水雾速度对火焰阵面反应区（ c=0.5 ）可燃气体摩尔浓度的影响。由图可知，水雾速度对火焰阵面反应区预混气体的稀释作用具有显著影响。随着水雾速度的增大，甲烷和氧气的摩尔浓度明显提高，表明汽化的水蒸气对可燃气体的稀释作用不断减小。这是因为随着水雾速度的增大，火焰阵面反应区与未燃区气体混合和物质交换的速率不断增大[23]。

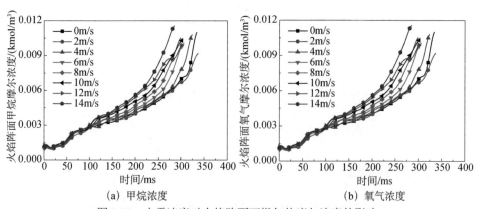

图 9.28　水雾速度对火焰阵面可燃气体摩尔浓度的影响

9.3.3　水雾浓度的影响

图 9.29 为 $d=10\mu m$ 且 $v=0m/s$ 条件下，水雾浓度对火焰阵面反应区（$c=0.5$）可燃气体摩尔浓度的影响。

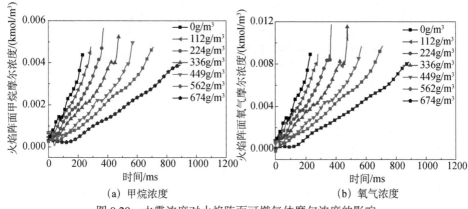

(a) 甲烷浓度　　　　　　　　　　　(b) 氧气浓度

图 9.29　水雾浓度对火焰阵面可燃气体摩尔浓度的影响

由图 9.29 可以看出，随着水雾浓度的增大，火焰阵面反应区的甲烷和氧气摩尔浓度均依次减小，表明超细水雾汽化后产生的水蒸气对火焰阵面反应区预混气体的稀释作用不断增强。这是因为汽化的水蒸气弥散于反应区并稀释甲烷和氧气的浓度，且随着水雾浓度的增大，水雾汽化量的提高使水蒸气对甲烷和氧气浓度的稀释作用不断增强，从而导致两种可燃气体的摩尔浓度明显减小。

9.4　超细水雾对火焰阵面湍流强度的影响

9.4.1　水雾粒径的影响

图 9.30 为 $Q=224g/m^3$ 且 $v=0m/s$ 条件下，在 $t=170ms$ 时刻水雾粒径对火焰阵面（$c=0.01$）湍流强度（最大雷诺数 Re_{max}）和火焰结构的影响。由图可知，超细水雾可以对火焰产生明显的扰动，使火焰结构发生变形，且随着水雾粒径的增大，火焰阵面的湍流强度不断增大，火焰变形程度不断加剧。同时，相同时刻火焰阵面高度随着水雾粒径的增大而增大，表明火焰传播速度明显提高，这是因为受超细水雾作用火焰变形程度增大使火焰表面积提高[24]，还表明水雾粒径的增大可以通过提高火焰阵面的湍流强度加快火焰传播。

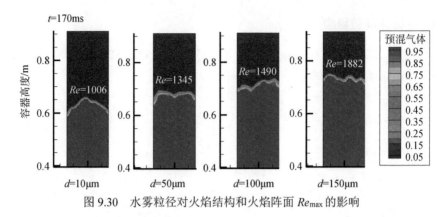

图 9.30　水雾粒径对火焰结构和火焰阵面 Re_{max} 的影响

图 9.31 为对应水雾条件下，水雾粒径对火焰阵面 Re_{max} 的影响。由图可知，当 $d=10\mu m$ 时，火焰阵面 Re_{max} 最小，随着水雾粒径的增大，火焰阵面 Re_{max} 不断增大，表明火焰阵面的湍流强度随着水雾粒径的增大而增大。这是因为水雾粒径的增大使水雾的汽化速率减小，对火焰阵面的冷却作用降低，而对其扰动作用不断增强，导致爆炸反应加快。当 $d=10\mu m$ 时，超细水雾在火焰反应区能够完全汽化，随着水雾粒径的增大，水雾进入火焰反应区的程度也不断增大，甚至较大粒径的超细水雾（$d=50\mu m$）也能够穿过反应区进入已燃区，在穿过火焰时必将引起火焰较大的变形，使火焰阵面的湍流强度增大，表现为火焰阵面的 Re_{max} 随着水雾粒径的增大不断增大。

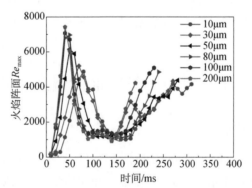

图 9.31　水雾粒径对火焰阵面 Re_{max} 的影响

图 9.32 为对应水雾条件下，水雾粒径对火焰表面积的影响。由图可知，较小粒径的超细水雾（$d<24\mu m$）对火焰表面积的影响并不显著，当 $d>24\mu m$ 时，受超细水雾湍流扰动作用，火焰的发展速度明显加快，随着水雾粒径的增大，火焰表面积的增大速率明显提高，火焰传播速度明显增大[18]，如图 9.33 所示。这是因为火焰表面积的增大使已燃气体与未燃气体的接触面积增大，虽然单位表面积上燃

烧气体的量不变，但单位时间内燃烧气体的总量随着火焰表面积的增大而增大。因此，水雾粒径对火焰传播速度的影响与水雾粒径对火焰表面积的影响一致。

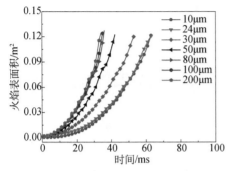 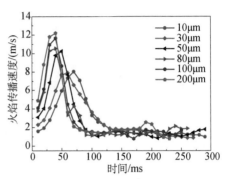

图 9.32　水雾粒径对火焰表面积的影响　　　图 9.33　水雾粒径对火焰传播速度的影响

9.4.2　水雾速度的影响

图 9.34 为 Q=224g/m³ 且 d=50μm 条件下，水雾速度对火焰阵面 Re_{max} 的影响。由图可知，随着水雾速度的增大，火焰阵面 Re_{max} 不断提高，表明水雾速度的提高能够增大火焰阵面的湍流强度，进而提高火焰反应区与未燃区气体混合和能量交换的速率，加剧爆炸反应的进行。

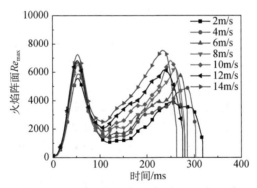

图 9.34　水雾速度对火焰阵面 Re_{max} 的影响

同时，随着水雾速度的增大，受火焰阵面湍流强度增大的影响，火焰表面积的增大速率明显提高，如图 9.35 所示。火焰表面积的增大能够显著影响火焰的传播速度，图 9.36 为水雾速度对火焰传播速度的影响。可以看出，随着水雾速度的增大，火焰传播速度明显增大，这是超细水雾导致火焰阵面湍流强度增大的具体体现。综上所述，水雾粒径和水雾速度的提高能够增大火焰阵面的湍流强度，这是火焰加速传播、压力加速上升的直接原因。

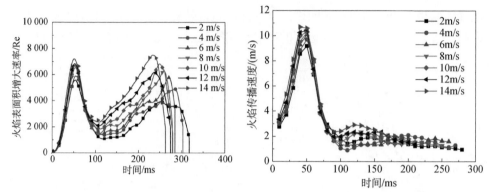

图 9.35　水雾速度对火焰表面积增大速率的影响　　图 9.36　水雾速度对火焰传播速率的影响

9.5　超细水雾作用下气体爆炸强度分析

9.5.1　水雾参数对爆炸参数的影响

1）水雾粒径对爆炸参数的影响

容器内部甲烷的燃烧速率会影响热量的积聚速率，进而影响容器内部的温度。图 9.37 为 Q=224g/m^3 且 v=0m/s 条件下，水雾粒径对容器内部甲烷随时间消耗量的影响。由图可知，当 d=10μm 时，甲烷的燃烧速率最小，且完全燃烧所需时间最长。随着水雾粒径的增大，甲烷燃烧速率依次增大且完全燃烧所需时间依次减小。甲烷燃烧主要发生在火焰阵面上，当 d=5μm 时，超细水雾未能充分到达火焰反应区实现有效的吸热冷却，导致此粒径下甲烷的燃烧速率并非最小。甲烷燃烧速率是影响容器内部温度上升速度的直接原因，水雾粒径通过影响甲烷的燃烧速率间接影响容器的内部温度，如图 9.38 所示。可以看出，水雾粒径对容器内部温度的影响与水雾粒径对甲烷燃烧速率的影响是相同的。同时，容器内部温度直接影响气相组分分压，进而影响容器内部的压力。

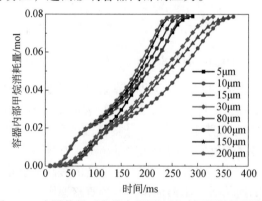

图 9.37　水雾粒径对容器内部甲烷随时间消耗量的影响

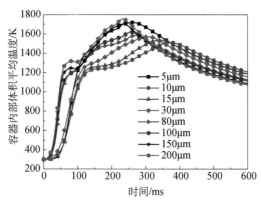

图 9.38　水雾粒径对容器内部温度的影响

　　容器内壁不断吸收爆炸释放的热量，并以热传递的方式从内壁向外壁传递。图 9.39 为水雾粒径对容器壁面热通量的影响。由图可知，水雾粒径对容器壁面热通量的影响与水雾粒径对容器内部爆炸流场温度的影响一致，也与水雾粒径对火焰阵面热辐射强度的影响一致。爆炸流场温度和火焰热辐射强度能够影响容器内壁温度，进而影响热量从内壁向外壁的传递。外壁温度为大气环境温度，内、外壁的温度差影响壁面的热通量，表现为 $d=10\mu m$ 时壁面热通量最小，随着水雾粒径的增大，壁面热通量依次增大。当 $d=5\mu m$ 时，爆炸流场温度受超细水雾的影响较小，因此壁面热通量相对较高。

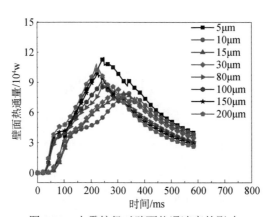

图 9.39　水雾粒径对壁面热通速率的影响

2）水雾速度对爆炸参数的影响

　　图 9.40 为 $Q=224g/m^3$ 且 $d=50\mu m$ 条件下，水雾速度对容器内部甲烷随时间消耗量的影响。由图可知，容器内部甲烷的燃烧速率随着水雾速度的增大依次增大。这是因为运动的超细水雾能够促进火焰阵面反应区与未燃区气体的混合和物质

量的交换，进而使甲烷燃烧速率增大。同时，甲烷燃烧速率的增大能够提高容器内部预混气体燃烧热释放速率，使容器内部热量积聚速率明显提高，因此容器内部温度随着水雾速度的增大不断增大，如图9.41所示。容器内部温度的增大能够提高容器内部气相组分分压，进而增大容器内部的压力。

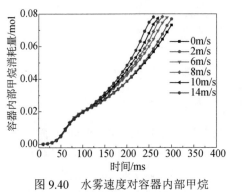
图9.40　水雾速度对容器内部甲烷
随时间消耗量的影响

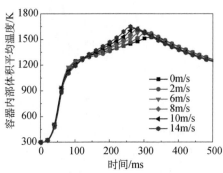
图9.41　水雾速度对容器内部
温度的影响

图9.42为水雾速度对容器壁面热通量的影响。由图可知，随着水雾速度的增大，容器壁面热通量依次增大。这是因为随着水雾速度的增大，容器内部爆炸流场的温度和火焰阵面的热辐射强度明显提高，进而使容器壁面热通量不断增大。

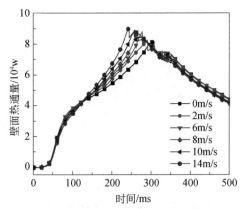
图9.42　水雾速度对壁面热通量的影响

3）水雾浓度对爆炸参数的影响

图9.43为$d=10\mu m$且$v=0m/s$条件下，水雾浓度对容器内部甲烷燃烧速率的影响。由图可知，随着水雾浓度的增大，甲烷燃烧速率依次减小，这是水雾

浓度的增大使水雾吸热冷却作用不断增强，火焰阵面温度不断降低而导致的。同时，甲烷燃烧速率不断减小，容器内部热量积聚速率明显降低，从而使容器内部温度也明显降低，如图 9.44 所示。容器内部温度的降低能够明显减小容器内部的压力。

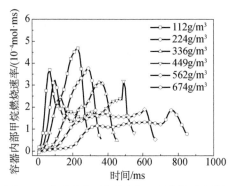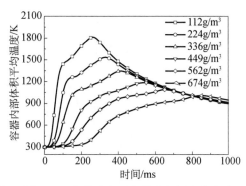

图 9.43　水雾浓度对容器内部甲烷燃烧速率的影响　　图 9.44　水雾浓度对容器内部温度的影响

　　图 9.45 为水雾浓度对容器壁面热通量的影响。由图可知，随着水雾浓度的增大，壁面热通量依次减小。这是水雾浓度的增大使容器内部爆炸流场温度和火焰阵面热辐射强度明显减小，对流传热和热辐射传热的能力不断降低而导致的。同时，随着水雾浓度的增大，水雾汽化产生水蒸气的量不断增多，使未燃气体的导热系数明显减小。上述因素的共同作用导致容器内壁温度明显降低，壁面热通量不断减小。

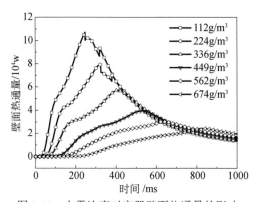

图 9.45　水雾浓度对容器壁面热通量的影响

9.5.2　水雾参数对爆炸强度的影响

　　密闭容器内部甲烷-空气爆炸释放的热量能够使容器内部温度急剧升高。在高温条件下，不仅容器内部的气相组分（燃烧产物+未燃气体）会产生较大的压力，汽化的水蒸气也会产生较大的蒸汽压，并作为部分分压影响容器内部的压力。图 9.46 为 Q=224g/m³ 且 d=10μm 条件下，容器内部水雾汽化速率与水蒸气产生的蒸汽压随时间变化的对应关系。

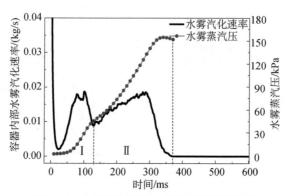

图 9.46　水雾汽化速率与水雾蒸汽压的关系

由图 9.46 可以看出，水蒸气产生的蒸汽压随时间的增大而增大，水雾汽化速率出现两次加速上升过程，对应的蒸汽压也呈现两次加速上升过程。这表明蒸汽压的上升速率与水雾的汽化速率有关。图 9.47 为相同条件下容器内部压力与水雾蒸汽压的对应关系，以及蒸汽压与容器内部压力的比值。可以看出，在高温条件下，水雾汽化产生的蒸汽压占容器内部压力的比值较大，且产生的蒸汽压与水雾的汽化速率和容器内部的温度有关。

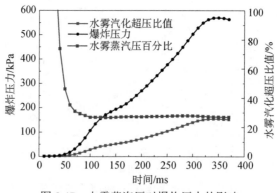

图 9.47　水雾蒸汽压对爆炸压力的影响

1）水雾粒径对甲烷-空气爆炸强度的影响

图 9.48 为 Q=224g/m³ 且 v=0m/s 条件下，水雾粒径对容器内部水雾汽化速率

的影响。由图可知，随着水雾粒径的增大，容器内部水雾汽化速率呈先增大后减小的变化趋势。图中竖线对应的横坐标为最大爆炸压力（P_{max}）的出现时刻，随着水雾粒径的增大，P_{max} 出现的时刻呈先增大后减小的变化趋势，此时汽化的水雾量也呈先增大后减小的变化趋势。当 $d=50\mu m$ 时，P_{max} 出现之后容器内部的超细水雾并未完全汽化，且随着水雾粒径的增大，未汽化的水雾量不断增多。通过容器内部水雾的汽化量和对应的温度可求得水雾汽化产生的蒸汽压。

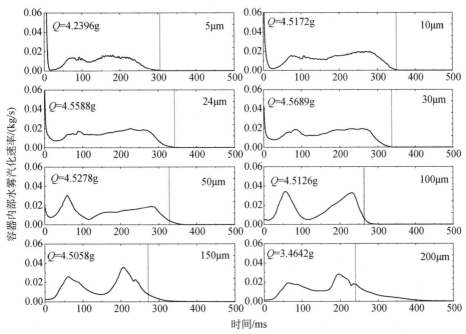

图 9.48　水雾粒径对容器内部水雾汽化速率的影响

Q 为 P_{max} 时刻水雾的汽化量

图 9.49 为对应水雾条件下，水雾粒径对容器内部水雾汽化蒸汽压的影响。由图可知，当 $d=10\mu m$ 时，水雾汽化产生的蒸汽压最小，随着水雾粒径的增大，蒸汽压呈先增大后减小的变化趋势。水雾粒径通过影响水雾的汽化速率和容器内部的温度间接影响容器内部的蒸汽压。当 $d=5\mu m$ 时，容器内部温度较高，水蒸气产生的蒸汽压较大；当 $d=10\mu m$ 时，超细水雾与火焰有较好的接触并实现了良好的热量交换，使爆炸反应速率减小，容器内部温度降低，二者的综合作用使水蒸气产生的蒸汽压显著减小。随着水雾粒径的增大（$10\sim100\mu m$），水雾的汽化速率有所提升（图 9.48），且受水雾粒径的影响，容器内部温度明显提高，因此水雾汽化

产生的蒸汽压不断增大，且当 d=100μm 时蒸汽压最大。当水雾粒径继续增大时，水雾汽化速率明显降低且 P_{max} 时刻汽化的水雾量明显减小，虽然容器内部温度有所提高，但二者的综合作用会导致容器内部蒸汽压明显降低。

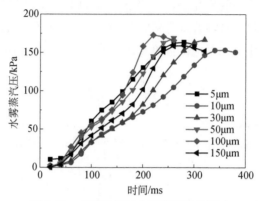

图 9.49　水雾粒径对水雾蒸汽压的影响

　　图 9.50 为水雾粒径对容器内部爆炸压力的影响。由图可知，当水雾粒径为 10μm 时，爆炸压力上升速率最小，这与上述分析中水雾粒径对流场爆炸参数的影响规律是一致的。同时，随着水雾粒径的增大，水雾的汽化速率明显减小，但对火焰结构的影响不断增大，这使容器内部甲烷燃烧速率明显加快，压力上升速率明显提高。然而，受爆炸流场温度降低导致气相组分压力降低和水雾汽化膨胀导致蒸汽压升高的综合作用，最大爆炸压力 P_{max} 呈先减小后增大的变化趋势，而 P_{max} 出现的时刻呈先增大后减小的变化趋势，且当 d=15μm 时，最大爆炸压力 P_{max} 最小，如图 9.51 所示。这与 Lentati 等[18]通过计算得出的粒径为 15μm 的超细水雾抑爆效果最佳的结论相同。

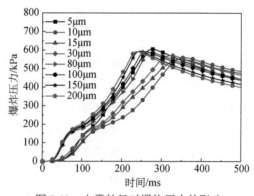

图 9.50　水雾粒径对爆炸压力的影响

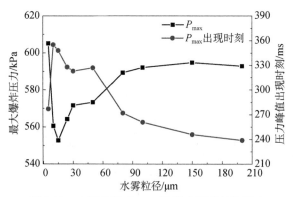

图 9.51　水雾粒径对 P_{max} 及其出现时刻的影响

2）水雾速度对甲烷-空气爆炸强度的影响

图 9.52 为 Q=224g/m³ 且 d=50μm 条件下，水雾速度对容器内部水雾汽化速率的影响。由图可知，容器内部水雾汽化速率随着水雾速度的增大而增大，这表明水雾速度的提高能够增大容器内部超细水雾与爆炸流场间的热量交换速率。同时，水雾速度的提高不仅能够增强气-液两相间热量的传递能力，还会增大火焰阵面的湍流强度，使爆炸反应速率明显提高，容器内部温度明显增大（图 9.52）。

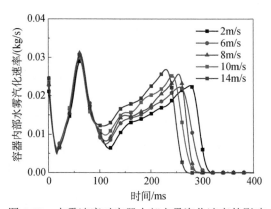

图 9.52　水雾速度对容器内部水雾汽化速率的影响

图 9.53 为对应水雾条件下，水雾速度对容器内部水雾汽化蒸汽压的影响。由图可见，容器内部水雾汽化产生的蒸汽压随着水雾速度的增大依次增大。水雾汽化产生的蒸汽压与水雾的汽化速率和容器内部的温度有关，水雾速度的增大不仅能够提高容器内部水雾的汽化速率，而且能够增大容器内部爆炸流场的温度。因此，随着水雾速度的增大，二者的综合作用使容器内部水雾汽化产生的蒸汽压不断增大。

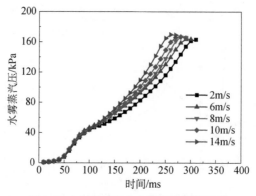

图 9.53　水雾速度对水雾蒸汽压的影响

图 9.54 为 Q=224g/m³ 且 d=50μm 条件下，水雾速度对容器内部甲烷-空气爆炸压力的影响。由图可知，容器内部爆炸压力随着水雾速度的增大依次增大，具体表现为甲烷-空气爆炸压力上升速率明显提高、P_{max} 明显增大及其出现时刻明显减小，如图 9.55 所示。这表明水雾速度的提高能够促进容器内部甲烷-空气爆炸反应的进行，受水雾汽化产生蒸汽压的影响，容器内部压力明显提高。

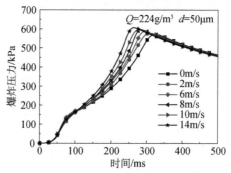

图 9.54　水雾速度对爆炸压力的影响

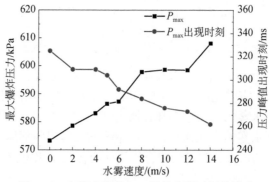

图 9.55　水雾速度对 P_{max} 及其出现时刻的影响

3）水雾浓度对甲烷-空气爆炸强度的影响

图 9.56 为 $d=10\mu m$ 且 $v=0m/s$ 条件下，水雾浓度对容器内部水雾汽化速率的影响。由图可以看出，水雾浓度能够显著影响容器内部超细水雾的汽化速率。

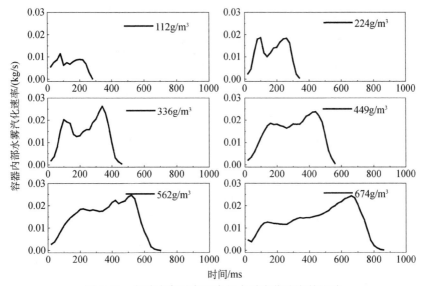

图 9.56 水雾浓度对容器内部水雾汽化速率的影响

当水雾浓度较小（$Q=112g/m^3$）时，容器内部水雾的汽化速率较小且完全汽化所需时间也较短。随着水雾浓度的增大，水雾汽化速率明显提高（$Q=224\sim 562g/m^3$），但上升速率明显降低且水雾完全汽化所需时间不断增大。当 $Q=674g/m^3$ 时，水雾的汽化速率呈现降低的趋势且完全汽化所需时间增大到 860ms，这是因为水雾浓度的增大使超细水雾的吸热冷却作用不断增强，使得爆炸反应速率明显减小，容器内部温度明显降低，从而导致容器内部水雾的汽化速率相对减小且完全汽化所需时间明显增大。水雾汽化速率的改变能够显著影响容器内部水雾汽化产生的蒸汽压。

图 9.57 为对应条件下，水雾浓度对容器内部水雾汽化蒸汽压的影响。随着水雾浓度的提高，容器内部蒸汽压明显增大，但上升速率明显减小。水雾汽化产生的蒸汽压不仅与水雾的汽化速率和汽化量有关，还与容器内部的温度有关。当 $Q=112g/m^3$ 时，虽然容器内部的温度较高，但汽化的水雾量较少，使水雾汽化产生的蒸汽压较小。当 $Q=674g/m^3$ 时，虽然容器内部温度较低，但汽化的水雾量较

多，使水雾汽化产生的蒸汽压较大，但受水雾汽化速率的影响，蒸汽压的上升速率较小。

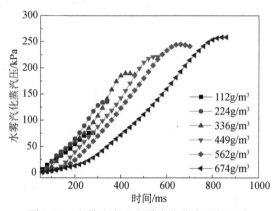

图 9.57　水雾浓度对水雾汽化蒸汽压的影响

图 9.58 为对应条件下，水雾浓度对容器内部甲烷-空气爆炸压力的影响。由图可知，随着水雾浓度的提高，容器内部甲烷-空气爆炸压力明显减小，压力上升速率也呈现降低的趋势，特别体现为最大爆炸压力 P_{max} 随着水雾浓度的增大依次减小，且出现的时刻依次增大，如图 9.59 所示。这表明水雾浓度的增大能够显著降低容器内部甲烷-空气爆炸强度，容器内部爆炸流场温度降低导致气相组分的压力降低（压降）大于水雾汽化膨胀导致蒸汽压的升高（压升）。

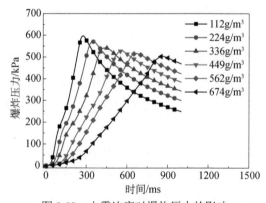

图 9.58　水雾浓度对爆炸压力的影响

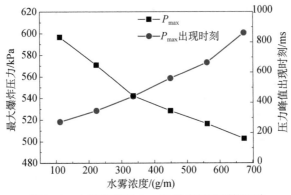

图 9.59　水雾浓度对 P_{max} 及其出现时刻的影响

9.5.3　超细水雾增强与抑制爆炸判据

1）爆炸增强与抑制的判据

根据热爆炸理论，爆炸是可燃气体发生剧烈燃烧反应的过程，反应速率与温度呈指数关系。超细水雾通过汽化吸热实现火焰的冷却，火焰温度的降低导致燃烧速率减小。同时，火焰反应区的水蒸气能够稀释可燃气体，阻隔热量向未燃区传递，并削弱热辐射强度，上述影响均使容器内部温度降低。然而，水雾汽化后体积迅速膨胀，使容器内部的蒸汽压明显提高。超细水雾还会促使火焰结构发生改变，增大火焰表面积，这将促使火焰反应区与未燃区气体的混合和能量的交换，进而增大水雾的汽化速率和气体的燃烧速率，上述因素的综合作用影响容器内部的蒸汽压。

超细水雾对爆炸流场的影响因素较多，水雾粒径、水雾速度和水雾浓度是主要影响因素。图 9.60 为 112g/m³ 水雾浓度下，水雾粒径和水雾速度对最大爆炸压力 P_{max} 的影响。由图可知，随着水雾粒径的增大，最大爆炸压力 P_{max} 呈先减小后增大的变化趋势，而水雾速度的增大使最大爆炸压力 P_{max} 总体呈增大的变化趋势。图 9.61 为 18μm 水雾粒径下，水雾浓度和水雾速度对最大爆炸压力 P_{max} 的影响。随着水雾速度的增大，最大爆炸压力 P_{max} 有所提高但并不显著；而随着水雾浓度的增大，最大爆炸压力 P_{max} 显著降低。数据表明，水雾速度和水雾粒径的增大能够促进爆炸反应的进行，而水雾浓度的增大能够抑制爆炸反应的进行。

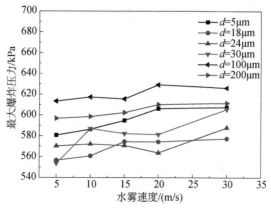

图 9.60　水雾粒径和速度对 P_{max} 的影响

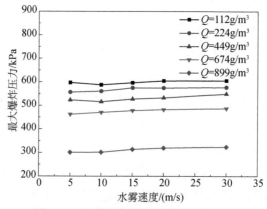

图 9.61　水雾浓度和速度对 P_{max} 的影响

　　随着水雾粒径、水雾速度和水雾浓度的改变，爆炸出现了增强与抑制两种相反的结果。为了给出超细水雾对爆炸产生增强与抑制的判据，本节对超细水雾作用下浓度为 9.5%的甲烷-空气爆炸过程进行分析。Yoshida 等[17]和 Lentati 等[18]指出，超细水雾主要通过吸热冷却等物理作用抑制爆炸反应，因此本节主要对其物理作用机理进行分析。

　　超细水雾导致爆炸增强与抑制是容器内部爆炸流场温度降低导致气相组分压力降低和水雾汽化膨胀导致蒸汽压升高的综合作用结果。同时，水雾参数对二者的作用程度有显著的影响。为了详细分析超细水雾对爆炸强度的影响机理，本节对超细水雾作用下浓度为 9.5%的甲烷-空气爆炸数值模拟结果进行分析，选取 P_{max} 时刻容器内部水雾吸热冷却导致的压降与水雾汽化膨胀导致的压升进行对比。

　　基于数值计算结果，在无水雾条件下，最大爆炸压力 $P_{max,0}$=585.240kPa，出

现的时刻 t_0=243ms，此时容器内部平均温度 T_0=2059K。超细水雾作用下（v=5m/s，d=30μm 且 Q=56g/m³），最大爆炸压力 $P_{max,1}$=611.078kPa，出现的时刻 t_1=236ms，此时容器内部平均温度 T_1=1827K。汽化的水雾量 $Q_m = \int_0^{t_1} q_m dt$，$q_m$ 为水雾汽化速率。

（1）爆炸流场温度降低导致容器内部压力降低。

超细水雾作用下，对于浓度为 9.5%的甲烷-空气（化学当量比）最大爆炸压力 P_{max} 出现时刻，根据理想气体状态方程，爆炸流场温度降低导致容器内部的气相压降为

$$\Delta P_1 = \frac{\left(\sum_0^m n_i\right) \times R \times (T_0 - T_1)}{V_{容}} \tag{9.42}$$

式中，$\sum_0^m n_i$ 为 P_{max} 时刻容器内部各气相组分物质的量之和；m 为气相组分数量；R 为气体常数；$V_{容}$ 为容器容积。

（2）水雾汽化膨胀导致容器内部压力升高。

超细水雾汽化成水蒸气的量随时间的增大而增多，同时受水雾参数的影响，汽化速率明显不同。通过将水雾汽化速率对时间积分求得 P_{max} 时刻汽化的水雾量 Q_m。在高温条件下，水雾汽化产生的水蒸气在容器内部产生的蒸汽压为

$$\rho_1 = \frac{Q_m}{V_{容}} = \frac{\int_0^{t_1} q_m dt}{V_{容}} \tag{9.43}$$

$$\Delta P_2 = f(T_1, \rho_1) \tag{9.44}$$

（3）超细水雾对爆炸压力的影响评估。

超细水雾对爆炸压力的影响是容器内部温度降低导致气相组分压降和水雾汽化膨胀导致蒸汽压升高的综合作用结果，即

$$\Delta P = \Delta P_2 - \Delta P_1 \tag{9.45}$$

当 $\Delta P > 0$ 时，超细水雾的添加对爆炸过程起增强作用；当 $\Delta P < 0$ 时，超细水雾的添加对爆炸过程起抑制作用。

爆炸流场温度降低导致的压降率为

$$K_1 = \frac{\Delta P_1}{P_0} \times 100\% \tag{9.46}$$

超细水雾汽化膨胀导致的压升率为

$$K_2 = \frac{\Delta P_2}{P_0} \times 100\% \tag{9.47}$$

从而得出，当 $K_1 > K_2$ 时，爆炸抑制；当 $K_1 < K_2$ 时，爆炸增强。在本例中，

K_1=13.32%，K_2=15.36%，$K_1 < K_2$，此水雾条件下爆炸增强，这与数值计算中 $P_{max,0} < P_{max,1}$ 爆炸增强的结论相符。

上述方法的计算误差通过式（9.48）进行评估：

$$e = \frac{P_{max,1} - (P_{max,0} - \Delta P)}{P_{max,1}} \qquad (9.48)$$

此条件下，e=2.28%，误差较小，表明计算可行。

图 9.62 为不同水雾粒径、水雾速度和水雾浓度条件下的验证计算和误差分析。基于上述分析，在不同水雾参数下导致爆炸增强与抑制作用的分析结果与对应的数值模拟结果一致，且计算误差均较小，这证明了上述计算过程的可行性与准确性，进而说明水雾汽化产生的蒸汽压是导致密闭容器内部压力升高的主要原因。宏观压力是容器内部温度降低导致气相组分压降和水雾汽化膨胀导致蒸汽压升高的共同作用结果。若冷却作用导致的压降率（K_1）小于水雾汽化膨胀导致的压升率（K_2），则爆炸增强；反之，则爆炸抑制。

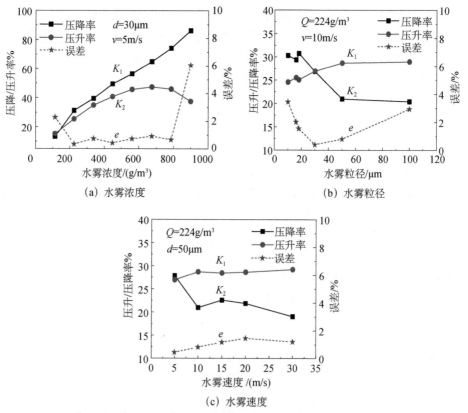

图 9.62 不同水雾浓度、粒径和速度下的验证计算与误差分析

2）水雾参数的影响规律分析

图9.63为水雾浓度、水雾粒径和水雾速度对爆炸增强与抑制因素的影响。图9.63（a）中，当水雾浓度较小时，ΔP为正值，这表明容器内部爆炸流场降温导致气相组分压降的程度小于水雾汽化膨胀导致蒸汽压升高的程度，即爆炸增强。随着水雾浓度的增加，ΔP不断减小且由正值变为负值，这表明随着水雾浓度的提高，容器内部爆炸流场温度降低导致气相组分压降的程度大于水雾汽化膨胀导致蒸汽压升高的程度，即爆炸抑制，从而说明水雾浓度的提高有利于爆炸的抑制。在确定的水雾浓度下，随着水雾速度和粒径的提高，ΔP逐渐增大，且由负值变为正值，如图9.63（b）和（c）所示。这表明随着水雾粒径和水雾速度的增大，容器内部爆炸流场温度降低导致气相组分压降的程度逐渐小于水雾汽化膨胀导致蒸汽压升高的程度，因此水雾粒径和水雾速度的提高不利于爆炸抑制。

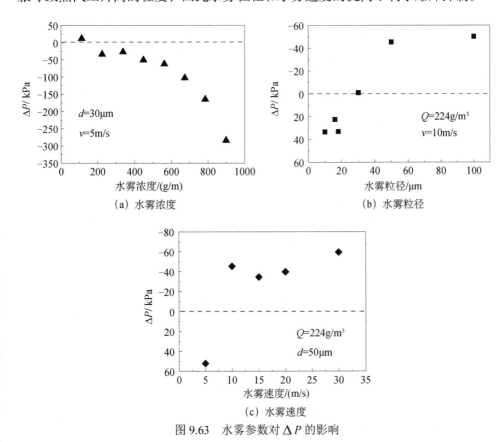

图9.63　水雾参数对ΔP的影响

超细水雾对爆炸流场表现出冷却降压和汽化增压两种影响。然而，这两种作用受水雾参数的影响显著。超细水雾在冷却火焰的同时，随着水雾参数的改变，火焰结构表现出不同程度的变形，变形的火焰会使火焰发生湍流，增大火焰反应区与未燃区气体混合和能量交换的速率，从而促进燃烧反应的进行，使容器内部热量的积聚速率相对提高，最大爆炸压力 P_{max} 出现的时刻提前。同时，火焰湍流强度的增强不仅增大了气-液两相间的热量交换速率，也增大了容器内部水雾的汽化速率和汽化量，虽然容器内部温度降低，但在此温度下水雾汽化产生的压升大于吸热冷却产生的压降，因此容器内部压力升高。水雾浓度的增大能够抑制爆炸的进行，而水雾速度和水雾粒径的提高能够促进爆炸的进行，是引起爆炸增强的重要因素。

3）超细水雾对爆炸过程的影响分析

在密闭容器中，超细水雾对火焰阵面和爆炸流场有显著的影响，如图9.64所示。首先，超细水雾通过汽化过程对火焰反应区进行热量吸收，使火焰温度降低，燃烧反应速率减小。其次，燃烧反应速率的降低导致爆炸强度减小，通过热辐射向未燃气体传递热量的能力降低。同时，水雾粒径为微米级，水雾汽化速率极快，汽化的水蒸气弥散于反应区和未燃区，导致未燃气体浓度降低且阻隔热量向未燃气体传递。上述综合作用导致火焰传播速率和容器内部温度降低，容器内部气相组分压力减小。此外，在高温条件下，汽化的水蒸气迅速膨胀，产生的蒸汽压能够增大容器内部的压力。

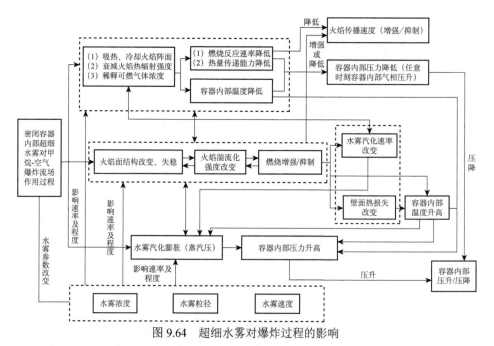

图9.64　超细水雾对爆炸过程的影响

同时，水雾参数对爆炸火焰能够产生显著的影响，使火焰发生变形，且变形程度与水雾参数有关。火焰的变形会促使火焰产生湍流化，使局部火焰燃烧速率明显提升。火焰传播速率受超细水雾对火焰的湍流扰动作用影响显著，从而影响容器内部水雾的汽化速率和容器内部的温度。在超细水雾作用下，容器内部压力是水雾汽化产生的蒸汽压和在此温度下容器内部气相组分（燃烧产物+未燃气体）分压的综合作用结果。

9.6 本章小结

本章基于大涡模拟建立了描述超细水雾抑制甲烷-空气爆炸过程的三维数值模型，并通过对超细水雾作用下的甲烷-空气爆炸数值模型进行计算，研究了超细水雾与爆炸流场之间的相互作用机理，以及水雾参数对气-液两相间的热量传递、气体浓度稀释和火焰阵面湍流强度的影响。

超细水雾对爆炸流场能量吸收以潜热吸热为主，显热吸热次之，动量吸收速率相对微小。超细水雾对火焰面的热量吸收速率与水雾参数有关，水雾粒径的大小影响水雾的汽化速率，进而影响气-液两相间的热量交换速率。同时，水雾速度的提高能够促进超细水雾与火焰反应区之间的热量交换，增大水雾的汽化速率。

水雾的汽化速率与火焰温度和水雾浓度有关。水雾浓度的提高使火焰温度明显降低，而水雾的汽化速率呈先增大后减小的变化趋势，对应火焰面的热量交换速率也呈现相同的变化趋势。水雾汽化产生的水蒸气对反应区的预混气体能够产生稀释作用，且稀释程度与水雾参数有关。随着水雾粒径的增大，水雾汽化速率明显减小，使得其对甲烷和氧气的稀释作用减小。

水雾参数对火焰阵面的湍流强度能够产生显著的影响。水雾粒径和水雾速度的提高能够增大火焰阵面的湍流强度，使火焰阵面的 Re_{max} 明显提高，进而提高火焰传播速度。密闭容器内部爆炸增强与抑制是爆炸流场温度降低导致气相组分压降和水雾汽化膨胀导致蒸汽压升高的综合作用结果。

参 考 文 献

[1] 罗振敏，张群，王华，等. 基于FLACS的受限空间瓦斯爆炸数值模拟. 煤炭学报，2013，38（8）：1381-1387.
[2] 李进良，胡仁喜. 精通FLUENT6.3流场分析. 北京：化学工业出版社，2009.
[3] Makarov D V，Molkov V V. Modeling and large eddy simulation of deflagration dynamics in a closed vessel. Combustion，Explosion，and Shock Waves，2004，40（2）：136-144.
[4] Dong C，Bi M，Zhou Y. Effects of obstacles and deposited coal dust on characteristics of premixed methane-air explosions in a long closed pipe. Safety Science，2012，50（9）：1786-1791.

[5] 周力行，胡砾元，王方. 湍流燃烧大涡模拟的最近研究进展. 工程热物理学报，2006，27（2）：331-334.

[6] Erlebacher G，Hussaini M Y，Speziale C G，et al. Toward the large-eddy simulation of compressible turbulent flows. Journal of Fluid Mechanics，1990，238（238）:155-185.

[7] Johansen C，Ciccarelli G. Modeling the initial flame acceleration in an obstructed channel using large eddy simulation. Journal of Loss Prevention in the Process Industried，2013，26（4）：571-585.

[8] 温小平. 瓦斯湍流爆燃火焰特性与多孔介质淬熄易抑爆机理研究. 大连：大连理工大学，2014.

[9] Rao A V. Dynamics of particles and rigid bodies. A Systematic Approach. Cambridge: University of Cambridge，2006.

[10] 张兆顺，崔桂香，许春晓. 湍流大涡数值模拟的理论和应用. 北京：清华大学出版社，2008.

[11] Smagorinsky J. General circulation experiments with primitive equation：I. The basic experiment. Monthly Weather Review，1963，91（3）：99-164.

[12] Zimont V，Polifke W，Bettelini M，et al. An efficient computational model for premixed turbulent combustion at high reynolds numbers based on a turbulent flame speed closure. Journal of Engineering for Gas Turbines and Power，1998，120：526-532.

[13] Morsi S A，Alexander A J. An investigation of particle trajectories in two-phase flow systems. Journal of Fluid Mechanics，1972，55（2）：193-208.

[14] Ranz W E，Marshall W R. Evaporation from drops，part I and part II. Chemical Engineering Progress，1952，48（4）：173-180.

[15] 董呈杰. 甲烷-沉积煤尘爆炸实验与大涡模拟. 大连：大连理工大学，2012.

[16] 徐景德. 矿井瓦斯爆炸冲击波传播规律及影响因素的研究. 北京：中国矿业大学，2002.

[17] Yoshida A，Kashiwa K，Hashizume S，et al. Inhibition of counterflow mechane/air diffusion flame by water mist with varying mist diameter. Fire Safety Journal，2015，71：217-225.

[18] Lentati A M，Chelliah H K. Physical，thermal，and chemical effects of fine-water droplets in extinguishing counterflow diffusion flames. Proceedings of the Combustion Institute，1998，27：2839-2846.

[19] Adiga K C，Willauer H D，Ananth R，et al. Implications of droplet breakup and formation of ultrafine mist in blast mitigation. Fire Safety Journal，2009，44：363-369.

[20] Ramagopal A，Heather D W，John P F，et al. Effects of fine water mist on a confined blast. Fire Technology，2010，46（3）：641-675.

[21] Thomas G O. On the conditions required for explosion mitigation by water sprays. Process Safety and Environmental Protection，2000，78：339-353.

[22] 张松寿. 工程燃烧学. 上海：上海交通大学出版社，1985.

[23] van Wingerden K，Wilkins B. The influence of water sprays on gas explosions. Part 1：Water-spray-generated turbulence. Journal of Loss Prevention in the Process Industries，1995，29：53-59.

[24] Akira Y，Toichiro O，Wataru E，et al. Experimental and numerical investigation of flame speed retardation by water mist. Combustion and Flame，2015，162：1772-1777.